国家林业和草原局研究生教育"十三五"规划教材

中国林业科学研究院研究生教育系列教材

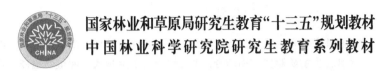

林业植物检疫与外来有害生物防制

赵文霞　姚艳霞　淮稳霞　林若竹　著

中国林业出版社

内容简介

　　本教材从林业植物检疫和外来有害生物防制特点出发，结合研究生教育教学改革要求，将生物入侵理论与植物检疫和外来有害生物防制实践相结合，系统地介绍了生物入侵和植物检疫原理、林业植物检疫法律法规和管理程序、林业植物检疫技术和方法、林业检疫性有害生物和重要入侵生物的识别和防制、林业外来有害生物管理理论、林业外来有害生物防制技术和方法。

　　本教材可作为高等农林院校森林保护、植物保护、植物检疫、林学及其他相关专业研究生选修课教材，也可作为高等农林院校森林保护、植物保护、植物检疫和林学相关专业本科生的参考教材。同时，本教材还可作为与植物检疫相关从业人员的职业和岗位培训教材和参考书。

图书在版编目（CIP）数据

林业植物检疫与外来有害生物防制/赵文霞，赵文霞等著. —北京：中国林业出版社，2022.2（2023.10重印）

国家林业和草原局研究生教育"十三五"规划教材　中国林业科学研究院研究生教育系列教材

ISBN 978-7-5219-1483-2

Ⅰ.①林…　Ⅱ.①赵…　Ⅲ.①森林植物–植物检疫–研究生–教材
②外来种–侵入种–防治–研究生–教材　Ⅳ.①S763②Q16

中国版本图书馆 CIP 数据核字（2022）第 004690 号

国家林业和草原局研究生教育"十三五"规划教材

中国林业出版社·教育分社

策划、责任编辑：范立鹏　　　　**责任校对**：苏　梅
电　　话：（010）83143626　　　**传　　真**：（010）83143516

出版发行　中国林业出版社（100009　北京市西城区刘海胡同 7 号）
　　　　　　　E-mail：jiaocaipublic@163.com
　　　　　　　http：//www.forestry.gov.cn/lycb.html
经　　销　新华书店
印　　刷　北京中科印刷有限公司
版　　次　2022 年 2 月第 1 版
印　　次　2023 年 10 月第 2 次印刷
开　　本　850mm×1168mm　1/16
印　　张　15.375
字　　数　368 千字
定　　价　56.00 元

中国林业科学研究院研究生教育系列教材
编写指导委员会

编写说明

研究生教育以培养高层次专业人才为目的，是最高层次的专业教育。研究生教材是研究生系统掌握基础理论知识和学位论文基本技能的基础，是研究生课程学习必不可少的工具，也是高校和科研院所教学工作的重要组成部分，在研究生培养过程中发挥着不可或缺的作用。抓好研究生教材建设，对于提高研究生课程教学水平，保证研究生培养质量意义重大。

在研究生教育发达的美国、日本、德国、法国等国家，不仅建立了系统完整的课程教学、科学研究与生产实践一体化的研究生教育培养体系，并且配置了完备的研究生教育系列教材。近 20 年来，我国研究生教材建设工作也取得了一些成绩，编写出版了一批优秀研究生教材，但总体上研究生教材建设严重滞后于研究生教育的发展速度，教材数量缺乏、使用不统一、教材更新不及时等问题突出，严重影响了我国研究生培养质量的提升。

中国林业科学研究院研究生教育事业始于 1979 年，经过 40 多年的发展，已培养硕士、博士研究生 4000 余人。但是，我院研究生教材建设工作才刚刚起步，尚未独立编写出版体现我院教学研究特色的研究生教育系列教材。为了贯彻落实《国家中长期教育改革和发展规划纲要(2010—2020 年)》和教育部、农业部、国家林业局《关于推动高等农林教育综合改革的若干意见》等文件精神，适应 21 世纪高层次创新人才培养的需要，全面提升我院研究生教育的整体水平，根据国家林业局院校林科教育教材建设办公室《关于申报"普通高等教育'十三五'规划教材"的通知》(林教材办〔2015〕01 号，林社字〔2015〕98 号)文件要求，针对我院研究生教育的特点和需求，2015 年年底，我院启动了研究生教育系列教材的编写工作。系列教材本着"学科急需、自由申报"的原则，在全院范围择优立项。

研究生教材的编写须有严谨的科学态度和深厚的专业功底，着重体现科学性、教学性、系统性、层次性、先进性和简明性等原则，既要全面吸收最新研究成果，又要符合经济、社会、文化、教育等未来的发展趋势；既要统筹学科、专业和研究方向的特点，又要兼顾未来社会对人才素质的需求方向，力求创新性、前瞻性、严密性和应用性并举。为了提高教材的可读性、易解性、多感性，激发学生的学习兴趣，多采用图、文、表、数相结合的方式，引入实践过的成功案例。同时，严格遵守拟定教材编写提纲、撰稿、统稿、审稿、修改稿件等程序，保障教材的质量和编写效率。

编写和使用优秀研究生教材是我院提高教学水平，保证教学质量的重要举措。为适应当前科技发展水平和信息传播方式，在我院研究生教育管理部门、授课教师及相关单位的共同努力下，变挑战为机遇，抓住研究生教材"新、精、广、散"的特点，对研究生教材的编写组织、出版方式、更新形式等进行大胆创新，努力探索适应新形势下研究生教材建设的新模式，出版具有林科特色、质量过硬、符合和顺应研究生教育改革需求的系列优秀研究生教材，为我院研究生教育发展提供可靠的保障和服务。

中国林业科学研究院研究生教育系列教材

编写指导委员会

2017 年 9 月

序

　　研究生教育是以研究为主要特征的高层次人才培养的专业教育，是高等教育的重要组成部分，承担着培养高层次人才、创造高水平科研成果、提供高水平社会服务的重任，得到世界各国的高度重视。21世纪以来，我国研究生教育事业进入了高速发展时期，研究生招生规模每年以近30%的幅度增长，2000年的招生人数不到13万人，到2018年已超过88万人，18年时间扩大了近7倍，使我国快速成为研究生教育大国。研究生招生规模的快速扩大对研究生培养单位教师的数量与质量、课程的设置、教材的建设等软件资源的配置提出了更高的要求，这些问题处理不好，将对我国研究生教育的长远发展造成负面影响。

　　教材建设是新时代高等学校和科研院所完善研究生培养体系的一项根本任务。国家教育方针和教育路线的贯彻执行，研究生教育体制改革和教育思想的革新，研究生教学内容和教学方法的改革最终都会反映和落实到研究生教材建设上。一部优秀的研究生教材，不仅要反映该学科领域最新的科研进展、科研成果、科研热点等学术前沿，也要体现教师的学术思想和学科发展理念。研究生教材的内容不仅反映科学知识和结论，还应反映知识获取的过程，所以教材也是科学思想的发展史及方法的演变史。研究生教材在阐明本学科领域基本理论的同时，还应结合国家重大需求和社会发展需要，反映该学科领域面临的一系列生产问题和社会问题。

　　中国林业科学研究院是国家林业和草原局直属的国家级科研机构，自成立以来，一直承担着我国林业应用基础研究、战略高技术研究和社会重大公益性研究等科学研究工作，还肩负着为林业行业培养高层次拔尖创新人才的重任。在研究生培养模式向内涵式发展转变的背景下，我院积极探索研究生教育教学改革，始终把研究生教材建设作为提升研究生培养质量的关键环节。结合我院研究生教育的特色和优势，2015年底，我院启动了研究生教育系列教材的编写工作。在教材的编写过程中，充分发挥林业科研国家队的优势，以林科各专业领域科研和教学骨干为主体，并邀请了多所林业高等学校的专家学者参与，借鉴融合了全国林科专家的智慧，系统梳理和总结了我国林业科研和教学的最新成果。经过广大编写人员的共同努力，该系列教材得以顺利出版。期待该系列教材在研究生培养中发挥重要作用，为提高研究生培养质量做出重大贡献。

中国工程院院士

2018 年 6 月

前　言

　　中国林业科学研究院是国家林业和草原局直属的综合性、多学科、社会公益型国家级科研机构，1979 年开始开展研究生教育，是我国首批硕士和博士学位授予单位之一。森林保护学科是国家林业和草原局、中国林业科学研究院的重点学科。林业植物检疫是森林保护学的传统课程，进入 21 世纪以来，随着全球化进程的加快，生物入侵成为国际关注的热点，控制外来有害生物入侵成为森林保护学研究的重点领域和热点领域之一。要回答如何应对林业外来有害生物的传入、扩散和危害问题，就必须利用工程学的方法，将植物检疫与外来有害生物防制两门学科结合在一起，运用植物检疫学的理论和方法，回答外来有害生物预警和早期监测与快速反应的科学问题，运用有害生物防制学的理论和方法，回答控制外来有害生物危害的理论和实践问题。

　　林业植物检疫与外来有害生物防制是一门关于林业外来有害生物防制的交叉学科，也是森林保护学博士和硕士学位教育的一门专业课。为拓宽研究生知识基础，突出生物入侵经典理论构建、植物检疫关键问题突破、生物入侵和植物检疫前沿研究进展，加强研究生培养阶段生物安全课程体系的整合、衔接，根据应用基础学科和应用学科特点，本教材首次将入侵生物学的理论与植物检疫学的理论和实践相结合，以期在林业植物检疫传统理论和实践的基础上，体现生物入侵理论的最新成果，突破林业外来有害生物防制的关键问题和难点问题，启发和培养研究生的创新思维和创新能力。

　　植物检疫与外来有害生物防制学科以入侵生物学和生态学为基础，运用植物学、树木学、微生物学、植物生理学、森林昆虫学、林木病理学的理论，结合数学、分子生物学、地理信息学、生物统计学、工程学等方法，解决外来有害生物预警、早期监测与快速反应、控制与管理的实际问题，是一门综合性的应用科学。本教材的教学目的：(1)帮助学生掌握植物检疫学、入侵生物学和入侵生态学的基本原理、方法、学科发展现状与发展趋势；(2)揭示法律法规在林业植物检疫和外来有害生物防制中的意义和作用，帮助学生学习和掌握林业外来有害生物防制的相关法律法规，并学会分析如何用法律法规指导林业外来有害生物防制实践；(3)帮助学生掌握植物检疫与外来有害生物防制的理论、技术、方法和程序；(4)研究我国林业植物检疫与外来有害生物防制的对象、存在问题及解决方案。

　　本教材共分为 13 章。第 1 章阐明了本教材研究内容、教学目的、研究意义、研究历史、现状和前景；第 2 章阐述了外来有害生物入侵的基本理论，重点介绍了入侵过程和假说；第 3 章和第 4 章分别介绍了中国和国际植物检疫法律法规体系；第 5 章和第 6 章分别阐述了植物检疫的技术和方法，包括植物检疫程序、有害生物检验鉴定技术、有害生物检疫技术、有害生物风险分析程序与方法等；第 7 章至第 9 章相继介绍了重要林业植物检疫性有害生物和重要林业入侵生物种类、检疫特点和防制方法；第 10 章至第 12 章相继阐述了林业外来有害生物预防[预警、早期监(检)测与快速反应]、控制和管理的原理、方法和案例；第 13 章阐述了生态系统恢复与重建的理论、方法和实践。

本教材由中国林业科学研究院森林生态环境与自然保护研究所赵文霞研究员、姚艳霞副研究员、淮稳霞副研究员、林若竹博士著。徐小雪负责部分内容的文字修改和部分插图制作，孙荟荃负责书稿的格式修改和部分插图制作，贾斐然负责部分插图和彩图的制作，李秭娆和黄岚负责文献排版及部分插图制作，刘端冲负责部分插图制作；林若竹负责全书统稿。本教材的出版得到了中国林业科学研究院研究生院林群、曾凡勇、金海燕等同志的大力支持，得到了国家林业入侵生物防控创新联盟全体成员单位的支持，得到了国家林业和草原局入侵物种防控专班部分领导和专家的支持，特别是得到了中国科学院动物研究所王琛柱研究员、中国农业大学张龙教授、北京林业大学石娟教授、中国林业出版社教育分社段植林社长、范立鹏副编审，以及中国林业科学研究院森林生态环境与自然保护研究所江泽平研究员、田国忠研究员的意见和建议，在此谨表谢意。

本教材与农林院校专业特色相结合，与农林科研和生产实际相结合，可作为高等农林院校森林保护、植物保护、植物检疫、林学及其他相关专业研究生的选修课教材，本科生的参考教材，也可作为植物检疫相关从业人员的职业和岗位培训教材和参考资料。

由于作者的水平和能力所限，本教材内容观点如有错误和不妥之处，敬请读者不吝赐教，谨此致谢。

著　者

2022 年 1 月

目 录

第1章 绪 论

林业植物检疫与外来有害生物防制(forest phytosanitary, and exotic pests prevention & control)有 3 个关键词：林业、植物检疫、外来有害生物防制。林业(forest, forestry)以生产木材和非木质林产品，保护野生动植物栖息地，保护生物多样性，保护水源，保护碳汇，防治荒漠化，为林农提供就业机会和生活来源，开发森林的多种功能为目标，承担着维护国家国土安全、粮食安全、水安全、生物安全和环境安全的重要责任，是国民经济、生态建设和社会发展的重要组成部分。植物检疫(plant quarantine; phytosanitary)是指国家植物检疫机构为防止限定性有害生物传入国境，在国内扩散以及在国家间传播所采取的一切法定措施和活动。外来有害生物防制(exotic pests prevention and control)是指预防和控制非本地林业有害生物危害的一切行动和措施。林业植物检疫与外来有害生物防制是维护国家生物安全和生态安全的重要保障措施。

1.1 林业植物检疫与外来有害生物防制的内容及相互关系

林业植物检疫与外来有害生物防制是森林保护学博士和硕士学位教育的一门专业课。本节旨在帮助学生理解检疫和检疫学、植物检疫和植物检疫学、林业外来有害生物防制的概念，并深入思考林业植物检疫与外来有害生物防制的相互关系。

1.1.1 检疫和检疫学

检疫的概念有狭义和广义之分。

狭义的检疫概念来自英语 quarantine，为名词或动词。《大英百科全书》(*Encyclopedia Britannica*)中记载，quarantine 是指隔离和限制人类或动物的旅行，以免接触传染病。该词来源于拉丁语 quadranginta、意大利语 quarantena 和古法语 quarante，意思是 40，即对可能接触传染病的人或动物隔离 40 天，直至确认他们已免受感染。最早的隔离规定记载于 14 世纪的欧洲威尼斯公国、拉古萨共和国，以及地中海沿岸的一些港口城市(Gensini et al., 2004)，目的是预防黑死病(鼠疫)。从黑死病疫区来的船只或怀疑有黑死病的船只需要离岸隔离 30 天(意大利语 trentino)才能进入港口，后来，隔离时间延长至 40 天，甚至更长时间。但这个词直至 17 世纪才得到正式应用。中文"检疫"一词由英语 quarantine 翻译而来，"检"有察验的意思，"疫"指瘟疫，即急性传染病。1928 年，《内政部长薛笃弼关于伍连德等人调查筹设海港检疫处等问题致国民政府的呈文》建议中国政府独立设置海港检疫机构，这是中国官方最早使用"检疫"一词；1930年7月1日，国民政府成立了全国海港检疫总管理处（王晓中，2009）。

广义的检疫概念来自现代检疫科学和检疫实践。检疫从单纯的隔离、留存察验发展成为对病原物及其他有害生物的风险分析、检验、监测、流行病学调查、卫生保健，对染疫人员的治疗，对染疫货物的处理等一系列法律法规、管理活动、理论和技术方法的统称，其目的是预防和控制危害人类、动植物健康和生命安全的传染病、有害生物等在国际间传播。因此，广义的检疫可以定义为"为防止人类传染病、危害动植物的有害生物传入国境或在国内蔓延及在国际间传播所采取的一切官方措施和活动"。官方措施是指法律法规和官方程序；官方活动是指由国家授权，并由相关部门和机构执行的有害生物风险分析、调查、检测、检验、监测、隔离、治疗、保健与处理等一系列活动。

在世界贸易组织（World Trade Organization，WTO）框架下的贸易谈判中，动植物检疫始终是谈判的焦点，因为它是设置非关税技术性贸易壁垒的有效手段。为了消除由此引发的技术性贸易壁垒，1994年，在世界贸易组织乌拉圭回合谈判中出台了专门的规则——《实施动植物卫生检疫措施的协定》（Agreement on the Application of Sanitary and Phytosanitary Measures，简称《SPS协定》）。

《SPS协定》规定，实施检疫措施必须符合3个条件：①所采取的检疫措施只能限于保护动植物生命或健康的范围；②应以科学原理为根据（国际标准、准则或建议），如缺少足够依据则不应实施这些检疫措施；③不应对条件相同或相似的缔约国构成歧视，不应构成国际贸易的变相限制。

检疫学（sanitary & phytosanitary science）是检疫活动的知识体系。检疫学的研究对象为可随动植物及其产品贸易进行传播的、危害动植物和人类生命健康的有害生物；检疫学的研究内容为这些有害生物的生物学、生态学、流行学和防治学，有害生物的检疫检验和检测技术及检验和检测原理，对有害生物相关的杀灭除害等检疫处理技术和检疫处理技术原理，对可能随动植物及其产品因贸易及调运而传播的有害生物进行风险分析，为国家检疫决策提供依据，以完善检疫法律法规体系。检疫学是一门与法学、生物学、国际贸易学、经济学和工程学相关的综合性学科，由卫生检疫学、动物检疫学和植物检疫学构成。

1.1.2 植物检疫和植物检疫学

植物检疫（plant quarantine；phytosanitary）的官方概念最初见于联合国粮食及农业组织（Food and Agriculture Organization of the United Nations，FAO）1983年出版的《植物检疫培训指南》。植物检疫是指为了预防和延缓植物有害生物在它们尚未发生的地区定殖而对货物的流通所施行的法律限制。1990年出版的《FAO植物检疫术语》将植物检疫定义为：一切旨在防止有害生物传入或定殖，或确保对其根除的活动。1997年，联合国粮食及农业组织第29届会议将其修订为：一个国家或地区政府为防止检疫性有害生物的进入或传播而由官方采取的所有措施。1999年，《国际植物保护公约》（International Plant Protection Convention，IPPC）秘书处将其纳入国际植物检疫措施标准（International

Standards for Phytosanitary Measures，ISPM）第 5 号标准（ISPM 5）《植物检疫术语表》（*Glossary of Phytosanitery Terms*）。2016 年版的 ISPM 5 对植物检疫的定义为"旨在防止检疫性有害生物传入或扩散或确保其官方防治的一切活动"。作为形容词的植物检疫来自英语 phytosanitary，其后通常跟随名词，共同构成植物检疫词汇，如植物检疫措施（phytosanitary measures）、植物检疫程序（phytosanitary procedure）等。Phytosanitary 由前缀 phyto-和词根 sanitary 构成：phyto-来自希腊语 phyton，意思是"植物"；sanitary 来自法语 sanitaire，源自拉丁语 sanitas，意思是"与健康和卫生相关的"。Phytosanitary 一词最早出现于 1942 年，意思是"与化学农药和化学防治农业病虫害相关的"（Bertomeu-Sanchez，2019），后逐渐演变为"与植物检疫相关的"。1951 年由联合国粮食及农业组织通过、1952 年生效的《国际植物保护公约》文本中的"植物检疫证书"即使用了 phytosanitary certificates。

从上述概念可以看出，植物检疫可以定义为"为防止危害植物的有害生物传入国境或在国内蔓延及在国际间传播所采取的一切官方措施和活动"。植物检疫学（phytosanitary science）是一门对植物及其产品和繁殖材料有严重危害的、可随植物和其产品调运而传播的有害生物进行风险分析、检验和处理，提出隔离和控制决策，制定和完善相应法律法规的科学。植物检疫学是检疫学的分支学科，主要研究植物有害生物的生物学、生态学、流行学、防治学，研究它们的检验和检测原理与技术、相关的杀灭除害等检疫处理原理及检疫处理方法；研究植物有害生物风险分析原理和风险分析技术，为国家提供植物检疫决策依据，以完善相应的法律法规。植物检疫学是一门涉及法律学、经济学、商品贸易学、植物学、动物学、昆虫学、微生物学、生态学、植物病理学、分子生物学、地理学、气象学、信息学、计算机科学、工程学等众多学科的综合性科学。

1.1.3 林业外来有害生物防制

林业外来有害生物防制由两个关键词组成：林业外来有害生物和防制。

森林生态系统中的有害动物、植物、微生物等生物种群的流行或猖獗，使森林总体生长量或生物量降低，森林的利用效能降低，引起人类的经济损失，或使森林在陆地生态系统中的地位和作用降低，或威胁人类健康，这些现象称为森林生物灾害（forest bio-disaster）。在森林中引起生物灾害的生物称为森林有害生物（forest pests）（赵文霞，2006）。森林有害生物通常包括昆虫、螨类、线虫、真菌、细菌、原生动物、病毒、软体动物、甲壳动物、鸟类、啮齿动物、哺乳动物和植物等。林业有害生物的含义比森林有害生物更广，除森林有害生物外，还包括危害散生树木、林木种苗、木（竹）材、荒漠植被、湿地植被、花卉等林业植物及其产品的有害生物。林业外来有害生物（exotic forest pests）又称林业入侵物种（forest alien invasive species），是指对森林生态系统、城市植被系统、湿地生态系统、荒漠生态系统、陆地野生动物栖息地、陆地珍稀物种、人类健康带来威胁的非本地林业有害生物（non-native forest pests）。林业外来有害生物包括两个不可缺少的构成要件：①它是森林或陆地生态系统中的非本地物种；②它的引入引起或可能引起经济损失、环境破坏、生物多样性丧失或损害人类健康。目前我国危害比较严重的林业外来有害生物有 40 余种，如松材线虫 *Bursaphenlenchus xylophilus*、红脂大小蠹 *Dendroctonus valens*、美国白蛾

Hyphantria cunea 和微甘菊①*Mikania micrantha* 等。

防制(prevention & control)是"预防"(prevention)和"控制"(control)的简称，是指预防外来有害生物的传入和定殖，控制外来有害生物的扩散与成灾。本教材中的预防由预警、早期监测与快速反应两个阶段构成。控制是一个系统学的概念，是指从有害生物、有害生物攻击对象和环境三者之间的相互关系出发，根据有效、经济、简便和安全的原则，因地制宜地对有害生物采取适当的物理、化学、生物等综合性控制措施，达到避免有害生物危害或将有害生物危害控制在人类可接受范围内的目的。

林业外来有害生物防制对于森林生态系统具有特殊的意义。从长期进化角度分析，本地森林有害生物是森林生态系统的重要组成部分，虽然会引起一定程度的生物灾害，但其存在对维持森林生态系统的正常结构和功能、保持生物多样性和健康森林方面起着重要作用。例如，木腐菌和昆虫一起作用导致树木出现的空洞，为鸟类和其他动物提供了栖息地；昆虫和线虫可以作为鸟兽的食物，是食物链的重要环节；真菌、细菌和原生动物作为重要的物质分解者，在森林物质和能量循环中起着不可替代的作用。但外来有害生物的入侵破坏了森林生物群落的结构稳定性和遗传多样性。由于原有的森林生态系统缺乏能够制约其繁殖的自然天敌和环境因素，使外来有害生物迅速繁殖和扩散，并与当地物种竞争有限的食物资源和空间资源，直接导致当地物种的灭绝，生物多样性降低，甚至导致生态系统的退化和崩溃。

1.1.4 林业植物检疫与外来有害生物防制的关系

林业植物检疫与外来有害生物防制既有联系又有区别。二者都是森林保护的重要组成部分或分支学科，且研究对象均为外来有害生物。二者的区别主要体现在以下方面：

①目的不同。植物检疫的目的是防止检疫性有害生物的扩散和传播，外来有害生物防制的目的是预防外来有害生物的传入和减轻外来有害生物的危害。

②研究对象及其所处时期不同。植物检疫针对的多为未定殖的外来有害生物，研究阶段多属于外来有害生物的预警时期，外来有害生物防制的对象既包括未定殖的外来有害生物，又包括已定殖的外来有害生物，研究阶段涵盖预警、防止扩散和控制危害的全过程。

③关联内容不同。植物检疫往往同贸易相关，外来有害生物防制与生态系统保护相关。

④涉及的相关行业不尽相同。植物检疫专业与动植物检疫、食品检验、农林业等行业相关，外来有害生物防制与农林业及环境保护等行业相关。

⑤采取的措施不同。植物检疫主要涉及避害，外来有害生物防制涵盖了避害、除害和变害为利三方面的内容。

⑥管理单元不同。植物检疫涉及国家主权，一般以国家及国家的行政区域作为管理单元，中国的行政管理涵盖国家、省(自治区、直辖市)、地(市)、县(区)、乡(镇)五级单元，虽然乡(镇)是最基层的管理单元，但由于其变动性较大，因此，林业植物

---

① 注：即薇甘菊；关于微甘菊中译名的解释参见第9章。

检疫以县(区)作为基层管理单元,而外来有害生物防制以自然生态系统或生态区域为管理单元。

1.2　林业植物检疫与外来有害生物防制任务

现代科学的发展以解决人类面临的生存和生活问题为前提,学科间不断交叉与融合。森林保护学是以生态学和经济学为基础的应用学科,森林病理学、森林昆虫学和农药学是其重要的组成部分。但进入21世纪后,经济全球化使国际间林产品贸易量和贸易频次不断增加,林业有害生物在国际间的传播风险逐年加剧,各国新发现的林业有害生物种类层出不穷,危害严重,外来有害生物预防和控制成为森林保护学面临的主要问题之一。研究如何减轻外来有害生物的威胁和危害是森林保护学的重要任务,需要多学科交叉融合。要回答如何应对林业外来有害生物的传入、扩散和危害问题,就必须利用工程学的方法,将植物检疫与外来有害生物防制两门学科结合在一起,利用植物检疫学,解决外来有害生物的预警和早期监测与快速反应问题,利用有害生物防制学,解决控制外来有害生物危害的问题。

植物检疫与外来有害生物防制学科的任务包括:①阐明植物检疫学、入侵生物学及生态学的基本原理、方法、学科发展现状与发展趋势;②揭示法律法规在林业植物检疫和外来有害生物防制中的意义和作用;③论述植物检疫与外来有害生物防制的理论、技术、方法和程序;④研究我国林业植物检疫与外来有害生物防制的对象、存在问题及解决方案。

植物检疫与外来有害生物防制学科以入侵生物学和生态学为基础,运用植物学、树木学、微生物学、植物生理学、森林昆虫学、林木病理学的理论,结合数学、分子生物学、地理信息学、生物统计学、工程学等方法,解决外来有害生物预警、早期监测与快速反应、控制与管理的实际问题,是一门综合性的应用科学。

外来有害生物防制通常包括预警、早期监(检)测与快速反应、控制和管理、生态系统恢复与重建四个阶段。预警是外来有害生物防制的前提(图1-1),预警阶段首先要明确拟传入的生物是否为入侵物种?可能的入侵机制是什么?是否应列入检疫性有害生物名录?如何防止其传入?植物检疫学原理揭示风险评估、产地检疫、现场检验是阻止有害生物传入的关键措施;入侵生物学揭示入侵是否成功取决于入侵物种的生物学特性与拟入侵生态系统的可侵入性,入侵物种的生物学特性是入侵的关键因子,因此,外来有害生物预警应关注拟传入种的生物学特性及其生态学适应性。早期监测和快速反应是外来有害生物防制的重要组成部分(图1-1),也是植物检疫学中根除措施的重要前提。早期监测和快速反应阶段是入侵物种已传入但还未定殖时采取根除措施的关键时期,如果根除成功,则外来物种入侵失败。外来有害生物控制和管理主要解决外来有害生物扩散和危害的问题。经过入侵和反入侵的长期斗争,如果外来有害生物对生态系统的干扰与生态系统的反干扰达到一种平衡状态,则可认为外来有害生物已归化成为生态系统的重要组成部分,控制策略可等同于本土有害生物;但若外来有害生物危害的生态系统比较脆弱,外来有害生物的严重危害加剧了生态系统的脆弱性,导致生态系统退化甚至崩溃,则外来有害生物防制的任务还应包括生态系统的恢复与重建(图1-1)。

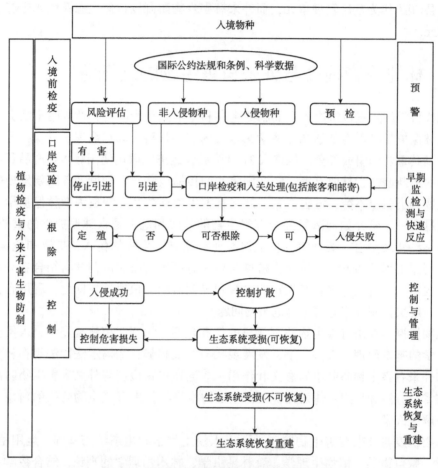

图1-1 植物检疫与外来有害生物防制的关系

1.3 林业植物检疫与外来有害生物防制简史

　　林业植物检疫起源于19世纪末期。欧洲大航海及欧洲殖民掠夺时代，大范围的海运和物质交流沟通了世界各大洲之间的贸易往来，打破了生物的自然隔离，有意或无意携带的林业有害生物在国际间传播日益频繁，林业植物检疫应运而生。

1.3.1 国际林业植物检疫与外来有害生物防制史

　　最早的林业植物检疫案例可以追溯到1863年法国的葡萄根瘤蚜 *Daktulosphaira vitifoliae* 案(Menudier, 1879; Downie, 2008)。葡萄根瘤蚜原产于北美洲，1863年首次在法国发现，短短20年间，毁灭了法国近1/3的葡萄园，使法国的酿酒业几近崩溃，随后，葡萄根瘤蚜在欧洲迅速扩散。为防止葡萄根瘤蚜进一步在欧洲扩散，减轻其危害，当时的法兰西第三共和国(La Troisième République，现在的法兰西共和国，简称法国)、德意志帝国(Deutsches Kaiserreich，现在的德意志联邦共和国，简称德国)、帝国议会所代表的王国和皇室领地以及匈牙利圣史蒂芬王冠领地(Die im Reichsrat vertretenen Königreiche und Länder und die Länder der heiligen ungarischen Stephanskrone,

简称奥匈帝国，现奥地利、匈牙利、捷克、斯洛伐克的版图内）、意大利王国（Regno d'Italia，现在的意大利共和国，简称意大利）、葡萄牙王国（Reino de Portugal，现在的葡萄牙共和国，简称葡萄牙）、西班牙王国（简称西班牙）和瑞士联邦（简称瑞士），于1878 年 9 月 17 日在德国波恩共同签订了《葡萄根瘤蚜防治公约》（Convention on Measures to be Taken Against Phylloxera vastatrix），俗称《波恩公约》，此公约确定了林业植物检疫以国家为单位的根本属性，突出了林业植物检疫的主权性原则。1881 年 11 月 3 日，德意志帝国、法兰西第三共和国、瑞士联邦、奥匈帝国和葡萄牙王国 5 个国家在瑞士伯尔尼修订了《波恩公约》，签署了《葡萄根瘤蚜共同防治公约》（Convention Respecting Measures to be Taken Against Phylloxera vastatrix），也被后人称为《伯尔尼葡萄根瘤蚜公约》。《波恩公约》和《伯尔尼公约》在林业植物检疫史上具有里程碑意义，标志着林业植物检疫奠基时期的开始。

美国是最早制定林业植物检疫法律的国家之一。1899 年，加利福尼亚州政府制定了《加利福尼亚州园艺检疫法》。1912 年，美国联邦政府制定了《联邦植物检疫法》，是国际上最早的一部关于林木植物繁殖材料检疫的综合性国家法律，主要限定花农在田间繁殖的木本苗圃植物材料（不包括田间的蔬菜和花卉种子，地被物及其他草本植物、球茎和根）。《联邦植物检疫法》的颁布，奠定了林业植物检疫的综合法律地位。1914年，国际植物病理学大会通过了《国际植物病理公约》。《国际植物病理公约》以美国《联邦植物检疫法》为基础，规定了非农作物植物的检疫检验和检疫认证。1929 年，46个国家签署了《国际植物保护公约》，将植物保护的内容扩展至农业、林业和观赏栽培植物。1951 年 12 月 6 日，联合国粮食及农业组织第 6 次大会通过了《国际植物保护公约》，目的是防止有害生物随植物和植物产品跨境传播和蔓延，从此，在联合国的协调下，国际林业植物检疫事业得到了快速发展。

1979 年，联合国粮食及农业组织对《国际植物保护公约》文本进行了修订，经 99 个国家批准后，于 1991 年 4 月 4 日正式生效。1979 版文本提出了有害生物（pest）和检疫性有害生物（quarantine pest）的概念，将《国际植物保护公约》管理的范围限定在国际贸易中的检疫性有害生物，使植物检疫检验更有针对性；同时，扩大了应施检疫植物产品的概念，将加工后仍有可能传播有害生物的加工产品，纳入了植物检疫的管理范围；要求成员国列出禁止或限制人境的有害生物名单，通报各成员国；提出了生物防治用天敌资源引进的安全问题。

植物检疫稳步发展时期以 1992 年召开的世界环境与发展大会为标志，同年，《国际植物保护公约》秘书处成立，为《国际植物保护公约》技术法规体系的建立、国家间及区域间的沟通提供了基本保障。1994 年，世界贸易组织的成立直接推动了《国际植物保护公约》技术法规体系建设。1997 年，联合国粮食及农业组织第 29 届大会通过了《国际植物保护公约》新修订的文本（简称 97 版文本）。为适应新文本的实施，《国际植物保护公约》成立了植物检疫措施临时委员会（Interim Commission of Phytosanitary Measures，ICPM），负责制定标准规划。2000 年，为加强标准的制定，《国际植物保护公约》成立了临时标准委员会（Interim Standards Commission，ISC），负责标准的起草与制定工作。2001 年，ICPM 第三次会议批准成立标准委员会（Standards Committee，SC）。2004 年，标准委员会成立了森林检疫技术小组（Technical Panel for Forest Quarantine，TPFQ），负责林业植物检疫措施标准的制(修)订。2006年,植物检疫措施委员会(Commission of Phytosanitary Measures, CPM)取代了1997年成立的ICPM,下设两个附属机构,标准委员会和争端解决委员会(Dispute Settlement Committee, DSC),通过了《快速通道制定标准的程序》(*Fast Track Process for Adoption of International Standards*)。截至2020年,CPM已通过国际植物检疫措施标准43项,其中,ISPM 27《限定性有害生物诊断规程》(*Diagnostic Protocols for Regulated Pests*)包含29个附件,即包含29种有害生物诊断标准;ISPM 28《限定性有害生物的植物检疫处理》(*Phytosanitary Treatments for Regulated Pests*)包括32个附件,即包含32种植物检疫处理方法。

最早的林业外来有害生物防制案例见于法国,为了防治从美国传入的葡萄根瘤蚜,法国于19世纪70~80年代从美国引进葡萄 *Vitis vinifera* 品系作砧木,与欧洲的葡萄品系进行嫁接。由于葡萄根瘤蚜主要危害葡萄植株根部,美国葡萄品系抗葡萄根瘤蚜,因此能有效控制葡萄根瘤蚜的危害。这一方法在法国大面积推广,挽救了法国的葡萄酿酒产业。

成功防制榆树荷兰病是国际上防制入侵林业植物病原物的经典案例。19世纪80年代,欧洲大量榆树 *Ulmus* spp. 不明原因死亡,直至1921年,荷兰植物病理学家施瓦兹 M. B. Schwarz 在荷兰确定榆树的死亡由病原真菌——榆蛇口壳菌 *Ophiostoma ulmi* 引起(当时鉴定为 *Graphium ulmi*)(Meulemans et al., 1983; Holmes, 1990),因此,病害的英语名称为"Dutch Elm Disease",中文名称为"榆树荷兰病"。据推测,榆树荷兰病起源于亚洲,19世纪80年代传入欧洲,1928年传入美国,1989年传入新西兰。该病害导致美国榆 *U. americana* 和欧洲白榆 *U. laevis* 大面积死亡,并不断出现新榆蛇口壳菌 *Ophiostoma novo-ulmi* 等新的高毒力菌株和新种,对欧洲和美洲的森林和园艺业造成毁灭性危害,有些影响至今尚未消除。外来植物病原物的防制措施包括:①检疫。即清除染病树木或切除染病部位,不在疫区种植寄主植物。②化学防除。喷施化学农药,可有效地减少病原菌和媒介昆虫,减缓病害扩散速度。③探讨生物防制途径。例如,美国在丹佛用灭活的黑白轮枝孢 *Verticillium albo-atrum* 接种榆树,可使榆树产生诱导抗性,减轻榆树荷兰病的危害,试验6年间,榆树荷兰病的年损失率从7%下降至0.4%~0.6%(Scheffer et al., 2008)。④选育抗病品种。例如,榆树荷兰病的抗病品种选育项目从1928年开始,至1992年结束,历时64年,多个品种对榆树荷兰病具有较强的抗性,部分品种已申请专利,并已在田间种植。美国和意大利也通过杂交方法选育出一些专利品种,部分得到了田间种植许可(Santini et al., 2002; Santini et al., 2008)。

1.3.2 中国林业植物检疫与外来有害生物防制史

1896年,中国首次在烟台张裕葡萄酒厂自建的葡萄园里发现了葡萄根瘤蚜(李元良等,1992),由此,拉开了中国林业植物检疫的序幕。1928年,国民政府农矿部公布了我国第一部有关植物检疫的法令——《农产物检查条例》,并在主要的通商口岸上海、天津和广州成立了我国第一批植物检疫机构——农产物检查所,从事农林产品检验工作(高步瀛,1996)。1935年,根据法律法规要求,上海商检局成立植物病虫害检验处,下设稻谷害虫、园艺害虫、植物病理、熏蒸消毒4个实验室。由于中国当时战乱不断,我国林业植物检疫和外来有害生物防制事业始终徘徊不前。

新中国成立初期，主要学习和借鉴苏联的经验，初步建立了完整的植物检疫和植物保护体系。1951年，中央人民政府对外贸易部发布了《输出入植物病虫害检验暂行办法》。1952—1960年，中国连续派代表团参加了由苏联主导的、社会主义国家间召开的第五届(1952年)、第六届(1953年)、第七届(1955年)、第八届(1956年)、第九届(1958年)和第十届(1960年)国际植物检疫与植物保护大会，学习和借鉴了相关国家植物检疫的宝贵经验。1952年，北京林学院、南京林学院和东北林学院等林业高等教育机构成立，开展林业教育，培养林业人才。1953年，中央人民政府林业部成立了综合性的林业科研机构——林业科学研究所，开展林业科学研究。1954年，中华人民共和国政务院颁布了《输出输入商品检验暂行条例》，在该条例的指导下，对外贸易部发布了《输出输入植物检疫暂行办法》及《输出输入植物应施检疫种类与检疫对象名单》，在政府文件中第一次使用了"植物检疫"的概念，并提出了30种检疫对象，其中包括美国白蛾、洋榆疫病 Ceratostomella ulmi (现物种中文名为榆树荷兰病菌，学名为 Ophiostoma ulmi)、五叶松锈病 Cronartium ribicola (现物种中文名为松疱锈病菌)、核桃枯萎病 Melanconis juglandis (现物种中文名为胡桃枝枯病菌)和柑橘干枯病 Deuterophoma tracheiphila (现物种中文名为柑橘干枯病菌，学名为 Plenodomus tracheiphilus)等10种森林和果树检疫性有害生物。1955年，中华人民共和国林业部林业科学研究所下设森林保护研究室，专门从事森林保护工作。1958年，北京林学院和南京林学院分别设立了森林保护专业。1963年，国务院公布了《森林保护条例》。1964年，原林业部发布了国内第一个森林植物检疫办法——《中华人民共和国林业部森林植物检疫暂行办法(草案)》，提出了19种国内森林植物检疫对象，并在黑龙江省嫩江县和江西省弋阳县分别成立了林业部北方和南方森林植物检疫实验站，标志着我国林业植物检疫独立发展时期的开始。

1978年以后，林业植物检疫和外来有害生物防制面临的挑战和机遇并存。面临的挑战是外来有害生物入侵形势日益严峻。1979年，国内首次发现美国白蛾(辽宁省农业局，1980)；1982年，松材线虫入侵中国(孙永春，1982；李广武等，1983)；1998年，首次在山西发现了红脂大小蠹(常宝山等，2001)；2007年，首次在新疆发现枣实蝇 Carpomyia vesuviana (阿地力等，2008)；2013年，国内首次发现松树蜂 Sirex noctilio (Sun et al.，2016)。截至2019年，中国共发现林业外来有害生物45种(国家林业和草原局公告，2019年第20号)。林业外来有害生物入侵研究的开展，为中国的林业植物检疫和外来有害生物防制提供了前所未有的发展机遇。1978年，北京林学院、东北林学院、南京林学院和中国林业科学研究院开始招收森林保护学硕士研究生；1981年，4个单位均被国务院批准为首批森林保护学硕士学位授予单位；1986年，北京林学院、东北林学院和南京林学院森林保护学专业被国务院学位委员会批准为第三批博士学位授权专业，为林业植物检疫和外来有害生物防制培养了大批高端人才。全国人民代表大会分别于1979年、1991年和2000年通过了《中华人民共和国森林法(试行)》、《中华人民共和国进出境动植物检疫法》(以下简称《进出境动植物检疫法》)和《中华人民共和国种子法》(以下简称《种子法》)；1983年，国务院颁布了《中华人民共和国植物检疫条例》(以下简称《植物检疫条例》)，从此，中国的植物检疫和外来有害生物防制与国际接轨，依法而为。根据

《植物检疫条例》，1984 年，林业部（现国家林业和草原局）颁布了《国内森林植物检疫对象和应施检疫的森林植物、林产品名单》；1996 年，公布了《森林植物检疫对象名单》，35 种有害生物被列入森林植物检疫对象；2004 年，国家林业局发布了 19 种林业检疫性有害生物（国家林业局公告，2004 年第 4 号）；2013 年，国家林业局对原 19 种林业检疫性有害生物名单进行了修订，公布了 14 种林业检疫性有害生物，林业植物检疫管理和外来有害生物防制日益规范，并与国际同步。1979—1984 年，林业部组织了全国范围（未含西藏和台湾）的第一次森林病虫普查工作，共查明中国森林害虫 5600 多种，森林病害 1000 多种，森林昆虫天敌 1500 多种（中国农业年鉴，1985）；1998—2001 年，国家林业局组织了全国林业检疫性有害生物普查，查清了 35 种林业检疫性有害生物在国内的发生、分布和危害状况；2003—2006 年，国家林业局组织了第二次全国林业有害生物普查，查明入侵我国的林业有害生物 34 种，自 1983 年以来在省际间传播扩散的林业有害生物 368 种；2014—2018 年，国家林业局组织了全国第三次林业有害生物普查，共发现林业有害生物种类 6179 种，其中，昆虫类 5030 种，真菌类 726 种，细菌类 21 种，病毒类 18 种，线虫类 6 种，植原体类 11 种，鼠（兔）类 52 种，螨类 76 种，植物类 239 种，林业外来有害生物 45 种，为林业植物检疫和外来有害生物防制提供了信息和基础平台保障。通过 1982—2005 年"六五"至"十五"五期国家科技攻关计划、国家"十一五"和"十二五"两期国家科技支撑计划、"十三五"国家重点研发计划的支持，经过几代森林保护学科技工作者的努力，产出了一批林业植物检疫和外来有害生物防制重要科技成果。例如，利用遥感技术监测松材线虫致死的枯死松树，提高了松材线虫病野外调查效率；利用化学试剂快速检测受松材线虫侵染的木材，提高了疫木的检测速度；探索疫木的野外熏蒸技术，为疫木的合理利用、减少检疫性有害生物的传播提供了有效的手段；分别利用肿腿蜂 Sclerodermus spp.、花绒寄甲 Dastarcus helophoroides、花角蚜小蜂 Coccobius azumai、周氏啮小蜂 Chouioia cunea 成功防制松褐天牛 Monochamus alternatus、松突圆蚧 Hemiberlesia pitysophila 和美国白蛾，有效地控制了重要林业入侵物种的危害，提高了林业植物检疫和外来有害生物防制的科学技术水平。

1.4 林业植物检疫与外来有害生物防制的重要意义

森林保护学属于农业科学门类，林学的二级学科，是关于林业有害生物、森林火灾及其他林业灾害防制理论与技术的学科。学科领域涵盖森林病虫害防制、森林防火、其他森林灾害等。森林有害生物防制需要解决两方面的问题：一是控制本土森林有害生物周期性的种群暴发；二是控制外来有害生物的入侵及危害。随着全球化进程的加速，外来有害生物的入侵风险日益加剧，林业植物检疫和外来有害生物防制成为森林保护学的重要组成部分。

据联合国粮食及农业组织统计，1998—2017 年 20 年间，世界原木进出口量从 $0.85×10^8$ m³/年增加到 $1.38×10^8$ m³/年，增加了 62%。林业植物繁殖材料、原木、木质包装材料等高风险货物运输频繁，使各国不断发现引起严重危害的新的入侵生物。例如，20 世纪 90 年代在欧洲和美国发现，栎树猝死病菌 Phytophthora ramorum 造成大量的栎属 Quercus 和柯属 Lithocarpus 植物死亡，该病原物可侵染数百种植物，在短时间内引起植株极高的死亡率。据统计，由于栎树猝死病，仅美国俄勒冈州森林和观赏植物繁殖材料贸易的损失每年高达 2000 多万美元，全美栎树及其产品的贸易损失每年达300 亿美元，欧洲也因此遭受了巨大的经济损失。柏蚜 *Cinara cupressi* 原产欧洲和中亚地区，1986 年偶然传入马拉维并在非洲迅速扩散，每年引起的木材损失达 1460 万美元。在其后的 30 年采伐周期中，该有害生物估计摧毁了肯尼亚多达 50% 的柏树，给非洲的森林造成严重损害（FAO，2011）。

我国林产品贸易额在最近十几年迅速增加，林业外来有害生物入侵风险日益加剧，我国已成为世界上林业生物入侵最严重的国家之一。以原木为例，据统计，2008—2017年，我国原木进口量从 $3363.74×10^4$ m³/年增至 $5566.88×10^4$ m³/年（王登举，2019），增加了 66%。我国各口岸截获的进境有害生物种类，1990—1994 年期间，年平均截获量为 1000 种（张建军，1998），2010 年增至 3654 种，2011 年为 3972 种，2018 年为 4583 种，近30 年间增加了 3500 多种，平均每年增加 100 多种，有害生物入侵的现实风险不容低估。松材线虫、美国白蛾、微甘菊、枣实蝇、红脂大小蠹、椰心叶甲 *Brontispa longissima* 等林业外来有害生物已经在中国造成了严重的经济损失，破坏了生态环境。

控制外来有害生物的入侵和危害成为森林保护学研究的重点领域和热点领域之一。林业植物检疫和外来有害生物防制紧跟国际生物入侵重点和热点问题，将检疫学、诊断学与防制学相结合，从外来有害生物传入、定殖、适应、扩散、成灾的入侵全过程入手，探讨如何使法律、管理和科学技术三位一体达到控制外来有害生物的目的，对林业外来有害生物预警、早期监（检）测与快速反应、控制与管理、生态系统恢复与重建具有重要的指导意义。

1.5 林业植物检疫与外来有害生物防制现状与前景

国际上各国均没有独立的林业植物检疫机构和检疫队伍，也没有独立的林业植物检疫与外来有害生物防制学科（李智勇等，2010），只有我国设立了独立的林业植物检疫和有害生物防制机构和队伍，并成立了林业植物检疫与外来有害生物防制学科。

自新中国成立以来，特别是加入世界贸易组织之后，我国的林业植物检疫和外来有害生物防制学科得到了前所未有的发展。集中表现在以下方面：

①林业植物检疫法律法规体系不断健全和完善。《中华人民共和国森林法》（以下简称《森林法》）、《种子法》《进出境动植物检疫法》《中华人民共和国生物安全法》（以下简称《生物安全法》）、《中华人民共和国行政许可法》（以下简称《行政许可法》）、《中华人民共和国森林法实施条例》（以下简称《森林法实施条例》）、《中华人民共和国进出境动植物检疫法实施条例》（以下简称《进出境动植物检疫法实施条例》）、《植物检疫条例》和《中华人民共和国森林病虫害防治条例》（以下简称《森林病虫害防治条例》）等国家法律法规的颁布和修订，为林业植物检疫提供了法律依据和指导，充分体现了林业植物检疫主权性的原则。

②部门规章、国家和行业技术标准及地方法律法规、技术标准与国家法律法规相衔接，共同构成了完整的林业植物检疫技术法规体系。1993 年，我国公布了第一个林业植物检疫技术标准《松材线虫病检疫技术》，第一次将技术标准列入了国家林业植物

检疫技术法规体系；2005年，"全国植物检疫标准化委员会林业植物检疫分技术委员会"成立，推动了林业植物检疫技术标准的制（修）订工作。截至2020年，已先后颁布林业植物检疫行业和国家标准44项，涉及植物检疫证书准则、检疫性有害生物调查准则、检疫性有害生物疫情报告公布和解除程序、建立非疫区指南、检疫措施、检疫检验实验室管理、隔离试种苗圃建设规范、植物及其产品调运检疫规程、产地检疫技术规程、调运检疫数据交换规范、花木展览会检疫规范、风险评估、林业有害生物危险性等级分类等综合性的技术规范。

③林业植物检疫机构和队伍稳定，形成了覆盖全国的林业科技推广站（中心）3362个，林业植物检疫检查站3108个，林业专兼职检疫员36587人（国家林业局，2018）。

④形成了科学的林业外来有害生物防制政策。林业植物检疫和外来有害生物防制政策以保护森林资源和林业可持续发展为目标，以《森林法》和《植物检疫条例》为指导，加强林业植物检疫的能力建设和科学研究，鼓励公众参与，有效地控制林业检疫性有害生物的传入、扩散和危害。

⑤林业植物检疫和外来有害生物防制科学和技术水平不断提高，与国际逐步接轨。对外来有害生物的传入、定殖、适应、扩散和成灾机制研究不断深入，外来有害生物防制理论研究日益加强，防制技术储备逐年增多，技术推广力度不断加大，取得一批重要的科技成果和产品，并在生产上得到广泛应用。

《生物安全法》于2020年10月17日颁布，自2021年4月15日施行。《生物安全法》的颁布将对林业植物检疫与外来有害生物防制产生深远的影响。入侵生物是危害国家安全的重要危险物，"防范外来物种入侵与保护生物多样性"被列入了《生物安全法》的八大领域之一，林业植物检疫与外来有害生物防制将面临前所未有的挑战和机遇，具有广阔的发展和应用前景。林业植物检疫与外来有害生物防制是集法律、政策、管理和科学技术于一体的系统工程，以维护国家安全和国家主权、保护林业和草原生物资源和生态环境、保障人民生命健康为目标，继续坚持"预防为主，科学防控，依法治理，促进健康"的原则，实行政府主导、部门协作、社会参与、科技与教育创新引领、国际合作交流的运行模式，根据科学和社会发展的需要，对依据的法律法规内容进行修订，使其更具有时代性、科学性和可操作性。同时，完善检疫性有害生物和入侵生物名单制度，建立强制性技术标准和推荐性技术标准互补机制，初步形成林业植物检疫与外来有害生物防制的技术法规体系框架；建立部门协作、社会参与的外来有害生物联防联制机制，提高林业植物检疫和外来有害生物防制效率；充分发挥科学、技术和教育的优势，针对林业外来有害生物入侵和扩散的特点，定期开展林业外来有害生物调查和监测，开展基础研究和应用基础研究，并有针对性地开展岗位培训及科学普及教育，对林业外来有害生物采取传入和定殖阶段的预防，适应和扩散阶段的控制，种群暴发阶段的除治全过程和全链条管理，有效地遏制林业外来有害生物的扩散和成灾，保护我国的森林资源和生态环境，维护国家生物安全和生态安全。

本章小结

本章介绍了林业植物检疫和外来有害生物防制的相关概念和内涵、任务、重要意义、历史、现状和发展前景，阐述了林业植物检疫与外来有害生物防制的相互关系。强调林业植物检疫和外来有害生物防制是一门应用学科，通过这门课的学习，学生可以掌握植物检疫学、入侵生物学及生态学的基本原理、方法、学科发展现状与发展趋势，法律法规在林业植物检疫和外来有害生物防制中的意义和作用，以及植物检疫与外来有害生物防制的理论、技术、方法和程序。要求学生理论联系实际，研究我国林业植物检疫与外来有害生物防制存在问题及解决方案。

思 考 题

1. 试述林业植物检疫、外来有害生物防制的内涵和外延分别是什么？
2. 林业植物检疫和外来有害生物防制的理论基础是什么？
3. 试讨论如何学好"林业植物检疫与外来有害生物防制"这门课？

本章推荐阅读

朱水芳，等，2019. 植物检疫学［M］. 北京：科学出版社.

赵文霞，姚艳霞，淮稳霞，等，2012. 林业生物安全总论［M］. 北京：中国林业出版社.

第2章
生物入侵理论

地球上各生物类群的分布范围并非固定不变，而是具有迁移和扩散的能力。自然状态下，物种的起源与扩散是一个相对漫长的占领新生态位的过程，通常以百万年为时间尺度单位。在此过程中，生物种群的遗传组成不断变化并接受迁移地生态环境的选择，同时，与迁移地的其他生物类群相互作用，最终形成稳定的新生态系统。而存在诸如海洋、峡谷、山脉等天然屏障的地区，物种的自然扩散受到阻碍甚至被完全阻断，致使屏障两侧种群的遗传组成和生态位产生差异，新物种由此诞生。生物类群的演变加之地质环境与气候条件的歧化，造就了不同的地理区系。随着文明兴起，人类的迁徙能力和迁徙速率远超其他生物类群，一些物种的自然扩散过程被打破，许多原本局限于某一地理区域的种群借助人类迁徙的力量跨越天然屏障，到达新的地理区系和生态系统。这些种群通常面临两种命运：一种是无法适应新环境或无法进行有效繁殖的种群将很快消亡；另一种是能够在迁移地存活，繁殖并扩大种群规模的物种，将成为当地生态系统的新成分，即归化。其他生物借助人类活动而迁移的过程相对于其自然扩散过程而言极其短暂，通常只有数年到数百年不等。由于新迁入的种群与迁入地的环境和物种之间缺乏自然演化的作用及相互适应与制约的调控机制，一些生存能力和繁殖能力特别强，且在迁入地缺乏竞争者和天敌的物种便抢占当地物种的生态位，掠夺空间和资源，对迁入地的生态环境造成突发性的强烈干扰，可能威胁当地物种的生存，降低其生物多样性，破坏原有的生态平衡，导致原生环境恶化，造成生物入侵。因此，生物从一个地理区域迁移到另一个地理区域，是自然扩散还是外来入侵，其区别包含了"空间"尺度和"时间"尺度的双重含义：自然扩散是在空间尺度上连续推进的长期演化过程(常以百万年计)，外来入侵是短时间内在空间尺度上跳跃式扩散的过程(常以年计)。需要强调的是，生物入侵的概念主要基于人类的立场，与人类的利益息息相关：当人类活动干扰了种群的自然扩散进程，打破了某些地域原始生态系统的自然更替与演化时，其造成的负面影响反作用于人类的生产生活与生态安全。

2.1 生物入侵过程

入侵分为传入、定殖、适应、扩散、成灾 5 个阶段。

传入：非本地物种通过人类介导或自然扩散进入本地生态系统的过程。

定殖：传入的非本地物种进行生长、繁殖，建立种群的过程。

适应：也称潜伏阶段，是指定殖后的入侵物种种群适应新环境的过程。

扩散：在环境适宜的条件下，适应后的非本地物种种群扩张过程。

成灾：也称暴发阶段，是指扩张的种群已超出了生态系统容量，造成了生态、经济、社会的负面影响。

传入、定殖和适应是生物入侵的基础和前提，是入侵物种区别于当地有害生物物种的基本特征（Davis et al., 2001）；扩散和成灾是入侵物种区别于其他外来物种的基本特征。控制生物入侵的关键就是切断"传入—定殖—适应—扩散—成灾"链条上的任一环节或几个环节。传入是入侵链条的第一个环节，也是国际上关注最多、防止生物入侵的关键环节。

图 2-1 解释了生物入侵的各个阶段。起始阶段（0 阶段）表示入侵物种是一种自然存在，经过繁殖后，部分繁殖体突破层层阻力与运输媒介发生接触，并被吸纳，转入运输阶段（Ⅰ阶段）；入侵繁殖体在运输过程中存活，并克服释放阻力，到达运输目的地后被释放，进入了传入阶段（Ⅱ阶段）；经过克服环境生存阻力后，入侵繁殖体能在传入地生存并自我繁衍种群，则达到定殖阶段（Ⅲ阶段）；定殖阶段后，入侵生物种群发生分化，产生两种可能性，一种是繁殖体可以克服扩散阻力，扩散范围很广，但种群密度不高（Ⅳa 阶段），另一种可能是，入侵繁殖体克服环境对繁殖和适应的阻力，种群密度增高，但扩散范围有限（Ⅳb 阶段），Ⅳa 和Ⅳb 均称为适应阶段；Ⅳa 阶段的入侵繁殖体需要克服环境对繁殖和适应的阻力，Ⅳb 阶段的入侵繁殖体需要克服扩散的阻力，最终均达到成灾阶段（Ⅴ阶段），完成入侵过程（Colautti et al., 2004）。

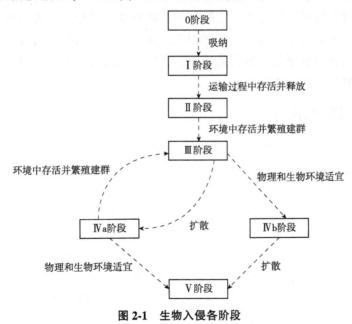

图 2-1　生物入侵各阶段

（改绘自 Colautti et al., 2004）

由此可见，生物入侵是一个困难重重的过程，有入侵潜力的生物很多，但成功完成入侵全过程的物种很少。生物入侵的概率或成功率有多少呢？根据对英国外来动植物的统计分析，英国约克大学教授马克·威廉姆逊（Mark Williamson）等提出了"十数定律"（tens rule），即在到达（imported）某一地区的外来种中，约有 10% 的物种可以发展为偶见种群（casual population），大约 10% 的偶见种群可发展成为定殖种群（established population）（或建成种群），定殖种群中最终能成为入侵生物的概率也只有 10%（Williamson et al.，1996）。换句话说，动植物的引入一般为有意引入，在有意引入的动植物物种中，10% 可能发生野外逃逸，成为不受人为控制的野外偶见种，也可以认为被引入（introduced）了自然生态系统；逃逸的物种中有 10% 可在野外自我繁殖，建成种群；而建成种群的物种中有 10% 可成为外来有害生物。可见，并非所有外来物种都能成为外来有害生物，一个地区所有外来动植物能最终成为有害生物的概率约为 1/1000。但十数定律也有例外。例如，英国引进的所有农作物没有一种逃逸为外来有害生物；夏威夷岛引进的鸟类 50% 以上成为建成种群；生物防制引进的天敌其定殖率可达 30%。

外来物种从引入新的环境到种群形成和扩散至新的地区需要一段时间，这段时间被称为时滞（time-lag）或潜伏期。时滞的长短随物种而异，也随地区而异，从短短几年到几十年或上百年不等。Daehler（2009）对夏威夷岛 23 种植物的时滞研究发现，热带的入侵物种时滞较短，木本植物平均 14 年，草本植物平均 5 年。一般来说，乔木树种的时滞大于灌木树种，灌木树种的时滞大于草本植物；入侵热带地区的时滞小于温带地区。入侵时滞的差异，使得外来物种的入侵更加难以预测。

2.2　生物入侵假说

生物入侵是一个复杂而漫长的过程，很难用某个或某些假说解释所有的生物入侵现象。生物入侵理论是外来有害生物防制和植物检疫的基础，了解生物入侵机制可以使植物检疫和外来有害生物防制工作做到有的放矢。生物入侵的假说很多，各种假说对于解释生物入侵的机制就如同盲人摸象，各有一定的科学依据，但也各有缺陷。本节仅介绍十种比较有代表性的假说。

2.2.1　天敌跟随假说

天敌跟随假说（enemy release hypothesis，ERH）也称天敌解脱假说、食草动物逃逸假说、捕食者逃逸假说、生态解脱假说等。

如图 2-2 所示，在物种 S 的原产地，物种 S 与本地天敌 E 协同进化，相互制约，物种 S 种群数量被控制在环境允许范围内。外来物种 S 能成功入侵新的生境（入侵地 A），是由于原产地协同进化的天敌 E 没有跟进，而本地专一性天敌未发生寄主转移，广谱性天敌 E_{NCA} 对入侵物种 S 的影响明显低于本地物种（Keane，2002），外来物种 S 的种群迅速扩张，入侵成功。该假说在达尔文（Charles Robert Darwin）的《物种起源》中首次提出，是外来生物入侵机制中最重要、最经典的假说之一，也是传统的生物防制理论之一，许多研究都验证了天敌跟随假说。

天敌跟随假说面临的重要挑战：该假说描述的只是一种理想状态，而实际上，生态系统中食物链网络中的各种生物相互作用，既有相互促进，彼此增强的关系，也有相互竞争，彼此削弱的关系。Colautti 等除描述天敌跟随假说外，还提出了入侵物种与原产地天敌和引入地天敌相互作用，最终导致外来物种成功入侵的其他两种理论——天敌倒置假说（enemy inversion hypothesis，EIH）和天敌抑制竞争者假说（enemy of my

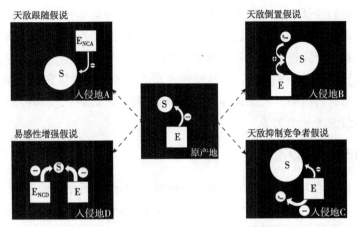

注：E 原产地天敌；S 原产地物种；E_{NCA} 入侵地 A 当地天敌群落；S_{NCB} 入侵地 B 当地物种群落；S_{NCC} 入侵地 C 当地物种群落；E_{NCD} 入侵地 D 当地天敌群落；$\oplus$ 表示促进作用；$\ominus$ 表示抑制作用；$\oplus$ 和 $\ominus$ 符号的增大或缩小，表示作用增强或减弱。

图 2-2　天敌与入侵物种的关系假说

(改绘自 Colautti et al.，2004)

enemy hypothesis，EEH)，并提出了由于天敌间相互作用，导致外来物种入侵失败的易感性增强假说(increased susceptibility hypothesis，ISH)(Colautti et al.，2004)(图 2-2)。

如图 2-2 所示，天敌倒置假说认为，由于环境因素和多物种相互作用的原因，原产地天敌抑制有害生物的种群扩张。当物种 S 传入到入侵地 B 时，其原产地的天敌 E 跟随成功后，通过与入侵地食物链网络中其他生物的相互作用，对物种 S 的控制作用减弱，甚至会与当地物种 S_{NCB} 一起，促进物种 S 种群在入侵地 B 的扩张与暴发。天敌倒置假说的经典例子是斑点矢车菊 subsp. *australisCentaurea stoebe* subsp. *australis* 成功入侵美国(Pearson et al.，2000)。斑点矢车菊原产于欧洲东部，据记载，19 世纪随苜蓿 *Medicago* sp. 种子传入美国，截至 1988 年，斑点矢车菊在美国和加拿大西部的分布面积达 300×10^4 hm²，造成草原退化，生物多样性丧失(Lacey，1989)。为了控制斑点矢车菊，美国于 20 世纪 70 年代从欧洲大量引进控制矢车菊种子产量的两种实蝇——大实蝇 *Urophora affinis* 和方腹实蝇 *U. quadrifasciata*。但没想到的是，这些实蝇成为当地一种拉布拉多白足鼠 *Peromyscus maniculatus* 的主要食物，可占其食物量的 84% ~86%。拉布拉多白足鼠种群大量增加，降低了实蝇的种群数量，达不到应有的控制目的，不但未能控制矢车菊，拉布拉多白足鼠还可能将矢车菊的种子传带到它的栖息地，反而使矢车菊进一步扩散。而当地的大雕鸮 *Bubo virginianus* 是拉布拉多白足鼠的天敌，又将矢车菊种子扩散至更远的地方(Pearson et al.，2001)。

天敌抑制竞争者假说认为，在入侵地 C 存在与外来物种 S 竞争的近缘种或相似种 S_{NCC}，但引进的天敌 E 对这些本地物种 S_{NCC} 具有更强的抑制作用(图 2-2)，反而削弱了对外来物种 S 的控制，外来物种 S 成功入侵。英国本地的欧亚红松鼠 *Sciurus vulgaris* 被外来的北美灰松鼠 *Sciurus carolinensis* 替代的现象，很好地诠释了这一理论。北美灰松鼠原产于美国东部，据记载，其于 1828 年传入英国，英国本地的欧亚红松鼠种群数量于 1904—1914 年期间大幅度下降，最终被外来北美灰松鼠取代，原因是欧亚红松鼠对北美灰松鼠携带的一种类痘病毒更敏感(Middleton，1930；Tompkins et al.，2003)。

易感性增强假说认为，入侵不成功是由于外来物种对本地天敌的易感性高于本地物种。易感性增强有两方面的原因：一是入侵瓶颈降低了外来物种 S 多态性防御的遗传多样性；二是对于入侵地生态系统而言，外来物种 S 是新出现的物种，可能更易受到当地天敌 S_{NCD} 的攻击（图2-2）。易感性假说与传统的生物防制理论相反，建议寻找当地天敌防制外来有害生物。我国用本土天敌周氏啮小蜂防制入侵物种美国白蛾就是应用易感性增强假说的一个例子。

2.2.2 多样性阻抗假说

1859 年，多样性阻抗假说（diversity resistance hypothesis，DRH）最先由达尔文提出，后由英国动物学家查尔斯·埃尔顿（Charles S. Elton）总结为假说，即物种多样性贫乏的群落更容易受到外来物种的威胁，物种多样性高的群落结构和功能稳定，对外来物种具有不亲和性，增强了对生物入侵的抗性。该假说已成为入侵生态学的核心理论之一。埃尔顿列举了许多例子，例如，农田、果园和天然森林三个生态系统相比较而言，农田的物种多样性和群落结构最简单，果园其次，天然森林的物种多样性最丰富，群落结构更复杂，因此，生物入侵更容易发生在农田，其次是果园，最不容易发生在天然森林。又如，原产高加索的短柄野芝麻 Lamium album 成功地侵入了英国的农田、荒地数百年，但始终未成功入侵物种多样性复杂的自然生态系统（Elton，1958）。后续的许多研究支持或验证了多样性阻抗假说。例如，生态系统受干扰越严重则生物入侵越严重（MacDonald et al.，1988），结构简单的温带生态系统比热带生态系统更易受入侵威胁（Holdgate，1986），岛屿生态系统比大陆生态系统更易受到入侵物种的攻击（Simberloff，1997）等。

多样性阻抗假说面临的主要挑战：虽然有很多研究支持多样性阻抗假说，但也有一些研究结果表明，生态系统的物种多样性与生物入侵间不存在相关关系，或存在正相关关系（Robinson et al.，1988）。此外，群落的尺度可能也会对此结论产生影响（Wiser et al.，1998）。

与生物多样性相关的生物入侵理论还有生物多样性和生物地理学的中性理论，以及环境异质性假说。在分子进化的中性理论（the neutral theory of molecular evolution）（Kimura，1985）基础上，基于生态平衡理论（ecological equivalence），美国生态学家Hubbell（2001）提出了生物多样性和生物地理学的中性理论（neutral theory of biodiversity and biogeography）。生物多样性和生物地理学的中性理论认为群落中所有的个体具有相同的出生率、迁移率、死亡率和物种形成概率；物种多样性的变化不是确定性的，而是随机和动态的变化过程；与分子进化中性理论相似，群落中共存的物种数量取决于物种分化和随机灭绝之间的平衡，群落中某一物种多度的增加必然伴随着其他物种多度的减少，物种之间属非合作博弈，相对多样性随时间表现为随机振荡的波动。同理，物种的形成、生态漂移（ecological drift）和灭绝导致了局部群落（local community）结构和大小的变化。但从大尺度范围来看，群落间的随机漂移作用零和博弈（zero-sum game），相互抵消，大尺度范围群落的动态变化是中性的，相对不变的。Hubbell 在研究中还发现，由于有些物种在功能上比较相似，物种多样性和群落稳定性不呈正相关关系，物种数量与群落生产力之间也不呈正相关关系(Hubbell，2006)。因此，生物多样性和生物地理学的中性理论解释了生物入侵的随机性和与生物多样性不相关的生物入侵现象。

多样性阻抗假说的前提是环境同质性。在同质的环境中，丰富的物种集合构成了对入侵行为高度抵抗的生物环境，共存现象在同质环境中出现的概率很小，入侵物种需要成功克服现有的物种抵抗才能成功入侵。而实际上，环境是异质的，环境异质性假说是基于生物入侵对集合群落（metacommunity）而非局部群落的影响，不同地理区域的群落包含了从低到高的异质环境梯度，入侵物种不需要占据当地物种的生态位，群落中入侵物种和当地物种共存，构成了丰富的生物多样性（Melbourne et al.，2007）。

2.2.3 新式武器假说

新式武器假说（novel weapon hypothesis，NWH）由里根·卡拉威（Ragan M. Callaway）等于2004年提出。该假说认为，入侵物种向环境释放生物化学物质，通过化感作用（allelopathy）抑制植物和土壤微生物群落，使竞争物种的生长发育停滞，形成以入侵物种为主的单优群落，实现成功入侵。根据国际化感学会1996年的定义，化感作用是指植物、真菌、细菌和病毒产生的化合物，具有影响农业和自然生态系统中的一切生物生长发育的作用。目前，已鉴定植物分泌的小分子化感物质10余万种，这些小分子化合物多数具有物种特异性。新式武器假说的提出基于卡拉威等对铺散矢车菊 Centaurea diffusa 的研究（Callaway et al.，2000）。铺散矢车菊在原产地——高加索地区与其他植物和谐共存，而入侵北美东部后，却能够抑制群落中其他物种，发展为单优群落。将铺散矢车菊种子分别与高加索和北美草种种植在一起进行对比实验，结果显示，与高加索地区植物相比，铺散矢车菊可抑制北美植物种的生长逾70%，且在土壤中加入活性炭后，其对北美植物生长抑制作用显著降低，证明了铺散矢车菊根部可分泌化感物质。后来，Vivanco 等从铺散矢车菊根部分泌物中分离出了8-羟基喹啉，有铺散矢车菊生长的高加索地区土壤中8-羟基喹啉的含量是北美土壤的3倍以上，单独施用8-羟基喹啉，可抑制北美植物物种生长逾30%，但对高加索植物物种无影响，进一步验证了化感作用的存在（Vivanco et al.，2004）。

尽管曾有研究者对新式武器假说提出质疑，认为其实验结果可能夸大了化感作用的效果，但随着实验方法的不断改进和实验数据的进一步完善，该假说日益得到广泛而深入的证实。Bais 等在细胞和基因水平证实了入侵植物的化感作用机制。他们用100 μg/mL外旋儿茶酚（-）-Catechin 处理铺散矢车菊和拟南芥 Arabidopis thaliana 根部，引起细胞质浓缩和根部细胞死亡，其原因主要是分生组织活性氧和 Ca^{2+} 浓度瞬时大量升高（Bais et al.，2003）。进一步的分子实验表明，外旋儿茶酚处理诱导了956个基因表达，这些基因与氧化胁迫、苯丙醇和萜类物质通道相关。我国科学家证明了紫茎泽兰 Ageratina adenophora 之所以能够成功入侵，化感作用功不可没。其化感物质主要为9-羰基-10，11-去氢泽兰酮（Liao et al.，2015），其化感作用形式见表2-1。

Lankau 等提出了与新式武器假说互补的新式防卫假说（novel defence hypothesis），即入侵植物产生的化合物，可以通过食草动物拒食、延迟发育和毒性作用对天敌产生抑制，使天敌短期内不能适应入侵植物化学防御机制而成功入侵（Lankau et al.，2004）。

许多研究证实了植物的分泌物对其他物种具有抑制作用，但也有部分实验证明植物释放的化学物质可以促进其他植物的生长（李霞霞等，2017）。此外，动物和微生物是否有相似的入侵机制呢？动物和微生物入侵的化学通路是什么？尚需更多研究工作加以证实。

表 2-1 紫茎泽兰的化感作用形式

受体物种	作用形式	参考文献
水稻 Oryza sativa	丙二醛和过氧化物酶活性改变； 脱落酸和吲哚乙酸等激素水平失调； 根尖顶端分生组织、皮层薄壁细胞结构改变	Yang et al., 2006 Yang et al., 2008 杨国庆等, 2008
刺齿报春苣苔 Primulina spinulosa 荔波报春苣苔 P. liboensis 烟叶报春苣苔 P. heterotricha 台闽苣苔 Titanotrichum oldhamii	抑制幼苗生长	李渊博等, 2007
拔毒散 Sida szechuensis 狗肝菜 Dicliptera chinensis	影响发芽率和发芽速度	韩利红等, 2007
莎状砖子苗 Cyperus cyperinus	影响胚轴和胚根生长	韩利红等, 2007

注：修改自李霞霞等, 2017。

2.2.4 竞争力增强进化假说

美国康奈尔大学伯内德·布鲁西(Bernd Blossey)等在最佳防卫假说(optimal defence hypothesis, ODH)、环境限制假说(environmental constraint hypothesis, ECH)和天敌跟随假说的基础上提出了竞争力增强进化假说(evolution of increased competitive ability hypothesis, EICAH)。最佳防卫假说认为，环境中的资源可利用性是影响植物防卫的决定因子。植物的各种生命活动均需要生物量，如生存、生长、储存、繁殖和防卫活动等，但植物可配置的生物量资源是有限的，为了取得最佳防卫效果，植物就不得不减少其他生命活动所需的资源量(Coley et al., 1985)。环境限制假说则认为，由于植物要与食草动物协同进化，因此，生长量不可能减少，资源的配置主要取决于竞争性植物能否通过额外的光合产物用于次级代谢(Bryant et al., 1989)。竞争力增强进化假说综合了以上三种假说，主要结论为：由于入侵物种在侵入地摆脱了原产地天敌的控制，选择压力的降低使防御的资源配置随之下降，因此，生长和繁殖等资源配置相应增加，提高了入侵物种的入侵竞争能力(Blossey et al., 1995)。该假说的理论依据是著名的千屈菜 Lythrum salicaria 试验。千屈菜原产于欧亚大陆，19世纪传入北美洲，在北美温带地区扩散蔓延，对濒危动植物造成严重威胁。20世纪90年代，欧洲的千屈菜遭受食叶害虫和地下害虫的严重危害，而北美洲未发现此类害虫。研究者将来自于瑞士受食叶害虫和地下害虫胁迫的千屈菜和北美洲未受害虫危害的千屈菜种子种植于自然状态下，生长季结束后，来自瑞士的千屈菜干重和高生长均显著高于北美种源，证明受害虫胁迫后，千屈菜的生长量显著降低；将食叶害虫(一种小萤叶甲 Galerucella pusilla)和地下害虫(一种食根的树皮象 Hylobius transversovittatus)接种于千屈菜，发现叶甲的存活率、发育历期和蛹重在两种千屈菜种源上无显著差异，而树皮象在北美种源上的存活率显著高于欧洲种源，但蛹重无显著差异，证明千屈菜在北美洲和瑞士用于植食性天敌的防卫能量是相等的。该试验验证了竞争力增强进化假说的两个理论依据：一是生长与防御的资源分配权衡；二是表型可塑性导致入侵物种适应性进化。

对竞争力增强进化假说的质疑包括以下方面：①一些研究对该假说的有效性提出了质疑，在这些例证中，入侵物种在入侵地的防御能力下降，但生长和繁殖并未显著增强；②该假说只对表型进行了研究，而生物的基因型可能才是起决定作用的因素，因此，需要更多基因水平的实验证据；③忽略了环境对入侵物种及其天敌的影响；④未考虑诱导抗性和植物的耐受性问题(周方等，2017)。

Bossdorf 等提出了与竞争力增强假说相反的假说——竞争力减弱进化假说(evolution reduced competitive ability hypothesis，ERCAH)。该假说认为，当入侵环境的种间竞争较少时，自然选择会减弱入侵物种竞争力的适合度代价(fitness cost)，保留生存竞争力弱的基因型(Bossdorf et al.，2004)。竞争力减弱进化假说的理论依据为葱芥 *Allilaria petiolata* 试验。葱芥原产于欧亚大陆的温带地区，19 世纪中期被引入北美洲，现已扩散至美国 34 个州和加拿大 4 个省，入侵落叶林，常常取代当地森林的下层植被物种，甚至影响了当地植物和昆虫种群的生态平衡。试验选取了当地和入侵地各 8 个葱芥种群，每个种群选择 20 个家系，进行单独和竞争性对比研究。结果发现，当葱芥种群单独生长时，当地种群与入侵物种种群之间的生长特性无显著差异；当种群间相互竞争时，当地种群的生长特性显著优于入侵物种种群。

2.2.5 繁殖压力假说

繁殖压力假说(propagule pressure hypothesis，PPH)是由 Williamson 提出。该假说认为，外来物种的繁殖压力决定入侵发生程度，繁殖压力越大，外来物种成功定殖的概率越大(Williamson，1996)。繁殖压力是指外来物种传入的初始个体数量，可用朗斯德勒方程表示(Lonsdale，1999)：

$$E = I \cdot S \tag{2-1}$$

式中　E——成功定殖的外来物种个体数；

　　　I——物种传入的数量；

　　　S——存活率。

I 分为有意传入 I_a 和无意传入 I_i。

$$I = I_a + I_i \tag{2-2}$$

S 包含 4 个要素：与当地物种竞争的存活率 S_v、在天敌作用下的存活率 S_h、随机事件作用下的存活率 S_c 和不利条件下的存活率 S_m。

$$S = S_v \cdot S_h \cdot S_c \cdot S_m \tag{2-3}$$

入侵物种在入侵地建立种群并自我繁衍后代是成功入侵的前提。入侵物种成功定殖前要克服传入和定殖过程中一系列的生物学和生态学阻力：入侵物种需克服自身生存和繁殖的阻力并达到一定个体数量时，才有可能接触自然或人工运输媒介，获得运送资格；运输过程中，入侵物种需克服生存和繁殖的遗传阻力、运输期间的非生物阻力，才能成功地抵达入侵目的地；到达入侵目的地后，入侵物种需要克服生存和繁殖的遗传阻力，以及接触目标、被释放遇到的各种非生物阻力，才能完成传入；传入阶段后，入侵物种除克服生存和繁殖自身遗传阻力、各种非生物环境因子的阻力外，还需要克服来自入侵地生物群落中各种生物因子与入侵物种的相互作用，才能成功定殖。繁殖压力与多次引入事件相关，因此，通过口岸截获有害生物的数据可以计算某种外来有害生物对我国的繁殖压力，进而分析其入侵风险。

许多研究结果支持繁殖压力假说（邓贞贞等，2016）。生物入侵事件数量与国际贸易量和贸易频次成正比，这一事实间接验证了繁殖压力假说的正确性。但繁殖压力假说也面临许多挑战和质疑：

①该假说仅具有统计学的合理性。十数定律也验证了此假说，但其与内在优势假说（inherent superiority hypothesis）存在一定矛盾，有些繁殖力极高，生态适应性很强，具有特殊生物学特性的物种，传入量较少时也可成功定殖。

②繁殖压力与遗传多样性的关系被忽略。相同数量的繁殖压力可能一次传入，也可能多次传入，其代表的遗传多样性存在显著差异。遗传多样性高的繁殖压力可产生多样性的遗传分化，利于入侵物种的适应和扩散，更容易导致成功入侵。

③与群落中性理论相矛盾。根据群落中性理论，种群个体的迁入和移出是平衡的，物种迁入是随机的，具有不确定性，与繁殖压力关系不密切。

④该假说未考虑入侵生态学问题。未考虑生态系统抵抗生物入侵的能力和环境因子的影响，例如，根据生物多样性阻抗假说，生物多样性越贫乏的群落，成功入侵所需的繁殖压力就越小，反之亦然。

⑤有些实验数据不支持或不能验证此假说。

2.2.6　内在优势假说

内在优势假说（inherent superiority hypothesis，ISPH）最早出现在《物种起源》中，后由 Elton（1958）总结，并不断得到后来学者的肯定。对于入侵植物物种，有些学者称之为理想杂草假说（ideal weed hypothesis，IWH）（Baker et al.，1965）。该假说认为，外来物种成功入侵取决于其本身的内在性状，使其在环境适应、资源获取、种群扩张方面较本地物种具有优势。内在优势主要体现在以下方面：

①生活史特征。植物的生殖方式、繁殖力、种子性状、寿命和传播方式、世代历期等，动物的繁殖力、体型大小、寿命等。

②适应性特征。生态幅、耐受性、攻击性、迁徙性、资源获取能力和利用效率、表型可塑性等。

③遗传特征。遗传结构、遗传特征、遗传分化能力等。

表 2-2 列出了在生物入侵各阶段所需的部分内在特征。

表 2-2　可成功入侵的入侵物种内在优势特征

入侵阶段	需要克服的障碍	入侵物种内在特征
传入	远距离传播	原产地分布范围广泛，繁殖体寿命长，生长和繁殖迅速，表型可塑性强，与人类关系密切
定殖	种群扩张和定殖	竞争力强，生长速度快，资源利用效率高，生理耐受范围广，自交亲和等
适应	种群维持与增长	生态幅宽，繁殖力强，耐受性强，表型可塑性和遗传分化潜力强
扩散	在新地区传播与定殖	有效的扩散距离，繁殖力强，表型可塑性强，繁殖体寿命长，世代时间短
成灾	种群快速增长	繁殖力强、竞争力强、生长和繁殖速率快等特征

注：修改自 Theobarides et al.，2007

植物病原物个体微小，寄生于植物体内，不易受外界非生物环境的影响，极易克服传入阻力；繁殖方式独特、繁殖世代短、繁殖速度快，容易克服定殖阻力；遗传分化能力强，当寄主受到生态环境的负面影响后，更易侵染寄主，克服适应阻力；与寄主植物共同扩散，或通过风、雨、水流、动物等自然媒介传播扩散，扩散距离远、范围广；种群增殖速度快，适应能力强，在同一个生长季节对寄主植物可发生多次再侵染，对寄主植物破坏性强，极易流行成灾。Elton（1958）列举了板栗疫病的例子。板栗疫病菌 *Cryphonectria parasitica* 原产于亚洲，1904 年首次在美国东部发现，1911 年已扩散至美国东部 10 个州。截至 1950 年，除美国南部少数州外，板栗疫病已扩散至美国全境，导致大部分美洲栗 *Castanea dentata* 死亡。

大部分入侵动物在环境适应、资源获取和种群扩张方面均具有优势。Elton 列举了日本金龟子 *Popillia japonica* 的例子。日本金龟子原产于日本，1916 年，美国首次在新泽西州某个苗圃中发现，当时发生面积不足 4100 m^2，其后以惊人的速度扩散。当达到扩散高峰后，扩散速度逐渐减慢（表 2-3），从 1916 年至 1956 年，每 5 年的平均扩散速率为 272%、7614%、94%、101%、60%、88%、62% 和 55%。日本金龟子之所以能够成功入侵，主要归因于其自身的生物学和生态学特性：①卵产于土壤中，取食植物根部，其隐蔽的习性不易早期发现，利于传入和扩散；②产卵量大，后代繁殖速度快，容易暴发成灾。日本金龟子在美国 1 年发生 1 代，每头雌成虫可产 60 粒卵，雌雄比为 1：1。如果将每年其他原因引起的死亡率忽略不计，则每年后代的繁殖量以指数级增长，n 年后后代繁殖量为 2×30^n，5 年后 1 头雌成虫可增殖虫口至 4860 万头；③食性杂，有利于种群维持和增长。日本金龟子在日本仅取食 40 种寄主植物，其中 11 种是喜食植物，而在美国可取食 435 种寄主植物，喜食植物近 300 种。

表 2-3 日本金龟子在美国的扩散速度

年份	面积（km^2）	年份	面积（km^2）	年份	面积（km^2）
1916	0.004	1921	1.09	1936	32 400
1917	0.012	1922	2.97	1941	51 800
1918	0.028	1923	6324	1946	97 100
1919	0.194	1926	8300	1951	157 000
1920	0.42	1931	16 100	1956	243 500

注：本表数据引自 Elton（1958）和陈宏（1997）。

植物由于内在优势成功入侵的例子也有很多。Elton 还列举了唐氏米草 *Spartina townsendii* 的例子。唐氏米草是互花米草 *S. alterniflora* 与欧洲米草 *S. maritima* 的杂交种。互花米草原产于北美洲，可以生长在贫瘠的盐生湿地环境中，具有固定土壤、防风、抗海浪的功能，因此，19 世纪初被引入英国。虽然引种并不成功，未得到大面积种植，但互花米草却与英国本地的欧洲米草发生了杂交，产生了唐氏米草。经过 30 多年的时滞，唐氏米草迅速扩散并覆盖了英国和法国的大范围海滩，随后，扩散至南北美洲和大洋洲，并在入侵地将原有的米草属 *Spartina* 植物排挤出栖息地，造成了灾难性的生态影响。我国于 1979 年从美国引进互花米草，主要用于防海风、抗海浪，保护海滩堤岸，减轻海水侵蚀。但由于互花米草的入侵性，现已扩散至我国除海南、台湾以外的所有沿海省份（左平等，2009）。互花米草具有强入侵性的内在优势，主要表现在以下方面：

①繁殖力强。单株可产种子 665 粒，也可利用根状茎或营养片段进行营养繁殖。

②对环境的适应性和耐受力强，生态幅宽，竞争性和排他性强。互花米草在北纬 30°~50°各种类型的土壤中均能生长，从淡水到海水均能适应，耐水淹，抗污染。

③遗传分化能力和基因渗透能力强，种群易扩散、暴发。

唐氏米草是新北界外来种和古北界本地种的种间杂交结果，杂交种比父本和母本具有更多遗传优势，可以暴发性扩散；互花米草在我国分化出 3 个生态型，种群间和种群内的遗传多样性可使其产生快速的适应和扩散能力（邓自发等，2006）。

2.2.7　互利促进假说

互利促进假说（mutualist facilitation hypothesis，MFH）也称入侵崩溃假说（invasional meltdown hypothesis，IMH），由美国学者丹尼尔·森博洛夫（Daniel Simberloff）等提出。该假说认为，多个物种以各种方式促进彼此的入侵，提高其在入侵地的生存概率，促进种群数量的增长，并加速形成对入侵地生态系统的影响，这种过程也称为入侵崩溃过程。森博洛夫等查阅了 1993—1997 年全世界发表的有关外来物种的 5000 多篇文献，发现有 190 篇涉及外来物种的相互作用，其中 10 篇描述了外来物种间互利促进关系，主要包括 3 种类型：①动物为植物传播花粉，帮助植物种群扩散，植物为动物提供食物；②动物改变了引入地的生境，利于植物入侵，植物完成入侵后又促进了动物的种群扩张；③植物改变了环境，有利于其他物种的入侵，其他物种入侵后促进了植物的生长和繁衍。第 1 个物种改变了对第 2 个物种的影响，间接促进了第 3 个物种的入侵，第 3 个物种又通过影响第 4 个物种，间接地促进第一个物种的种群数量增长（Simberloff et al.，1999）。

后来的一些研究直接或间接地验证了互利促进假说。例如，Montgomery 等在研究爱尔兰的小型鼠群落时发现，两种外来鼠在地区尺度上发生了共存和交叉入侵现象，这种共存入侵对当地鼠群落造成了显著的影响。在共存入侵地区，当地林鼠的相对丰度显著减小，另一种鼠已被驱逐出该地区（Montgomery et al.，2012）。

对互利促进假说的挑战：自然界中很多入侵现象与种间关系相关，但多数情况下，同时入侵的两个物种是食物链上游和下游的两个环节，即一个入侵物种对另一个入侵物种有利，而后者对前者不利，如植物与植食性昆虫、寄主与其天敌的关系；或两个入侵物种存在竞争关系，双方的存在均对彼此不利；又或一个入侵物种对另一个入侵物种有利，而后者对前者既无利也无害。

2.2.8　空余生态位假说

空余生态位假说（vacant/empty niche hypothesis，V/ENH）由 Elton（1958）提出。该假说认为，外来物种之所以能成功入侵某个生态系统，在于它恰好占据了生态系统中空余的生态位。空余生态位假说与达尔文的自然归化假说相似，即当外来物种与本地种生态位重叠时，本地物种将对外来物种形成竞争压力，外来物种很难进入本地。实际上，空余生态位的概念应用了高斯竞争排斥原理，即在一个同质的环境中，两个或多个具有完全相同生态位的物种不能长期共存（Gause，1934）。生态位是一个复杂、抽象的生态学概念，可以从多角度和多维度进行解读，Elton 和 Gause 的生态位概念基于物种的竞争关系，但在任何生态系统中都共存着许多非竞争关系的物种，改变环境条件竞争结果则可能完全不同。因此，Melbourne 等称该假说为环境异质性假说（environment heterogeneity hypothesis，EHH）。环境异质性指环境要素在时间和空间上的非均匀变化。环境异质性假说既考虑入侵物种对群落的入侵性，又考虑群落的可入侵性，从时间、空间和入侵生物驱动 3 个尺度考量环境异质性。异质的环境可以提高入侵成功率，又可降低对当地物种的影响，使入侵物种和当地物种共存（Melbourne et al.，2007）。该理论可以很好地解释为什么生物入侵可提高群落的生物多样性，也有助于解释多样性和入侵性间的尺度依存关系。

与空余生态位相似的假说还有资源机遇假说（resource opportunity hypothesis，ROH），该假说由 Davis 等提出，也称资源波动假说（fluctuating resource hypothesis，FRH）或提高资源利用率假说（increased resource availability hypothesis，IRAH）（Catford et al.，2009）。该假说的假定前提是，物种竞争强度与可利用的资源量成反比。因此，当地物种不能有效利用植物群落中的资源时，由于可利用资源的富余，导致植物群落更容易遭受入侵。该理论阐述了生物入侵是一个动态过程，被入侵生态系统的可入侵性不是一种稳定特征，而是动态变化的，入侵物种是否能够从生态系统中获得足够的资源常常受到时间和空间的限制（Davis et al.，2000）。增加可利用资源有两种路径：一是降低本地植被资源利用率；二是资源增加的速度比本地植物消费的速度快，存在资源盈余。当本地植被遭遇非生物因子或生物因子干扰时，植被的资源利用率下降。例如，受有害生物、火灾和人为干扰的生态系统，其资源利用率下降，更易遭受生物入侵。

2.2.9 生物气候相似性假说

生物气候相似性假说（bioclimatic analogy hypothesis，CAH）首先由德国林学家迈尔（H. Mayr）于 20 世纪初提出。他在 1906 年出版的《欧洲外来森林和观赏树木》和 1909 年出版的《自然历史基础上的林木培育》著作中指出，木本植物引种成功与否，取决于原产地和引种地气候条件的相似性（魏淑秋等，1994）。Johnston 利用入侵生物仙人掌 *Cactus* sp. 的现实分布和气候变量间的相关系数，预测了仙人掌在澳大利亚的潜在分布区（Johnston，1924）。第二次世界大战后，美国生态学家 Nuttonson 利用纬度、年平均温度、年降水量、干湿度、最热和最冷月温度等，研究农业气候相似理论，用图示和对照表的方式比较了世界各地区农业气候相似特点（Nuttonson，1947）。1962 年，苏联生态学家戈利茨别尔格利用积温、生长日数、干燥度、年蒸散等气候变量，采用等值线图方法，出版了《世界农业气候相似图集》（魏淑秋等，1994）。Curnutt 通过分析比较澳大利亚和南佛罗里达的气候特征与外来物种的关系，提出了气候预适应假说（climatical pre-adapted hypothesis，CPAH），指出气候带是决定本地物种与入侵物种分布的关键因子，当入侵地区与入侵物种原产地气候相似时，群落更容易被入侵（Curnutt，2000）。Curnutt 认为，研究大范围生物入侵有两条路径：一是研究物种的内部特征（生活史）；二是研究物种的外部特征（生态位）。生态位的研究主要集中在空余生态位和气候相似性两个方面，气候预适应假说正是气候相似性的研究结果。然而，由于生物气候相似性理论未考虑环境因子的影响，也未考虑生态系统对气候变化的响应，因此，仅用生物气候相似性理论解释生物入侵，均有可能夸大或缩小气候因子在生物入侵中的作用(Mack，1996)。

2.2.10 生态系统干扰假说

生态系统干扰假说(ecosystem disturbance hypothesis，EDH)由美国植物学家赫伯特·乔治·贝克(Herbert Geoge Baker)提出。贝克将入侵植物定义为"杂草(weed)"，是指在人类干扰的特定地理区域内，种群持续不断增长的植物。人类干扰生态系统是前提，在此前提下入侵植物必须具有入侵性。贝克归纳了"杂草"12个方面的生物学特性，例如，种子萌发条件要求低，寿命长且有间断发芽能力，生长迅速，具有单亲本的繁殖系统，非特化的传粉机制，营养生长期短，表型可塑性和环境耐受性强，灵活的扩散适应机制等(Baker，1974)。贝克只针对人类干扰的生态系统，后来的学者又将此理论扩大为生态系统干扰假说，包括自然干扰和人为干扰(Sher et al.，1999；Hood et al.，2000)。该假说认为，自然或人为干扰改变或破坏了原有的植物群落结构和生态环境，使群落中的植物受损或死亡，给外来物种提供了生存和发展机会，而外来物种具有高水平的表型可塑性和遗传适应性，对环境异质性耐受力强，其进化恰好适应这些干扰环境，因此，自然选择的压力使外来物种顺利完成入侵。成功的生物入侵是生态系统受干扰和入侵生物特性共同作用的结果。干扰提高了生态系统资源的可利用性，资源的再分配为入侵生物提供了平等的建群机会。Sher等建立了受干扰的资源通量入侵矩阵(Sher et al.，1999)。生态系统频繁受干扰情况下，物种多样性与生物入侵呈正相关；在无干扰的生态系统中，物种多样性可提高系统的抗入侵能力(Hood et al.，2000)。

对于生物入侵来说，外来物种的内在优势、繁殖压力以及生态系统的脆弱性是入侵的必要条件，缺一不可。生物入侵可在生态系统干扰的有效影响下发生，如植物的原生演替(primary succesion)，也可与生态系统干扰同时出现，单纯的干扰不一定导致生物入侵。

10种生物入侵假说及其实践意义见表2-4。

表2-4 10种入侵假说的实践意义

入侵假说	关注对象	主要阶段	关注层面	行动指南
天敌跟随假说	入侵物种	定殖、扩散	种间关系	风险分析、生物防制
新式武器假说	入侵物种	定殖、扩散	个体，种群	风险分析、根除和防制
内在优势假说	入侵物种	传入、定殖、扩散	个体，种群	风险分析、根除和防制
竞争力增强进化假说	入侵物种	适应、扩散	个体，种群	风险分析、根除和防制
繁殖压力假说	入侵过程	传入	个体，种群	风险分析、早期预警、检疫
互利促进假说	入侵过程	传入、定殖、扩散	种间关系	风险分析、检疫
多样性阻抗假说	入侵地	定殖、扩散、成灾	生态系统	生态修复、生物多样性保育
空余生态位假说	入侵地	定殖、扩散、成灾	生态系统	生态调控和生态修复，培育特定性状当地物种，减少资源浪费
气候相似性假说	原产地、入侵地	传入、定殖、扩散、成灾	个体，种群、生态系统	预警、风险分析
生态系统干扰假说	入侵地	定殖、扩散、成灾	生态系统	生态修复、减少干扰

注：修改自万方浩等，2011。

　　我国学者 Zhang 等提出了地区尺度的生物入侵由人类干扰、气候变化和生物多样性决定，即与干扰相关的空缺生态位假说(disturbance-dependent niche-vacancy hypothesis, DPNVH)(Zhang et al., 2006)，并得到了支持和认可。McGeoch 等提出了物种数量、生物多样性影响和政策响应是全球生物入侵的风向标(McGeoch et al., 2010)。关于生物入侵还有其他很多假说，这些假说及相互关系见表 2-5。

表 2-5　生物入侵假说及其相互关系

名　称	缩写	描　述	相似的假说	提出者
全球竞争假说	GCH	引入的物种越多，其包含的入侵物种就越多	PPH, ISH, ENH, BRH, SPH, DNH	Alpert, 2006
种间竞争假说	SPH	种间竞争是生物入侵的驱动力	ISH, GCH	Crawley et al., 1999
随机入侵者假说	RJH	物种特性在特定环境下有利于其入侵，但环境条件改变后，则不利于其入侵	ISH	Simberloff et al., 2004
天敌减少假说	ERDH	外来物种到达引入地后其跟随的天敌数量减少	ERH, DNH	Colautti et al., 2004
专性与广谱天敌假说	SGH	传入地专一性天敌对外来物种无效，但广谱性天敌促进外来种的入侵	NWH, ERH, NAH	Sax et al., 2007
新连锁假说	NAH	入侵物种与引入地的物种形成了新的关系，可以促进或阻碍成功入侵	ISH	Hokkanen et al., 1989
有限相似性假说	LSH	入侵物种之所以成功入侵，是侵入群落中与入侵物种功能相似的物种已灭绝，对入侵物种的竞争最小，并且填补了空缺的生态位	ENH, OWH, DNH	Darwin, 1859; Mac Arthur et al., 1967
生物抗性假说	BRH	入侵物种成功入侵需要克服引入地生物的竞争、取食和病原物的抵抗	ENH, GCH, LSH, DNH	Elton, 1958
生境障碍假说	HFH	外来物种需要克服引入地环境障碍才能成功入侵	ADPH	Darwin, 1859
动态平衡假说	DEMH	入侵物种容易成功定殖低干扰和低生产力的生态系统，但仅在高干扰和高生产力的系统中形成优势群落	ENH, ROH, EDH	Huston, 1979
机会窗假说	OWH	生态位的可利用性随时间和空间动态变化，一旦出现暂时空缺，外来物种就可能成功入侵	ENH, EDH, ROH, NWH	Johnstone, 1986
适应性假说	ADPH	入侵物种预适应生态系统条件，或引入后适应引入地的环境，使其成功入侵	HFH, DNH	Duncan et al., 2002
资源和天敌跟随相互作用假说	R-ERH	当天敌跟随和资源机遇共同存在时，加速入侵物种的成功入侵	ROH, ERH	Blumenthal, 2006

（续）

名　称	缩写	描　述	相似的假说	提出者
反归化假说	DNH	入侵物种的成功入侵归因于人类干扰、高繁殖压力、合适的环境条件和有利的群落间互作	ERH，ISPH，ENH，ADPH，LSH，NWH，HFH，EDH	Darwin，1859
杂交假说	HBH	杂交催化了入侵的进化过程	—	Ellstrand et al.，2000
与干扰相关的空缺生态位假说	DPNVH	地区尺度的生物入侵由人类干扰、气候变化和生物多样性决定	—	Zhang et al.，2006

注：修改自 Catford et al.，2009。

　　Catford 等综合了以上所有假说的优缺点，提出了 PAB 理论（Catford et al.，2009）。P 是指繁殖压力（propagule pressure），包括扩散和地理限制因子对繁殖压力的影响；A 是指拟入侵生态系统的非生物特性，包括环境和生境限制因子；B 是指入侵物种和拟入侵群落的生物学特征，既包括种群、群落内部动态过程，也包括物种间、群落间的相互作用。在人类的干扰下，3 种因子协同作用决定了生物入侵的广度和深度，但 3 种因子的作用非平均分配，因此，生物入侵具有时间和空间的动态变化。

　　图 2-3 概括地表示了生物入侵的不同路径。假设入侵驱动因子为 I，×表示相互作用，B_I 代表入侵物种的生物学特征，B_C 代表拟入侵群落的生物学特征，$B=B_I+B_C$，则：①路径 1 中，$I=P$；②路径 2 中，$I=P+B_I+P×B_I$；③路径 3 中，$I=P+B_I+P×B_I+A+A×P+A×B_I+P×A×B_I$；④路径 4 中，$I=P+B+P×B+A+A×P+A×B+P×A×B$；⑤路径 5 中，$I=P+B+P×B$。Perkins 等提出的入侵三角理论（invasion triangle）与 PAB 理论相似，即物种成功入侵是入侵物种、入侵地和环境条件 3 个因子相互作用的结果（Perkins et al.，2011）。

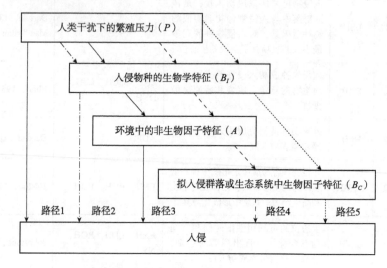

图 2-3　生物入侵的不同路径示意图

（不同线条代表不同入侵路径；改绘自 Catford et al.，2009）

本章小结

　　生物入侵分为传入、定殖、适应、扩散、成灾五个阶段。传入是指非本地物种通过人类介导或自我扩散进入本地生态系统的过程。定殖是指传入的非本地物种自我繁衍、建立种群的过程。适应是指定殖后的种群调整自我、适应新环境的过程。扩散是指在适宜的条件下，适应性调整后的非本地物种种群扩张过程。成灾是指扩张的种群已超出了生态系统容量，造成了经济、生态、社会的负面影响。本章介绍了 10 种生物入侵假说：天敌跟随假说、多样性阻抗假说、新式武器假说、竞争力增强进化假说、繁殖压力假说、内在优势假说、互利促进假说、空余生态位假说、生物气候相似性假说和生态系统干扰假说。

思 考 题

1. 试述成功的生物入侵是怎样发生的？
2. 除本章介绍的生物入侵假说外，你还了解哪些生物入侵假说？
3. 生物入侵的遗传学基础是什么？

本章推荐阅读

Baker H G，Stebbins G L，1965. The genetics of colonizing species［M］. New York：Academic Press.

Williamson M，1996. Biological invasions［M］. London：Chapman and Hall.

第**3**章
植物检疫法律法规体系

植物检疫和外来有害生物防制涉及植物及其产品在国际和国内的贸易与流通。规范国家间的贸易，植物检疫和外来有害生物防制活动遵循国际法；规范植物及其产品在国家内部的流通，植物检疫和外来有害生物防制活动遵守主权国家法律法规。

3.1 国际植物检疫法律法规体系

国际法是指在国际交往中形成的，用于调整国际关系(主要是国家间关系)的，有法律约束力的原则、规则和制度的总称(吕鹤云等，2007)。有害生物在国际间传播主要通过国际贸易及人类的跨国(境)流动，规范有害生物在国际间传播的国际法主要有世界贸易组织制定的《实施卫生和植物卫生措施协定》(*Agreement on the Application of Sanitary and Phytosanitary Measures*，简称《SPS 协定》)、《国际植物保护公约》和国际植物检疫措施标准。

3.1.1 《SPS 协定》

世界贸易组织成立于 1995 年，它的前身是《关税及贸易总协定》(General Agreement on Tariffs and Trade，GATT)，是一个独立于联合国的国际性组织，其基本原则是通过实施市场开放、非歧视和公平贸易等原则，实现世界贸易自由化的目标。截至 2019 年底，世界贸易组织有 164 个成员，24 个观察员。我国于 2001 年加入世界贸易组织，是世界贸易组织的第 146 个成员国。关于国际贸易，世界贸易组织有六大基本原则：

①无歧视性贸易原则。由"最惠国待遇"及"国民待遇"组成。最惠国待遇是指在货物贸易的关税、费用等方面，一成员给予其他任一成员的优惠和好处，都须立即无条件地给予其他所有成员；国民待遇是指在征收国内税费和实施国内法规时，成员对进口产品和本国(或地区)产品要一视同仁，不得歧视。

②更加开放原则，是指通过减让关税、取消非关税壁垒来实现减少国际贸易障碍，促进贸易自由发展。

③透明度和可预测原则。实施的与国家贸易有关的法令、条例、司法判决、行政决定都必须公布，且一成员方政府与另一成员方政府所缔结的影响国家贸易的协定也必须公布。

④公平竞争原则。各成员的出口贸易经营者不得采取不公正的贸易手段，例如，禁止采取倾销和补贴的形式出口商品。

⑤更有利于欠发达国家原则。发展中国家可享受一定期限的过渡期优惠待遇。

⑥保护环境原则。允许成员国采取措施保护环境，保护人类卫生健康和动植物健康，但对内对外要求一视同仁。

《SPS 协定》是世界贸易组织针对动植物安全与检疫问题专门制定和实施的一个多边贸易协定。协定分为 14 项条款和 3 个附件。《SPS 协定》附件 A 中明确解释了 SPS 的定义：SPS 指任何一种措施，其目的如下：

①保护成员境内的动物或植物的生命或健康免受虫害、病害、带病有机体或致病有机体的传入、定殖或传播所产生的风险。

②保护成员境内的人类或动物的生命或健康免受食品、饮料或饲料中的添加剂、污染物、毒素或致病有机体所产生的风险。

③保护成员境内人类的生命或健康免受动物、植物或动植物产品携带的病害，或虫害的传入、定殖或传播所产生的风险。

④防止或限制成员境内因有害生物的传入、定殖或传播所产生的其他损害。《SPS 协定》中的动物除养殖动物外，还包括野生动物和鱼类。《SPS 协定》中的植物是指栽培植物、森林植物和野生植物。有害生物包括杂草。污染物包括杀虫（菌）剂、兽药残留和其他类污染物。

《SPS 协定》附件 A 还规定，就使用国际标准和指南而言：公共卫生方面，《SPS 协定》采用国际食品法典委员会（Codex Alimentarius Commission，CAC）制定的与食品添加剂、兽药和除虫剂残余物、污染物、分析和抽样方法有关的标准、指南和建议，以及卫生惯例的守则和指南；动物健康和寄生虫病方面，《SPS 协定》采用世界动物卫生组织（World Organization for Animal Health，OIE）主持制定的标准、指南和建议；植物健康方面，《SPS 协定》采用《国际植物保护公约》制定的国际植物检疫措施标准、指南和建议。

国际食品法典委员会（http://www.codexalimentarius.net）于 1963 年由联合国粮食及农业组织和世界卫生组织（World Health Organization，WHO）成立，是一个负责制定食品标准的国际组织。截至 2020 年底，国际食品法典委员会有 189 个成员，其中，188 个为成员国，1 个为成员组织（欧洲联盟），237 个观察员。我国于 1984 年加入该委员会。

1924 年，28 个国家签署成立国际兽医局（Office International Des Epizooties，OIE），2003 年更名为世界动物卫生组织（http://www.oie.int），是一个旨在促进和保障全球动物卫生和健康的政府间国际组织。截至 2020 年底，世界动物卫生组织有 182 个成员，我国于 2007 年加入该组织。世界动物卫生组织制定的标准分为《陆生动物健康法典》《陆生动物手册》《水生动物健康法典》《水生动物手册》。《陆生动物健康法典》分为两卷，共 15 篇，第一卷七篇，第二卷八篇。第一卷第一篇动物病害诊断、监测与公告，第二篇风险分析，第三篇兽医服务质量控制，第四篇疫病预防和控制，第五篇贸易措施、进出口程序和兽医证书，第六篇兽医公共健康，第七篇动物福利；第二卷第八篇物种，第九篇蜜蜂科，第十篇鸟纲，第十一篇牛科，第十二篇马科，第十三篇兔科，第十四篇羊亚科，第十五篇猪亚科。《陆生动物手册》全称为"陆生动物疫病诊断测试与疫苗"，分为两卷，4 个部分，框架同动物法典，分为总论、诊断检测技术和疫苗生产、重要的动物疫病、成员和专家联络方式。

《国际植物保护公约》是一个有关植物保护的多边国际协议，于 1951 年由联合国粮食及农业组织大会通过，1952 年生效，是国家之间为治理有害生物和防止其扩散而签署的国际协议，目前已有 184 个缔约方，我国于 2005 年加入，是《国际植物保护公约》的第 141 个成员。自 1951 年制定后，国际植物保护公约共经历了两次修订。

1979 年，联合国粮食及农业组织 20 届会议第 14 号决议批准了《国际植物保护公约》的修订稿；1991 年，修正文本经 64 个签约国批准正式生效；1997 年，联合国粮食及农业组织 29 届大会第 12 号决议接受《国际植物保护公约》第二次修订文本；2005 年，经缔约国批准，97 版文本正式生效，目前应用的为 97 版本。

3.1.2　《国际植物保护公约》

《国际植物保护公约》文本由序言、宗旨和责任、范围、补充协定、国家植物保护机构、植物检疫证书、对进口物品的要求、国际合作、区域植物保护组织、争端的解决、代替以前的协定、适用的领土范围、批准和加入、修正、废约和附件 16 个部分组成。

在缔约目的方面，除防止植物和植物产品病虫害跨境传播外，《国际植物保护公约》的目的主要是保护植物、人畜健康和环境，与国际食品法典委员会、世界动物卫生组织、生物多样性公约目标一致。

为与世界贸易组织《SPS 协定》相衔接，《国际植物保护公约》更强调植物检疫措施的合理性和透明性。要求植物检疫措施应在技术上合理、透明，其采用方式对国际贸易既不应构成任意或不合理歧视的手段，也不应构成变相的限制，并充分考虑作为乌拉圭回合多边贸易谈判的结果而签订的各项协定，包括《SPS 协定》。

根据《联合国宪章》，《国际植物保护公约》强调植物检疫的国家主权性原则，并将 51 版本中的"缔约国政府应有足够的权力管理植物和植物产品的入境"修改为"各缔约方应有主权根据适用的国际协定来管理植物、植物产品和其他限定物的进入"，缔约方有权"在检测到对其领土造成潜在威胁的有害生物时采取适当的紧急行动或报告"和"为科学研究、教育目的或其他用途输入植物、植物产品和其他限定物以及植物有害生物作出特别规定"。

强调植物检疫属于国家执法行为。国家官方植物保护机构是缔约方履行公约的唯一机构，其职责包括：保护受威胁地区，划定、保持和监测非疫区和有害生物低度流行区；进行有害生物风险分析；通过适当程序确保经有关构成、替代和重新感染核证之后的货物在输出之前保持植物检疫安全；人员培训和培养；在境内分发关于限定性有害生物及其预防和治理方法资料和颁布植物检疫法规。

《国际植物保护公约》是世界贸易组织植物检疫标准的制定机构。97 版文本规定了标准制定机构及程序。第十一条专门增加了"植物检疫措施委员会"内容，植物检疫措施委员会是《国际植物保护公约》的管理机构，委员会的主要职能包括：①通过国际植物检疫措施标准；②制订解决争端的规则和程序；③建立委员会附属机构；④审议世界植物保护现状等。委员会的决议必须由 2/3 以上的委员通过才算有效，委员会选举 7 名成员组成植物检疫措施委员会的执行机构，7 名成员中推举 1 名主席和 1~2 名副主席，主席任期两年，主席召集召开年度例会，特殊情况下可召开委员会特别会议，但必须根据至少三分之一以上委员的提议才能召集。

对植物检疫内容进行了详细的规定。除植物检疫的关键词"植物"和"植物产品"外，97版文本增加了：有害生物、有害生物低度流行区、有害生物风险分析、检疫性有害生物、限定的非检疫性有害生物、限定物、受威胁地区、定殖、传入、植物检疫措施、限定性有害生物、区域标准、国际标准、技术上合理等术语，增加了"限定性有害生物"和"植物检疫关注的生物防治剂（物）和声称有益的其他生物"条款，提出了"证书涂改而未经证明应属无效"的要求，并根据现代技术发展的要求，增加了电子证书的相关规定。

3.1.3 国际植物检疫措施标准

截至2020年，植物检疫措施委员会共批准了43个标准，见表3-1。

表3-1 已通过的国际植物检疫措施标准

标准类别	标准号及名称	最终修订时间
概念性标准	ISPM 1 在国际贸易中应用植物检疫措施的植物检疫原则	2006
	ISPM 5 植物检疫术语表	2019
	ISPM 16 限定的非检疫性有害生物：概念及应用	2002
	ISPM 24 植物检疫措施等同性的确定和认可准则	2005
	ISPM 32 基于有害生物风险的商品分类	2009
通用技术	ISPM 31 货物抽样方法	2008
有害生物风险分析	ISPM 2 有害生物风险分析框架	2007
	ISPM 11 检疫性有害生物风险分析	2013
	ISPM 19 限定性有害生物清单准则	2003
	ISPM 21 限定的非检疫性有害生物风险分析	2004
进口管理	ISPM 13 违规和紧急行动通知准则	2001
	ISPM 20 进口植物检疫监管系统准则	2017
	ISPM 25 过境货物	2006
	ISPM 34 进境植物隔离检疫站的设计和管理	2010
	ISPM 23 检验准则	2005
出口管理	ISPM 7 植物检疫认证系统	2011
	ISPM 12 植物检疫证书	2011
产地管理	ISPM 4 建立非疫区的要求	1995
	ISPM 10 建立无疫产地和无疫生产点的要求	1999
	ISPM 22 建立有害生物低度流行区的要求	2005
	ISPM 26 实蝇非疫区的建立	2015
	ISPM 29 非疫区和有害生物低度流行区的认可	2006
	ISPM 36 种植用植物综合措施	2012
特定产品（货物）检疫	ISPM 3 生物防治物和其他有益生物的出口、运输、进口和释放准则	2005
	ISPM 15 国际贸易中木质包装材料管理规范	2018
	ISPM 33 国际贸易中的脱毒马铃薯属（茄属）微繁材料和微型薯	2010
	ISPM 38 种子的国际运输	2017
	ISPM 39 木材的国际运输	2017
	ISPM 40 植物与其生长介质的国际运输	2017
	ISPM 41 使用过的运载工具、机械和装备的国际运输	2017

（续）

标准类别	标准号及名称	最终修订时间
有害生物 调查监测	ISPM 6 监测 ISPM 8 确定某一地区的有害生物状况 ISPM 17 有害生物报告	2018 1998 2002
有害生物管理	ISPM 9 有害生物根除计划准则 ISPM 14 采用系统综合措施进行有害生物风险管理 ISPM 35 实蝇（Tephritidae）有害生物风险管理系统方法 ISPM 37 判定水果实蝇（Tephritidae）的寄主地位	1998 2002 2018 2016
诊断规程	ISPM 27 限定性有害生物诊断规程	2019
检疫处理	ISPM 18 辐射用作植物检疫措施的准则 ISPM 28 限定性有害生物的植物检疫处理 ISPM 42 温度处理作为植物检疫措施的要求 ISPM 43 熏蒸处理作为植物检疫措施的要求	2003 2018 2018 2019

3.1.4　区域植物保护组织——亚太区域植物保护委员会（APPPC）

《国际植物保护公约》第Ⅸ条专门论述了区域植物保护组织（Regional Plant Protection Organizations，RPPOs），区域植物保护组织是建立在地区水平上，为实现《国际植物保护公约》的活动和目标而建立的一个国家间的协调机构。区域植物保护组织的职能：一是参与《国际植物保护公约》的各项活动；二是收集和传播与《国际植物保护公约》相关的信息；三是与植物检疫措施委员会和《国际植物保护公约》秘书处合作制定国际植物检疫措施标准。

《国际植物保护公约》在全世界拥有 10 个区域植物保护组织。联合国粮食及农业组织亚太区域植物保护委员会（Asia and Pacific Plant Protection Committee，APPPC）是亚洲和太平洋地区植物保护区域合作组织，委员会会议每两年召开一次，主要协调地区内植物保护的相关活动。我国是亚太区域植物保护委员会的成员之一。

3.1.5　植物保护或植物检疫双边协定

植物保护或植物检疫双边协定指中华人民共和国与其他任何一个国家（或地区）之间签订的植物保护或植物检疫协议和条款。在双边协定的基础上，可就某一种（类）植物或植物产品的植物检疫要求签署植物检疫议定书。我国是世界贸易组织的缔约国，双边协定遵守《SPS 协定》和国际植物检疫措施标准，针对双边特殊贸易或双边特有有害生物或国际植物检疫措施标准无法满足的植物检疫要求和措施签署相应的植物检疫条款。

3.2　我国植物检疫法律法规体系

以国家法律、行政法规、行政部门规章、国家和行政部门采纳的技术标准为主线，各省（自治区、直辖市）人民代表大会颁布的地方性法规、地方政府规章和地方政府采纳的地方性技术标准相辅助，构成了我国植物检疫的法律法规体系。根据《中华人民共和国香港特别行政区基本法》和《中华人民共和国澳门特别行政区基本法》，中华人民共和国香港特别行政区和澳门特别行政区原有行政法规、条例和习惯法予以保留。

3.2.1 法律

中华人民共和国法律由全国人民代表大会通过，国家主席代表中华人民共和国公布施行。涉及植物检疫的法律主要有《生物安全法》《进出境动植物检疫法》《种子法》《森林法》和《行政许可法》。

(1)《生物安全法》

《生物安全法》于 2020 年 10 月 17 日由第十三届全国人民代表大会常务委员会第二十二次会议通过，自 2021 年 4 月 15 日起施行。《生物安全法》由总则，生物安全防控体制，防控重大新发突发传染病、动植物疫情，生物技术研究、开发与应用安全，病原微生物实验室生物安全，人类遗传资源与生物资源安全，防范生物恐怖与生物武器威胁，生物安全能力建设，法律责任和附则构成，共 10 章 88 条。总则明确规定，"防控重大新发突发传染病、动植物疫情""防范外来物种入侵与保护生物多样性""适用本法"。国家建立了生物安全 11 项制度：风险监测预警制度、风险调查评估制度、信息共享制度、信息发布制度、名录和清单制度、标准制度、审查制度、应急制度、生物安全事件调查溯源制度、高风险生物因子进境的准入制度、境外重大生物安全事件应对制度。《生物安全法》是林业植物检疫和外来有害生物防制依据的基本法律。

(2)《进出境动植物检疫法》

《进出境动植物检疫法》于 1991 年 10 月 30 日由第七届全国人民代表大会常务委员会第二十二次会议通过，自 1992 年 4 月 1 日起施行。《进出境动植物检疫法》由总则、进境检疫、出境检疫、过境检疫、携带和邮寄物检疫、运输工具检疫和附则构成，共 8 章 50 条。《进出境动植物检疫法》的立法目的是，防止动物传染病、寄生虫病和植物危险性病、虫、杂草以及其他有害生物传入、传出国境，因此，进出境检疫通俗地称为外检，由"动植物检疫机关(以下简称国家动植物检疫机关)，统一管理全国进出境动植物检疫工作"，"进出境的动植物、动植物产品和其他检疫物，装载动植物、动植物产品和其他检疫物的装载容器、包装物，以及来自动植物疫区的运输工具，依照本法规定实施检疫"。根据检疫具有主权性的原则，我国规定了严禁以下 4 种检疫物进境：①动植物病原体(包括菌种、毒种等)、害虫及其他有害生物；②动植物疫情流行的国家和地区的有关动植物、动植物产品和其他检疫物；③动物尸体；④土壤。

(3)《种子法》

《种子法》于 2000 年 7 月 8 日由第九届全国人民代表大会常务委员会第十六次会议通过，2004 年 8 月 28 日第十届全国人民代表大会常务委员会第十一次会议第一次修正，2013 年 6 月 29 日第二次修正，2015 年 11 月 4 日第三次修正，第三次修正的《种子法》自 2016 年 1 月 1 日施行。《种子法》分总则、种质资源保护、品种选育、审定与登记、新品种保护、种子生产经营，种子监督管理、种子进出口和对外合作、扶持措施、法律责任和附则，共 10 章 94 条。总则的第二条明确规定，在中华人民共和国境内从事品种选育、种子生产经营和管理等活动，适用本法；《种子法》所称的种子，指农作物和林木种植材料或者繁殖材料，包括籽粒、果实、根、茎、苗、芽、叶、花等，是植物检疫的重要应施检疫物品,国务院农业、林业主管部门分别主管全国农作物种子和林木种子工作;县级以上地方人民政府农业、林业主管部门分别主管本行政区域内农作物种子和林木种子工作。第二章明确了种质资源保护的内容,第八条明确规定,禁止采集或者采伐国家重点保护的天然种质资源。因科研等特殊情况需要采集或者采伐的,应当经国务院或者省(自治区、直辖市)人民政府的农业、林业主管部门批准;第十一条对种质资源的进出境进行了明确规定,国家对种质资源享有主权,任何单位和个人向境外提供种质资源,或者与境外机构、个人开展合作研究利用种质资源的,应当向省(自治区、直辖市)人民政府农业、林业主管部门提出申请,并提交国家共享惠益的方案;受理申请的农业、林业主管部门经审核,报国务院农业、林业主管部门批准;从境外引进种质资源的,依照国务院农业、林业主管部门的有关规定办理。第五章"种子生产经营"明确规定了与检疫相关的种子生产和经营规范:从事种子生产的,应具有繁殖种子的隔离和培育条件,具有无检疫性有害生物的种子生产地点或者县级以上人民政府林业主管部门确定的采种林;应当执行种子生产技术规程和种子检验、检疫规程;运输或者邮寄种子应当依照有关法律、行政法规的规定进行检疫。第六章"种子监督管理"提出了与植物检疫相衔接的概念和措施:①带有国家规定的检疫性有害生物的种子被认为是劣质种子;②从事品种选育和种子生产经营以及管理的单位和个人应当遵守有关植物检疫法律、行政法规的规定,防止植物危险性病、虫、杂草及其他有害生物的传播和蔓延;③禁止任何单位和个人在种子生产基地从事检疫性有害生物接种试验。第七章"种子进出口和对外合作"是种子检疫的重点,该章明确规定进口种子和出口种子必须实施检疫,防止植物危险性病、虫、杂草及其他有害生物传入境内和传出境外,具体检疫工作按照有关植物进出境检疫法律、行政法规的规定执行;从境外引进农作物或者林木试验用种,应当隔离栽培,收获物也不得作为种子销售。为了与《植物检疫条例》相衔接,《种子法》规定,从境外引进农作物、林木种子的审定权限,农作物、林木种子的进口审批办法,引进转基因植物品种的管理办法,由国务院规定。第九章"法律责任"就每一条款内容与法律责任一一对应,体现了法律的严肃性。第十章"附则"对本法中出现的定义和概念进行了解释,使法律条文更清晰、内容更准确。

(4)《森林法》

《森林法》于 1984 年 9 月 20 日由第六届全国人民代表大会常务委员会第七次会议通过,1998 年 4 月 29 日进行了第一次修正,2009 年 8 月 27 日进行了第二次修正,2019 年 12 月 28 日进行了第三次修正,第三次修正的《森林法》于 2020 年 7 月 1 日施行。《森林法》分总则、森林权属、发展规划、森林保护、造林绿化、经营管理、监督检查、法律责任和附则,共 9 章 84 条。总则的第二条明确规定,在中华人民共和国领域内从事森林、林木的保护、培育、利用和森林、林木、林地的经营管理活动,适用本法。新修订的《森林法》明确了各级政府和林业经营者对森林保护负有的责任,林业经营者在政府支持引导下,对其经营管理范围内的林业有害生物进行防治,县级以上人民政府林业主管部门负责本行政区域的林业有害生物的监测、检疫和防治,重大林业有害生物灾害防治实行地方人民政府负责制。发生暴发性、危险性等重大林业有害生物灾害时,当地人民政府应当及时组织除治,省级以上人民政府林业主管部门负责确定林业植物及其产品的检疫性有害生物，划定疫区和保护区。为了保护生态环境，提高广大林区人民的生活水平，《森林法》将森林分为公益林和商品林两大类。国家对公益林实施严格保护，商品林由林业经营者依法自主经营。在不破坏生态的前提下，可以采取集约化经营措施，合理利用森林、林木、林地，提高商品林经济效益。

(5)《行政许可法》

《行政许可法》于 2003 年 8 月 27 日由第十届全国人民代表大会常务委员会第四次会议通过，2004 年 7 月 1 日施行。《行政许可法》分总则、行政许可的设定、行政许可的实施机关、行政许可的实施程序、行政许可的费用、监督检查、法律责任和附则，共 8 章 83 条。总则的第二条明确规定，本法所称行政许可，是指行政机关根据公民、法人或者其他组织的申请，经依法审查，准予其从事特定活动的行为。从境外进口动植物及其产品属于直接涉及国家安全、公共安全、经济宏观调控、生态环境保护以及直接关系人身健康、生命财产安全等特定活动，根据《行政许可法》应设定行政许可。设定和实施行政许可，应当依照法定的权限、范围、条件和程序进行。对直接关系公共安全、人身健康、生命财产安全的设备、设施、产品、物品的检验、检测、检疫，除法律、行政法规规定由行政机关实施的外，应当逐步由符合法定条件的专业技术组织实施。专业技术组织及其有关人员对所实施的检验、检测、检疫结论承担法律责任。

3.2.2　行政法规

行政法规是指中华人民共和国中央人民政府(国务院)发布的令、条例、规定、国家法律实施办法及各省(自治区、直辖市)人民代表大会及其常务委员会发布的条例，以及地方性法规。我国植物检疫法规主要有《植物检疫条例》《进出境动植物检疫法实施条例》《森林法实施条例》《森林病虫害防治条例》和各省(自治区、直辖市)的植物检疫条例、森林保护条例、生物多样性保护条例、有害生物和外来有害生物管理条例和办法等。

(1)《植物检疫条例》

《植物检疫条例》于 1983 年 1 月 3 日由国务院发布，并于 1992 年 5 月 13 日修订公布。《植物检疫条例》共 24 条。《植物检疫条例》的目的是防止为害植物的危险性病、虫、杂草传播蔓延，保护农业、林业生产安全，与对外检疫相对应，《植物检疫条例》规定的事项属于国内检疫，也称内检，国务院农业主管部门、林业主管部门主管全国的植物检疫工作，各省(自治区、直辖市)农业主管部门、林业主管部门主管本地区的植物检疫工作。第七条规定了需要检疫的物品，列入应施检疫的植物、植物产品名单的，运出发生疫情的县级行政区域之前，必须经过检疫；凡种子、苗木和其他繁殖材料，不论是否列入应施检疫的植物、植物产品名单和运往何地，在调运之前，都必须经过检疫；在省(自治区、直辖市)际间调运应施检疫物品时，省(自治区、直辖市)间调运本条例第七条规定必须经过检疫的植物和植物产品的，调入单位必须事先征得所在地的省(自治区、直辖市)植物检疫机构同意，并向调出单位提出检疫要求；调出单位必须根据该检疫要求向所在地的省(自治区、直辖市)植物检疫机构申请检疫。对调入的植物和植物产品，调入单位所在地的省(自治区、直辖市)的植物检疫机构应当查验检疫证书，必要时可以复检，省(自治区、直辖市)内调运应施检疫物品时，其检疫办法由省(自治区、直辖市)人民政府规定。从国外引进种子、苗木，引进单位应当向所在地的省(自治区、直辖市)植物检疫机构提出申请，办理检疫审批手续。但是，国务院有关部门所属的在京单位从国外引进种子、苗木，应当向国务院农业主管部门、林业主管部门所属的植物检疫机构提出申请，办理检疫审批手续。具体办法由国务院农业主管部门、林业主管部门制定，从国外引进、可能潜伏有危险性病、虫的种子、苗木和其他繁殖材料，必须隔离试种，植物检疫机构应进行调查、观察和检疫，证明确实不带危险性病、虫的，方可分散种植。但根据《种子法》，从境外引进林木试验用种，隔离后的收获物不得作为种子销售。

(2)《进出境动植物检疫法实施条例》

《进出境动植物检疫法实施条例》于 1996 年 12 月 2 日由国务院发布，自 1997 年 1 月 1 日施行。该条例在《进出境动植物检疫法》的基础上增加了检疫审批和检疫监督章节，共 10 章 68 条。检疫审批章节明确规定，输入动物、动物产品和进出境动植物检疫法第五条第一款所列禁止进境物的检疫审批，由国家动植物检疫局[①]或者其授权的口岸动植物检疫机关负责。检疫监管章节明确，进出境动物和植物种子、种苗及其他繁殖材料，需要隔离饲养、隔离种植的，在隔离期间，应当接受口岸动植物检疫机关的检疫监督。综合《植物检疫条例》考量，引进植物繁殖材料隔离期间同时接受农业、林业植物检疫机构和口岸植物检疫机构的监督。

(3)《森林法实施条例》

《森林法实施条例》于 2000 年 1 月 29 日由国务院发布，2016 年 1 月 13 日经国务院第 119 次常务会议修订，2016 年 2 月 6 日起施行。对于检疫性有害生物的管理，《森林法实施条例》第二十条明确规定，国务院林业主管部门负责确定全国林木种苗检疫对象。省(自治区、直辖市)人民政府林业主管部门根据本地区的需要，可以确定本省(自治区、直辖市)的林木种苗补充检疫对象，报国务院林业主管部门备案。

(4)《森林病虫害防治条例》

1989 年 12 月 18 日，《森林病虫害防治条例》由国务院发布，并于发布之日起施行。《森林病虫害防治条例》分总则、森林病虫害的预防、森林病虫害的除治、奖励和惩罚、附则，共 5 章 30 条。森林病虫害防治是指对森林、林木、林木种苗及木材、竹材的病害和虫害的预防和除治，森林病虫害防治实行"预防为主，综合治理"的方针和"谁经营、谁防治"的责任制度，各级人民政府林业主管部门应当有计划地组织建立无检疫对象的林木种苗基地。各级森林病虫害防治机构应当依法对林木种苗和木材、竹材进行产地和调运检疫；发现新传入的危险性病虫害，应当及时采取严密封锁、扑灭措施，不得将危险性病虫害传出，各口岸动植物检疫机关，应当按照国家有关进出境动植物检疫的法律规定，加强进境林木种苗和木材、竹材的检疫工作，防止境外森林病虫害传入；禁止使用带有危险性病虫害的林木种苗进行育苗或者造林；县级以上地方人民政府或者其林业主管部门应当制定除治森林病虫害的

---

① 注：根据国务院机构改革方案，原国家动植物检疫局 1998 年合并为国家出入境检验检疫局，2018 年并入海关总署。

实施计划，并组织好交界地区的联防联治，对除治情况定期检查；森林病虫害防治费用，全民所有的森林和林木，依照国家有关规定，分别从育林基金、木竹销售收入、多种经营收入和事业费中解决；集体和个人所有的森林和林木，由经营者负担，地方各级人民政府可以给予适当扶持，对暂时没有经济收入的森林、林木和长期没有经济收入的防护林、水源林、特种用途林的森林经营单位和个人，其所需的森林病虫害防治费用由地方各级人民政府给予适当扶持，发生大面积暴发性或者危险性病虫害，森林经营单位或者个人确实无力负担全部防治费用的，各级人民政府应当给予补助。

(5)《进境植物检疫性有害生物名录》

根据《国际植物保护公约》要求，国家官方植物保护机构是缔约方履行《国际植物保护公约》的唯一机构，中华人民共和国农业农村部(以下简称农业农村部)作为《国际植物保护公约》履约机构，于2007年5月28日发布了862号公告，公布了《中华人民共和国进境植物检疫性有害生物名录》(以下简称《进境植物检疫性有害生物名录》)，包括植物检疫性有害生物435种(属)。其中，昆虫146种(属)、软体动物6种、菌物和卵菌125种、细菌和植原体58种(包括病理变种)、线虫20种(属)、病毒及类病毒39种、植物41种。此后，该名单又相继增列了向日葵黑茎病菌 *Plenodomus lindquistii*、木薯绵粉蚧 *Phenacoccus manihoti*、扶桑绵粉蚧 *Phenacoccus solenopsis*、地中海白蜗牛 *Cernuella virgata*、异株苋亚属 *Amaranthus* subg. *Acnida*，以及能引起毁灭性白蜡树枯梢病(Ash Dieback)的白蜡鞘孢菌 *Chalara fraxinea* 6种有害生物。

3.2.3 地方性法规

地方性法规是指各省(自治区、直辖市)人民代表大会常务委员会或其他法定的地方国家权力机关根据本省(自治区、直辖市)或立法机关行政区域范围的自然和人文特点，依照法定权限，在不与宪法、法律和行政法规相冲突的情况下，制定和颁布的、在本行政区域范围内实施的规范性文件。例如，1993年7月30日，海南省第一届人民代表大会常务委员会第三次会议通过了《海南省森林保护管理条例》，1997年9月26日第一次修正，2004年8月6日第二次修正；1997年8月19日，四川省第八届人民代表大会常务委员会第二十八次会议通过了《四川省植物检疫条例》，2012年7月27日，第三十一次会议修正；2001年9月30日，河南省人民代表大会常务委员会第42号颁布了《河南省植物检疫条例》；湖南省人民代表大会常务委员会于2011年5月27日颁布了《湖南省外来物种管理条例》，江西省人民代表大会常务委员会于2014年11月28日颁布了《江西省林业有害生物防治条例》，云南省人民代表大会常务委员会于2018年9月21日颁布了《云南省生物多样性保护条例》，山东省人民代表大会常务委员会于2019年3月29日颁布了《山东省种子条例》等。

3.2.4 国务院各部门规章

国务院部门规章包括农业农村部、中华人民共和国自然资源部(以下简称自然资源部)、国家林业和草原局、中华人民共和国海关总署(以下简称海关总署)、中华人民共和国生态环境部(以下简称生态环境部)、国家市场监督管理总局等与植物检疫和外来有害生物相关的部委(局)的部长(署长、局长)令、规定、通告和决定、办法等。部门规章可由单个部门、也可由几个部门联合制定。部门规章通过相关部委的门户网站查询。农业农村部：http://www.moa.gov.cn；生态环境部：http://www.mee.gov.cn；自然资源部：http://www.mnr.gov.cn；海关总署：http://www.customs.gov.cn；国家林业和草原局：http://www.forestry.gov.cn；国家市场监督管理总局 http://www.samr.gov.cn。林业植物检疫与外来有害生物防制相关的重要林业部门规章介绍如下：

(1)《中华人民共和国植物检疫条例实施细则(林业部分)》

1994 年 7 月 26 日，林业部(根据国务院机构改革方案，1998 年更名为国家林业局，隶属于国务院；2018 年更名为国家林业和草原局，隶属自然资源部)发布《植物检疫条例实施细则(林业部分)》，2011 年 1 月 25 日，国家林业局对其进行了修订，修订后的实施细则共 35 条。林业植物检疫以县级行政单位为基本管理单元，国务院林业主管部门主管全国森林植物检疫(以下简称森检)工作。县级以上地方林业主管部门主管本地区的森检工作。应施检疫的森林植物及其产品包括林木种子、苗木和其他繁殖材料，乔木、灌木、竹类、花卉和其他森林植物，木材、竹材、药材、果品、盆景和其他林产品；要求地方各级森检机构应当每隔 3~5 年进行一次森检对象普查，属于森检对象、国外新传入或者国内突发危险性森林病、虫的特大疫情由林业部发布；其他疫情由国务院林业主管部门授权的单位公布；生产、经营应施检疫的森林植物及其产品的单位和个人，应当在生产期间或者调运之前向当地森检机构申请产地检疫。对检疫合格的，由森检员或者兼职森检员发给《产地检疫合格证》；对检疫不合格的，发给《检疫处理通知单》；应施检疫的森林植物及其产品运出发生疫情的县级行政区域之前以及调运林木种子、苗木和其他繁殖材料必须经过检疫，取得《植物检疫证书》，《植物检疫证书》按一车(即同一运输工具)一证核发；从国外进口的应施检疫的森林植物及其产品再次调运出省(自治区、直辖市)时，存放时间在一个月以内的可以凭原检疫单证发给《植物检疫证书》，存放时间虽未超过一个月但存放地疫情比较严重，可能染疫的，应当按照本细则的规定实施检疫；从国外引进的林木种子、苗木和其他繁殖材料，有关单位或者个人应当按照审批机关确认的地点和措施进行种植。对可能潜伏有危险性森林病、虫的，一年生植物必须隔离试种一个生长周期，多年生植物至少隔离试种 2 年以上。经省(自治区、直辖市)森林检疫机构检疫，证明确实不带危险性森林病、虫的，方可分散种植；对森检对象的研究，不得在该森检对象的非疫情发生区进行。因教学、科研需要在非疫情发生区进行时，属于国务院林业主管部门规定的森检对象须经林业部批准，属于省(自治区、直辖市)规定的森检对象须经省(自治区、直辖市)林业主管部门批准，并应采取严密措施防止扩散。

(2)林业检疫性有害生物名单

《森林法》规定，省级以上人民政府林业主管部门负责确定林业植物及其产品的检疫性有害生物，划定疫区和保护区。2013 年 1 月 9 日，国家林业局发布了《全国林业检疫性有害生物名单》和《全国林业危险性有害生物名单》。全国林业检疫性有害生物包括松材线虫、美国白蛾、苹果蠹蛾 *Cydia pomonella*、红脂大小蠹、双钩异翅长蠹 *Heterobostrychus aequalis*、杨干象 *Cryptorrhynchus lapathi*、锈色棕榈象 *Rhynchophorus* ferrugineus、青杨脊虎天牛 *Xylotrechus rusticus*、扶桑绵粉蚧、红火蚁 *Solenopsis invicta*、枣实蝇、落叶松枯梢病菌 *Botryosphaeria laricina*、松疱锈病菌和微甘菊 14 个物种。

3.2.5 地方政府规章

地方政府规章指省(自治区、直辖市)或设区的市(自治州)人民政府制定和发布的与植物检疫和林业有害生物防制相关的规范性文件。例如，1986 年 12 月 6 日，陕西省人民政府颁布了《陕西省植物检疫条例实施办法》；2001 年 1 月 18 日，广东省人民政府颁布了《广东省植物检疫实施办法》；2008 年 4 月 28 日，北京市人民政府颁布了《北京市林业植物检疫办法》；1988 年 9 月 11 日，浙江省人民政府颁布了《浙江省植物检疫实施办法》，后经 2000 年 4 月 18 日第一次修订，2005 年 11 月 3 日两次修订；2015 年 4 月 2 日，江苏省人民政府颁布了《江苏省林业有害生物防控办法》。

3.2.6 技术标准

根据《中华人民共和国标准化法》，我国的技术标准体系包括国家标准、行业标准、地方标准和企业标准，从标准性质上可分为强制性标准和推荐性标准。2005 年全国植物检疫标准化技术委员会成立，同年，成立了林业、农业和进出口植物检疫分技术委员会，负责国家和行业植物检疫标准的制修订。国家标准的技术要求在全国范围内适用，用"国标"汉语拼音的首字母缩写 GB 表示；对没有国家标准，但需要在某个行业范围内统一要求的技术规范，可以制定行业标准，林业行业标准用"林业"的首字母缩写 LY 表示，地方标准用"地标"的首字母缩写 DB 表示。强制性国家标准用 GB 表示，推荐性国家标准用 GB/T 表示。目前，与林业相关的植物检疫标准已发布近 100 项，多数为推荐性标准，强制性标准仅 3 项：《主要造林树种苗木质量分级》(GB 6000—1999)、《柑橘苗木产地检疫规程》(GB 5040—2003)和《苹果苗木产地检疫规程》(GB 8370—2009)。截至 2020 年底，林业植物检疫推荐性行业标准已发布 32 项，修订 1 项：《林业植物产地检疫技术规程》(LY/T 1829—2020)，见表 3-2。

表 3-2　与植物检疫相关的林业行业标准

序号	标准名称	标准编号	实施年份
1	松材线虫病检疫技术规程	GB/T 23476—2009	2009
2	林业植物产地检疫技术规程	LY/T 1829—2020	2020
3	红脂大小蠹检疫技术规程	LY/T 1830—2009	2009
4	松材线虫病疫木清理技术规范	LY/T 1865—2009	2009
5	松褐天牛防治技术规范	LY/T 1866—2009	2009
6	松褐天牛引诱剂使用技术规程	LY/T 1867—2009	2009
7	外来树种对自然生态系统入侵风险评价技术规程	LY/T 1960—2011	2011
8	应施检疫的林业植物产品代码	LY/T 2022—2012	2012
9	枣实蝇检疫技术规程	LY/T 2023—2012	2012
10	红脂大小蠹防治技术规程	LY/T 2025—2012	2012

（续）

序号	标准名称	标准编号	实施年份
11	应用寄生蜂防治松突圆蚧技术规程	LY/T 2026—2012	2012
12	紫茎泽兰防控规程	LY/T 2027—2012	2012
13	落叶松枯梢病检疫技术规程	LY/T 2215—2013	2013
14	松材线虫病疫木热处理设施建设技术规范	LY/T 2214—2013	2013
15	原木检验	LY/T 2350—2013	2013
16	花木展览会检疫规范	LY/T 2355—2014	2014
17	双钩异翅长蠹检疫技术规程	LY/T 2418—2014	2014
18	云南松切梢小蠹受害木清理技术规程	LY/T 2353—2014	2014
19	松褐天牛携带松材线虫的 PCR 检测技术规范	LY/T 2352—2014	2014
20	苗木抽样方法	LY/T 2420—2015	2015
21	松突圆蚧检疫技术规程	LY/T 2425—2015	2015
22	薇甘菊防治技术规程	LY/T 2423—2015	2015
23	林业植物检疫检验实验室管理指南	LY/T 2421—2015	2015
24	林业植物及其产品调运检疫数据交换规范	LY/T 2422—2015	2015
25	林业有害生物风险分析准则	LY/T 2588—2016	2016
26	扶桑绵粉蚧检疫技术规程	LY/T 2778—2016	2016
27	薇甘菊检疫技术规程	LY/T 2779—2016	2016
28	松疱锈病菌检疫技术规程	LY/T 2780—2016	2016
29	桉树枝瘿姬小蜂检疫技术规程	LY/T 2781—2016	2016
30	枣大球蚧防治技术规程	LY/T 2939—2018	2018
31	杨干象防治技术规程	LY/T 2940—2018	2018
32	桉树枝瘿姬小蜂防控技术规程	LY/T 3100—2019	2019

强制性植物检疫技术标准属于植物检疫技术法规范畴，推荐性植物检疫技术标准属于植物检疫技术范畴，只有当推荐性技术标准被植物检疫管理部门（机构）批准引用并发布，或者当标准内容被纳入技术法规时，推荐性植物检疫技术标准才能成为植物检疫技术法规。

3.3 植物检疫程序

植物检疫程序（phytosanitary procedure）是指国家规定的执行植物检疫法律法规的任何程序和方法，包括对限定性有害生物进行的检查、检测、监测或处理的方法。植物检疫分为调运检疫和产地检疫。调运检疫是指调入地或中转地的植物检疫人员在植物及其产品运输过程中实施的检疫；产地检疫是指原产地的植物检疫人员在植物及其产品生产点和生产地实施的检疫。

3.3.1 调运检疫

调运检疫（transportation quarantine）包括以下环节：检疫许可（审批）、报检、现场检验、实验室检验、隔离检疫、检疫处理、检疫出证和违规处理。

（1）检疫许可（审批）

检疫许可（permit）是指在调运、进口应施检疫物品或由于特殊原因需引进禁止进境物品时，进口单位向当地植物检疫机关预先提出申请，检疫机关经过审查作出是否批准引进的法定程序。应施检疫物品指植物及其产品。禁止进境物品指《进出境动植物检疫法》规定的禁止进境物品，包括动植物病原体（包括菌种、毒种等）、害虫及其他有害生物；动植物疫情流行的国家和地区的有关动植物、动植物产品和其他检疫物；土壤和动物尸体（标本）。

进境检疫许可分为一般许可和特殊许可。一般许可指通过贸易、科技合作、赠送、援助等方式引进的植物种子、种苗及其他繁殖材料、水果、粮食、木材等需要办理的检疫许可；特殊许可指《进出境动植物检疫法》规定的禁止进境物品。

检疫许可的受理单位是海关总署、农业农村部、国家林业和草原局的植物检疫机构，进境一般许可中的农业和林业植物繁殖材料分别由农业农村部、国家林业和草原局的植物检疫机构受理，植物产品、其他检疫物品及特殊许可由海关总署检疫机构受理，引种单位或个人根据海关总署《进境动植物检疫审批管理办法》、农业农村部《国外引种检疫审批管理办法》、国家林业和草原局《引进林草种子、苗木检疫审批与监管办法》提供申请材料。检疫许可被批准的，货主将获得海关总署核准的《进境动植物检疫许可证》、农业农村部或国家林业和草原局核准的《引进种子、苗木检疫审批单》，许可证和检疫审批单应列明检疫要求，列明货物进境后的隔离、生产、加工、种植、存放地点和监管单位等内容；携带、邮寄植物种子、种苗及其他繁殖材料进境，未依法办理检疫审批手续的，由口岸动植物检疫机关作退回或者销毁处理。出口一般不需要检疫审批手续，但出口种苗必须到植物检疫机关办理《出境种苗花卉生产经营企业注册登记证书》，涉及物种资源时，根据《种子法》，还需经农业或林业主管部门审批。

国内植物检疫由农业和林业主管部门负责。凡需从外省（自治区、直辖市）调入植物及其产品的单位或个人，在调运前须向所在地的省（自治区、直辖市）农业或林业植物检疫机构提出申请，获得《植物检疫要求书》，载明调入地要求检疫的有害生物名单。

（2）报检

报检（declaration）是指检疫物品进境、过境、出境或在国内省际间调运时，由货主或代理人向植物检疫机关及时声明并申请检疫，植物检疫机关验证货物是否遵守植物检疫进口或调入要求或与过境相关的植物检疫措施相符的法定程序。报检受理主要审核报检文件的完整性、有效性和一致性。单证的完整性指报检文件齐全，进境文件包括报检单、贸易合同、信用证、发票、装箱单、出口国家或地区政府动植物检疫机关签发的检疫证书、产地证书等，如货物为植物繁殖材料，除上述单证外，还需要《引进种子、苗木检疫审批单》；转基因产品，还需附有转基因产品标识文件。出境报检文件包括出境货物报检单、合同、发票、装箱单、产地检疫证书等。过境货物报检文件包括货运单、出口国家或地区政府动植物检疫机关签发的植物检疫证书等，若货物为转基因产品，还需附有转基因产品批准文件。国内省际间调运应施检疫的植物及其产品时，报检文件包括产地检疫合格证、林业植物检疫要求书、植物检疫证书、购货合同、发票等。进境货物需要调运到种植地时，报检文件包括《引进种子和苗木检疫审批单》、口岸动植物检疫机关签发的检疫放行通知单或检疫调离通知单、贸易合同、发票等。单证的有效性是指单证必须在有效期内，且签字、印章、签署日期等符合规定。报检文件的一致性指文件所载明的内容与货物相符。根据《进出境动植物检疫法实施条例》，从境外引进植物种子、种苗及其他繁殖材料的，应当在进境前 7 日报检；引进动植物性包装物、铺垫材料时，货主或者其代理人应当及时报检。

（3）现场检验

检疫人员在现场对应施检疫物品进行抽样、检查，初步确认是否携带限定性有害生物的法定程序称现场检验（inspection）。主要方法有 X 光检验、检疫犬检验、过筛检验、诱捕器检验等。根据《进出境动植物检疫法实施条例》，进境货物经检疫合格的，由口岸动植物检疫机关在报关单上加盖印章或者签发《检疫放行通知单》，货主或者其代理人凭检疫放行通知单办理报关、运递手续，运递期间国内其他检疫机关不再检疫。从国外进口的应施检疫物品调运出省（自治区、直辖市）时，存放时间在一个月以内的，林业植物检疫机构可以凭原检疫单证发给植物检疫证书，存放时间虽未超过一个月但存放地疫情比较严重的，应当按规定实施检疫。携带应施检疫物品进境的，经现场检验合格的，当场放行；需要作实验室检验或者隔离检疫的，由口岸动植物检疫机关签发截留凭证。邮寄进境的植物及其产品和其他应施检疫物品，由口岸动植物检疫机关在国际邮件互换局实施检疫，经现场检验合格的，由口岸动植物检疫机关加盖检疫放行章，交邮局运递，需要作实验室检验或者隔离检疫的，口岸动植物检疫机关应当向邮局办理交接手续。出境货物由启运地口岸动植物检疫机关负责现场检验，检验合格的，签发植物检疫证书。国内省际间调运的现场检验，由调出地的林业植物检疫机构负责实施；调入地的省（自治区、直辖市）林业植物检疫机构可对调入的货物进行现场复检，以查证货物是否不携带限定性或其他危险性有害生物。

（4）实验室检验

借助实验室仪器设备对样品中的有害生物进行检查、鉴定的法定程序称实验室检验（Test）。现场检验发现有害生物，但不能确定是否属于限定性有害生物时，应借助实验室设备对其进行检测和鉴定。实验室检验合格的进境货物，发放检疫放行通知单，不合格的签发检疫处理通知单。携带植物及其产品和其他应施检疫物品进境的旅客，截留检验合格的，携带人持截留凭证向口岸动植物检疫机关领回应施检疫物品，逾期不领回的，作自动放弃处理；携带、邮寄进境的植物及其产品和其他应施检疫物品，经检验不合格又无有效方法作检疫处理的，作退回或者销毁处理，并签发检疫处理通知单交携带人、寄件人。国内省际调运应施检疫物品时，调入地的省（自治区、直辖市）林业植物检疫机构在复检时发现检疫性或其他危险性有害生物时，向货主下达植物检疫处理通知单。

（5）隔离检疫

隔离检疫（post-entry quarantine）又称入境后检疫，主要针对从境外引进的种植用植物及其繁殖材料。隔离检疫是指在隔离条件下，植物检疫机构对引入植物在生长期间进行检验和处理的法定检疫过程。植物中携带的某些检疫性有害生物很难在口岸现场检验获得结果，需要经过寄主植物一定的生长周期后才能表现症状，获得可靠的鉴定特征。为了防止植物携带的有害生物逃逸，入境后检疫需要在一定的隔离设施或隔离苗圃中进行。其过程包括供试材料登记、初步检验与处理、生长期检验与处理、隔离试种检验和处理记录及报告、出证放行等步骤。对可能潜伏有危险性有害生物的，一年生植物必须隔离试种一个生长周期，多年生植物至少隔离试种 2 年以上，并经省（自治区、直辖市）林业植物检疫机构检疫，证明确实不带危险性有害生物的，方可分散种植。

（6）检疫处理

采用物理、化学或其他方法处理植物及其产品和其他应施检疫物品，杀灭或灭活其携带的限定性有害生物的法定程序称检疫处理（phytosanitary treatment）。杀灭是指清除有害生物，灭活是指使有害生物丧失侵染或危害的活力。检疫处理的原则：符合检疫法规的规定，所造成的损失最小，安全、彻底，同时保证应施检疫物品的完整性。物理检疫处理包括低温处理和热处理，化学处理方法有药物熏蒸、药物喷洒、药物浸渍等。装载进境植物及其产品和其他应施检疫物品的车辆，经检疫发现限定性有害生物的，连同货物一并作检疫处理。

（7）检疫出证

检疫出证（phytosanitary certification）也称检疫签证。出口国、转口国和国内调出地的植物检疫机关根据进出境或调运的植物及其产品和其他应施检疫物品的检疫处理结果，证明符合植物检疫要求时，签发植物检疫证书的法定程序。根据《国际植物保护公约》，植物检疫证书由三部分构成：托运货物的说明、补充说明和检疫处理。托运货物要说明产品的名称和数量、原产地、入境地点、运输方式、植物的学名等；补充说明指需要特别说明的一些危险性有害生物或植物检疫措施信息；检疫处理包括处理方法、处理日期、处理持续时间、处理温度、处理浓度等。植物检疫证书必须有检疫员签名、签署日期及植物检疫机构的印章。

（8）违规处理

经过检疫处理后合格的应施检疫物品，植物检疫机构出具检疫放行通知单，同意其调运；检疫处理不合格或无有效方法作检疫处理的，作退回或者销毁处理，即违规处理（compliance procedure）。ISPM 13《违规和紧急行动通知准则》规定，进口国植物检疫机构在货物中查出危险性有害生物、作出检疫处理决定及对货物进行退回或销毁处理，均要通知出口国的植物检疫机构。

3.3.2 产地检疫

产地检疫[production place（site）quarantine]程序包括：调查、现场检验、实验室检验、检疫处理、产地检疫认证等环节。

调查是指在植物及其产品的生产点或生产地，为确定有害生物的发生种类和种群特性而开展的法定探查活动。调查应在有害生物的发生期进行，调查人员应查阅植物及其产品生产的相关记录，对生产地进行现场踏查，如发现检疫性或其他危险性有害生物，则设标准地调查。

现场检验、实验室检验和检疫处理程序与方法同调运检疫。

产地检疫认证是指植物检疫机构确认产地检疫是否合格的法定过程。产地检疫认证合格的有以下两种情况：①未发现检疫性和其他危险性有害生物的林业植物繁殖材料生产点或生产地；②经产地检疫处理合格的林业植物繁殖材料生产点或生产地。当地林业植物检疫机构签发产地检疫合格证，产地检疫合格证应载明受检植物及其产品名称、产地检疫地点、检疫范围和数量、预定运往地点、预定运往时间、检疫结果、认证有效期、检疫员签字、签发机关印章及签发日期等。

本章小结

植物检疫和外来有害生物防制涉及国际和国内植物及其产品的贸易与流通，调整和约束有害生物随植物及其产品的贸易和流通活动需要建立和遵循植物检疫相关的法律法规。国际植物检疫法律法规体系包括世界贸易组织制定的《SPS 协定》《国际植物保护公约》、国际植物检疫措施标准和亚太区域植物保护委员会制定的亚太区域植物检疫措施标准、我国与其他国家或地区签订的双边植物保护或植物检疫协定；我国植物检疫法律法规体系涵盖了植物检疫法律，植物检疫行政法规和地方性法规，植物检疫相关的政府部门规章和地方政府规章，强制性国家标准，政府部门采纳的推荐性国家、行业或地方技术标准。植物检疫程序是国家规定的执行植物检疫法律法规的任何程序和方法，包括对限定性有害生物进行的检查、检测、监测和处理方法等。

思 考 题

1. 植物检疫和外来有害生物防制的现行法律法规是否健全？如健全，试画出一张法律法规网络图；如不健全，试指出有哪些空缺？
2. 植物检疫和外来有害生物防制的技术标准体系是否完善？如完善，试画出一张技术标准体系关系图；如不完善，试指出有哪些空缺？
3. 试论述我国植物检疫法律法规体系的优缺点。

本章推荐阅读

吕鹤云，等，2007. 法学概论[M]. 2 版. 北京：高等教育出版社.
朱水芳，等，2019. 植物检疫学[M]. 北京：科学出版社.

第**4**章
国际植物检疫措施标准

国际植物检疫措施标准是《国际植物保护公约》缔约方和世界贸易组织成员方必须共同遵守的植物检疫规范。植物检疫措施委员会已批准的 43 项标准可归纳为 11 个类别：概念性标准、通用技术标准、风险分析标准、进口管理标准、出口管理标准、产地管理标准、特定产品(货物)检疫标准、有害生物调查监测标准、有害生物管理标准、有害生物诊断规程和检疫处理技术标准。

4.1　概念性标准

概念性标准是指解释性标准或原则性标准。目前已发布的包括：ISPM 1《在国际贸易中应用植物检疫措施的植物检疫原则》、ISPM 5《植物检疫术语表》、ISPM 16《限定的非检疫性有害生物：概念及应用》、ISPM 24《植物检疫措施等同性的确定和认可准则》和 ISPM 32《基于有害生物风险的商品分类》。

4.1.1　ISPM 1《在国际贸易中应用植物检疫措施的植物检疫原则》

《在国际贸易中应用植物检疫措施的植物检疫原则》(*Phytosanitary Principles for the Protection of Plants and the Application of Phytosanitary Measures in International Trade*) (2006)是《与国际贸易相关的植物检疫原则》(*Principles of Plant Quarantine as Related to International Trade*) (1993)的修订版，修订依据为《SPS 协定》和 97 版的《国际植物保护公约》。《在国际贸易中应用植物检疫措施的植物检疫原则》界定了植物检疫的十一条基本原则——主权性、必要性、针对性(也称管控风险)、影响最小、透明性、协调一致、无歧视、技术上合理性、国际合作、植物检疫措施的等同性和检疫措施的修改。本文重点介绍其中的九大基本原则：

①主权性原则。根据《国际植物保护公约》，各缔约国拥有制定和实施植物检疫措施来保护本国植物安全的主权。

②必要性原则。《国际植物保护公约》第Ⅵ条第 1 款 b 项规定，各缔约方可要求对检疫性有害生物和限定的非检疫性有害生物采取植物检疫措施，条件是这种措施限于保护植物健康……所必需的措施。第Ⅵ条第 2 款规定，各缔约方不得要求对非限定性有害生物采取植物检疫措施。

③针对性原则。在进口植物、植物产品和其他应施检疫物品时，始终存在有害生物传入和扩散的危险性，缔约方采取的植物检疫措施应仅针对有害生物的传入和扩散。

④影响最小原则。《国际植物保护公约》第Ⅶ条第 2 款规定，缔约方"应仅采取限制最少、对人员、商品和运输工具的国际流动妨碍最小的植物检疫措施"。

⑤透明性原则。缔约方应当公开与植物检疫相关的信息，包括采取植物检疫措施的理由、提供限定性有害生物名单、提供有害生物状况的信息、与其他国家进行植物检疫信息交流等。

⑥协调一致原则。《国际植物保护公约》第ⅩⅧ条规定，缔约方应"采取与本公约条款及根据本公约通过的任何标准一致的植物检疫措施"。

⑦无歧视原则。具有相同植物检疫状况的缔约方之间采用同样的植物检疫措施。在可比的国内和国际植物检疫状况之间采用同样的植物检疫措施。

⑧等同性原则。当出口缔约方提出的其他植物检疫措施表明能达到进口缔约方确定的适当保护水平时，进口缔约方应当将这种植物检疫措施视为等同措施。

⑨技术合理性原则。缔约方应当在技术上证明植物检疫措施的理由。

4.1.2 ISPM 5《植物检疫术语表》

《植物检疫术语表》(*Glossary of Phytosanitary Terms*)是《国际植物保护公约》的基础性标准，解释了《国际植物保护公约》及国际植物检疫措施标准中使用的特定术语。该标准 1995 年首次被批准为植物检疫措施标准，每年均进行修订和增补，2017 年版的《植物检疫术语表》共有 183 条术语，包括 2 个补编和 1 个附录，本教材仅介绍植物保护公约正文中提到的术语。

植物(plant)：活的植物及其器官，包括种子和种质。

植物产品(plant products)：未经加工的、和那些虽经加工，但由于其性质或加工的性质而仍有可能造成有害生物传入和扩散风险的植物性材料(包括谷物)。

应施检疫物品(regulated articles)：认为需要采取植物检疫措施的任何能携带或传播有害生物的植物、植物产品、仓储地、包装、运输工具、集装箱、土壤和其他生物、物品或材料。

有害生物(pest)：任何对植物或植物产品有害的植物、动物或病原体的种、株(品)系、或生物型。

检疫性有害生物(quarantine pest)：对受威胁地区具有潜在经济重要性，在受威胁地区无分布或非广泛分布，且实行官方控制的有害生物。

限定的非检疫性有害生物(regulated non-quarantine pest)：一种非检疫性有害生物，但它在供种植用植物中存在，且危及这些植物的原定用途而产生无法接受的经济影响，因而在进口缔约方领土内受到限制。

限定性有害生物(regulated pest)：包括检疫性有害生物和限定的非检疫性有害生物。

植物检疫措施(phytosanitary measurement)：旨在防止检疫性有害生物的传入和扩散，或降低限定的非检疫性有害生物经济影响的任何法律、法规或官方程序。

有害生物风险分析(pest risk analysis, PRA)：评价生物学或其他科学和经济证据，以确定一个生物体是否为有害生物，该生物体是否应被限定，以及为此采取任何力度的植物检疫措施的过程。

官方控制（official control）：以铲除或封锁检疫性有害生物或管理限定的非检疫性有害生物为目的，强制并有效地实施植物检疫规定和植物检疫程序，包括：①在侵染地区铲除或封锁；②在受威胁地区进行监测；③限制进入保护区或限制在保护区内调运。

非广泛分布（non widely distributed）：有害生物局限于其潜在分布范围中的部分地区，未达到其自然分布的边界。

隔离（quarantine）：对应施检疫物品采取的官方限制，以便观察和研究，或进一步检查、检测或处理。

技术上合理的（technically justified）：依据有害生物风险分析或比较研究或现有科学信息评价，作出的结论具有正当理由。

《植物保护公约》和《生物多样性公约》（Convention on Biological Diversity，CBD）中的有些术语含义不太相同，表 4-1 比较了一些术语的差异。

表 4-1　植物保护公约（IPPC）与生物多样性公约（CBD）术语比较表

术　语	IPPC	CBD	差　异
外来物种 （alien species）	通过人类活动进入该地区的非本地生物体（物种或种群），包括任何生命阶段或者可存活的器官	在其过去或现在自然分布区之外引入的物种、亚种或低阶元分类单元，包括此类物种可能成活及随后繁殖的任何器官、配子、种子、卵或繁殖体	
引　入 （introduction）	通过人类活动使物种进入其自然分布区以外的地区，包括直接进入和间接进入	通过人类活动使外来物种在其自然分布范围之外间接或直接迁移。这种迁移可以存在于国家之内，或国家之间，或地区之间	
定　殖 （establishment）	外来物种通过成功繁殖，在其进入地区的生境中定居	外来物种在一个新生境中成功产生存活后代，并可能继续生存的过程	IPPC 强调行政区域，CBD 强调自然分布区
有意引入 （intentional introduction）	故意使非本地物种进入一个地区，并将其释放到环境中	人类在外来生物的自然范围以外故意传播或释放该外来物种	
非有意引入 （unintentional introduction）	非本地物种随贸易货物进入并感染或污染该货物，或者通过其他某种人类媒介包括旅客行李、车辆、人工水道等途径进入	非有意的所有其他引入	
风险分析 （risk analysis）	利用科学资料对外来物种引入的影响和定殖的可能性进行评估，考虑到社会经济和文化因素，确定用以减少或管理这些风险的措施	对于进入一个地区的外来物种在该地区内定殖和扩散的可能性进行评价；对于潜在的不希望出现的有关影响进行评价；对于减少这种定殖和扩散风险进行评价和选择	

（续）

术　语	IPPC	CBD	差　异
入侵物种 （invasive alien species）	其定殖或扩散伤害植物或者通过风险分析表明潜在伤害植物的外来物种	其引入和扩散威胁生物多样性的外来物种	IPPC 强调对植物的危害，CBD 强调对生物多样性的损害

注：修改自 ISPM 5 中文版。

4.1.3　ISPM 16《限定的非检疫性有害生物：概念及应用》

《限定的非检疫性有害生物：概念及应用》（*Regulated Non-quarantine Pests：Concept and Application*）对 IPPC 第Ⅵ条"限定性有害生物"中容易造成理解上不一致的"限定的非检疫性有害生物"进行了说明，某些有害生物既不是检疫性有害生物，也不是限定的非检疫性有害生物，可能产生非植物检疫性质（如商业或食品安全）不可接受的影响（即破坏）。以这种方式对遭受破坏的植物采取的措施不属于植物检疫措施，《国际植物保护公约》第Ⅵ条第 2 款规定，缔约方不应要求对非限定性有害生物采取植物检疫措施。限定的非检疫性有害生物与检疫性有害生物的区别见表 4-2。

表 4-2　限定的非检疫性有害生物与检疫性有害生物的区别

确定标准	限定的非检疫性有害生物	检疫性有害生物
有害生物状况	存在并可能广泛分布	不存在或非广泛分布
传播途径	种植用植物	任何途径
经济影响	影响不清楚	有确定的预估结果
官方控制	正进行官方防治以期控制种群密度	如果存在即进行官方防治以期根除或封锁

注：引自 ISPM 16 中文版。

4.1.4　ISPM 24《植物检疫措施等同性的确定和认可准则》

《植物检疫措施等同性的确定和认可准则》（*Guidelines for the Determination and Recognition of Equivalence of Phytosanitary Measures*）所指的等同性一般来说是进口缔约方与出口缔约方之间的一个双边协议过程，等同性的确定通常与某个特定出口商品和通过有害生物风险分析查明的特定限定性有害生物相关。等同性评估应当以风险为基础，通过有害生物风险分析，或通过对现行措施和拟议措施的评价，得出等同性确认的结论。当植物检疫措施等同性给予一个出口缔约方时，对其他具有同样植物检疫状况的各缔约方均应适用。

4.1.5　ISPM 32《基于有害生物风险的商品分类》

《基于有害生物风险的商品分类》（*Categorization of Commodities According to Their Pest Risk*）根据商品可携带有害生物的风险程度，对商品进行了分类，为进口商品是否需要植物检疫证书提供了指导。高风险的商品需要附有出口国国家植物保护机构签发的植物检疫证书，而低风险的商品则不需要植物检疫证书。根据商品加工方法和用途的不

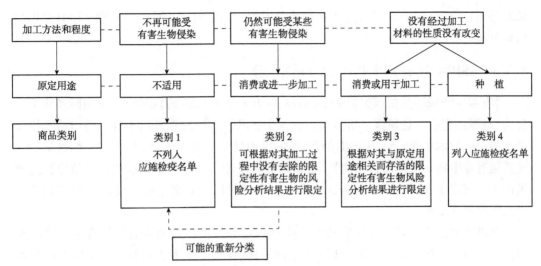

图4-1　基于加工方法和用途的商品风险分类
(改绘自 ISPM 32 中文版)

同，将商品可携带有害生物的风险程度分为 4 个类别，类别 1 的商品进出口不需要植物检疫证书，类别 2、类别 3 和类别 4 的商品进出口均需要附植物检疫证书(图 4-1)。

4.2　通用技术

植物检疫涉及许多通用技术，目前已制定通用技术标准只有 1 项。

4.2.1　ISPM 31《货物抽样方法》

对植物、植物产品和其他应施检疫物品的抽样可在出口前、进境口岸或国家植物保护机构指定的其他口岸进行。由于抽样检验结果可能导致拒签植物检疫证书、拒绝入境或处理、对货物全部或部分进行销毁，因此国家植物保护机构应对建立和使用的抽样程序存档并做到公开透明，同时考虑贸易最小影响原则。国家植物保护机构使用的抽样方法取决于抽样目的(如供检测用的抽样)，可仅以统计学为基础，或在确定时考虑特定操作上的制约因素，应当注意到以抽样为基础的检验和检测总会有一定程度的误差，在应用抽样程序进行检验和检测时，要承认有害生物发生概率的内在属性，使用以统计学为基础的抽样方法进行检验和检测，可为有害生物的发生率低于一定水平提供置信值，但并不能保证货物中一定没有有害生物。本标准以货物抽样为目的，不用于指导田间抽样。

4.3　有害生物风险分析

有害生物风险分析可针对某一特定有害生物、来自特定国家或原产地的某种商品(考虑有可能携带的所有潜在有害生物)或更广泛地针对运输途径可能携带有害生物的风险进行分析。有害生物风险分析包括风险评估和风险管理两部分内容。目前制定的有害生物风险分析标准有 ISPM 2《有害生物风险分析框架》、ISPM 11《检疫性有害生物风险分析》、ISPM 19《限定性有害生物清单准则》、ISPM 21《限定的非检疫性有害生物风险分析》。

4.3.1 ISPM 2《有害生物风险分析框架》

《有害生物风险分析框架》(*Framework for Pest Risk Analysis*)提供了在《国际植物保护公约》范围内有害生物风险分析过程。有害生物风险分析过程是用于确定适当植物检疫措施的一个技术手段,适用于以前没有被视为有害生物的生物体(如植物、生物防治剂或其他有益生物、活体修饰生物)、公认的有害生物、有害生物传播途径、植物检疫政策评价。有害生物风险分析分为 3 个阶段:启动阶段、有害生物风险评估阶段和有害生物风险管理阶段。

有以下情况之一时,即可启动有害生物风险分析:一是确定有新的有害生物出现时;二是确定传播途径存在风险时;三是植物检疫政策发生改变时;四是以前没有被视为有害生物的生物体需要评估其风险时。

有害生物风险评估包括 4 个步骤:对有害生物进行分类、对有害生物引入和扩散的可能性进行评估、有害生物风险评估结论、是否需要进行有害生物管理。

有害生物风险管理阶段的结论主要看是否有足以将有害生物危险性降至可接受水平的植物检疫措施。

4.3.2 ISPM 11《检疫性有害生物风险分析》

《检疫性有害生物风险分析》(*Pest Risk Analysis for Quarantine Pests*)介绍了检疫性有害生物风险分析的全过程。有害生物风险涉及多种可能与各种林产品相关的生物体,如细菌、真菌、昆虫、螨虫、软体动物、线虫、病毒和寄生植物。本标准除描述检疫性有害生物风险分析结构、程序和方法外,还有 4 个附件,描述了环境风险范围、活体转基因生物风险分析范围、活体转基因生物成为有害生物的可能性,以及检疫性有害生物风险分析。

4.3.3 ISPM 19《限定性有害生物清单准则》

《限定性有害生物清单准则》(*Guidelines on Lists of Regulated Pests*)介绍了制定、保持及提供限定性有害生物清单的程序。限定性有害生物清单由进口缔约方拟定,详细列明缔约方定为检疫性有害生物和限定的非检疫性有害生物名单。植物保护公约第Ⅶ条规定,各缔约方应尽力拟定和更新使用科学名称的限定性有害生物清单,并向秘书处、他们所属的区域植物保护组织以及根据要求向其他缔约方提供此类清单,提供限定性有害生物清单也有利于出口缔约方正确地出具《植物检疫证书》。

限定性有害生物清单所列信息包括:①有害生物名称;②限定性有害生物类别;③与应施检疫物品的关联性;④有关立法、条例或要求的参考资料;⑤有关有害生物数据表或有害生物风险分析的参考资料;⑥有关临时措施或紧急措施的参考资料。

4.3.4 ISPM 21《限定的非检疫性有害生物风险分析》

《限定的非检疫性有害生物风险分析》(*Pest Risk Analysis for Regulated Non-quarantine*

Pests)介绍了限定的非检疫性有害生物风险评估和风险管理方案选择的综合程序。启动限定的非检疫性有害生物风险分析需要符合以下3种情况之一：

①存在可能成为潜在限定的非检疫性有害生物传播途径的种植用植物。

②存在限定的非检疫性有害生物。

③审查或修改植物检疫政策，包括官方认证计划的植物检疫成分。

有害生物风险评估阶段的结论：如果认为风险可以接受或者由于无法通过官方控制进行管理而应该接受（如其他侵染源所引起的自然扩散），没有理由采取植物检疫措施，则风险评估终止；如果已确定种植用植物是有害生物的主要侵染源，并已经表明对这些植物原定用途的经济影响不可接受，就需要下一步的有害生物风险管理。在选择适当风险管理方案时需要考虑以下因素：

①无歧视原则。对某种有害生物而言，进口与国内要求之间应保持一致。

②一定的容许量。除非种植用植物是这些有害生物的唯一侵染源，并且有害生物侵染程度将造成不可接受的经济影响时，可考虑零容许量。除非有害生物符合限定的非检疫性有害生物标准，并且有官方防治计划要求国内所有产地或生产点不得发生此有害生物，则可考虑零容许量。

③不同的产区、不同的产地、不同的种植材料、不同的亲本可考虑不同的有害生物容许量。

4.4 进口管理

进口管理需要进口缔约方建立相应的植物检疫法律、法规和程序框架，并有专门的植物保护机构执行这些法律法规和程序。进口管理包括入境点管理、入境后管理及其他管理。目前，涉及进口管理的标准包括：ISPM 13《违规和紧急行动通知准则》、ISPM 20《进口植物检疫监管系统准则》、ISPM 23《检验准则》、ISPM 25《过境货物》和ISPM 34《进境植物隔离检疫站的设计和管理》。

4.4.1 ISPM 13《违规和紧急行动通知准则》

《违规和紧急行动通知准则》(*Guidelines for the Notification of Non-compliance and Emergency Action*)规定了当进口缔约方发现违规货物拟采取植物检疫紧急行动时，如何通知进口缔约方及通知的内容，规定了出口缔约方如何反馈信息及对货物过境国家的通知要求。进口缔约方要尽快向出口缔约方通报有关违规的重要事例和对进口货物采取的紧急行动。通知应说明违规的性质，使出口缔约方可以进行调查并作出必要的纠正。

发出违规通知的情况包括：①未遵守植物检疫进口要求；②查出限定性有害生物；③未遵照文件规定的要求；④货物中含有违禁物品；⑤未按规定进行检疫处理；⑥一再发生旅客携带或邮寄少量非商业性禁止物品。出口缔约方应调查违规的重要事例，以确定可能的原因，以期避免再犯。调查结果应按照要求向进口缔约方报告。进口缔约方应调查新的植物检疫情况以证明有理由采取行动，并应尽快评价这类行动以确保其继续采用的技术理由。如果有理由继续采取行动，应当调整、公布进口缔约方的植物检疫措施并通报出口缔约方。对于过境货物，任何违反过境国家要求的事例或所采取的任何紧急行动应当通知出口缔约方。若过境国家有理由认为违规或新的植物检疫情况可能对最终目的地国家构成威胁，过境国可向最终目的地国家发出通知，最终目的地国家可将通知发给任何有关过境国家。

4.4.2 ISPM 20《进口植物检疫监管系统准则》

《进口植物检疫监管系统准则》(*Guidelines for a Phytosanitary Import Regulatory System*)介绍了进口植物检疫监管系统结构及运行原则。进口植物检疫监管系统由两部分组成：植物检疫法律、法规和程序监管框架，由国家植物保护机构负责该系统运行。进口植物检疫监管系统依据和执行的法律必须符合 ISPM 1 概念和原则，即透明性原则、主权性原则、必要性原则、无歧视原则、最低影响原则、协调一致原则、技术合理性原则、一致性原则和等同性原则等。进口植物检疫监管系统与国际条约、公约或协定产生的权利、义务和责任相关，与国际标准产生的权利、义务和责任相关，与国家法律和政策相关，与国际协定、原则和标准相关。进口植物检疫监管系统内容包括对应施检疫物品的监管、应施检疫物品的植物检疫措施、过境货物的监管、违规和紧急行动的措施、监管框架的其他要素(通报违规、有害生物报告、指定官方联络单位、出版和传播管理信息、国际合作、修改法规和文献、承认等同性、规定入境口岸、通报官方文献等相关内容)、国家植物保护机构的法定授权。

4.4.3 ISPM 23《检验准则》

《检验准则》(*Guidelines for Inspection*)对检验和检验员提出了要求。

检验要求包括：①审查货物的有关文件，确保这些文件的完整性、一致性、准确性、有效性和真实性；②验证货物及其完整性，对货物进行物理检查以证实货物本身及其完整性；③直观检查。从货物中抽取样品以确定是否存在有害生物，有害生物是否超过特定水平，是否符合检疫要求。

检验员要求包括：①有权履行其职责并对其行动负责；②具有技术能力，特别是发现有害生物的技术能力；③具有识别有害生物、植物和植物产品、应施检疫物品的知识和能力；④能够使用适当检验设施、手段和设备；⑤具有书面准则(条例、手册、有害生物一览表)；⑥了解其他管理机构的工作情况；⑦客观和公正。

4.4.4 ISPM 25《过境货物》

货物经某个国家中转至进口国家，则货物中转国称过境国家，过境期间的货物称过境货物(consignments in transit)。当货物以开放形式运输，或者不是直接经过该国而是储存一个时期，或者分装、与其他货物合并或重新包装，或者运输工具改变(例如由船改为铁路)时，可能带来植物检疫风险。在这种情况下，过境国可以采取植物检疫措施以防止有害生物传入该国和在该国扩散。

本标准正文分为 7 部分：过境国的风险分析、建立过境系统、关于违规和紧急情况的措施、合作及国内情况通报、无歧视、审查、文件。

4.4.5 ISPM 34《进境植物隔离检疫站的设计和管理》

《进境植物隔离检疫站的设计和管理》(*Design and Operation of Post-entry Quarantine*

Stations for Plants)对进境植物隔离检疫站地点选择、物理要求、操作要求、检疫性有害生物的诊断和杀灭方法等进行了规定。检疫站的目的是对植物及其可能携带的任何检疫性有害生物进行隔离，封闭存放进口的植物，特别是种植用植物，以便检查其是否被检疫性有害生物侵染。选择检疫站的地点时应考虑检疫性有害生物意外逃逸的风险、及时发现逃逸和发生逃逸时采取有效管理措施的可能性。检疫站可由大田、网室、玻璃温室和实验室组成，所用设施种类由进口的种植用植物及其可能携带的检疫性有害生物种类而定。检疫站的物理操作特征，决定检疫站所提供的隔离程度。

4.5 出口管理

为了达到进口国的要求，出口国必须拥有一个能够确保达到所有要求的管理制度，其中包括验证规范、法律要求和行政要求，应通过法律或行政手段使国家植物保护机构唯一有权控制和颁发植物检疫证书。ISPM 7《植物检疫认证系统》对此进行了详细的规定，ISPM 12《植物检疫证书》进一步规定了制定和颁发植物检疫证书和再输出植物检疫证书的原则和准则。

4.5.1 ISPM 7《植物检疫认证系统》

《植物检疫认证系统》(*Phytosanitary Certification System*)规定出口缔约方国家植物保护机构进行植物检疫认证。植物检疫认证需要有：①具有适合开展植物检疫认证职责和责任的技术人员，并在植物检疫认证结果方面不得有任何利益冲突；②进口缔约方植物检疫要求的资料；③限定性有害生物信息；④必要的设备和设施，以开展采样、检查、检验、处理、货物鉴定和其他植物检疫认证活动。

4.5.2 ISPM 12《植物检疫证书》

《植物检疫证书》(*Phytosanitary Certificates*)规定了植物检疫证书的要求和内容。植物检疫证书包括出口植物检疫证书和转口植物检疫证书两种类型。出口植物检疫证书通常由出口国国家植物保护机构颁发。在某些转口情况下，如果转口国可以确定货物的植物检疫状况，也可为来自非转口国国家的植物、植物产品和其他应施检疫的物品签发出口植物检疫证书。转口植物检疫证书可由转口国国家植物保护机构签发，转口商品指在货物中的商品而不是在该国生长或加工以改变其性质的商品，并且只有在附有出口植物检疫证书原件或经认证的植物检疫证书副本的情况下颁发。植物检疫证书可以是纸质形式，或在进口国国家植物保护机构接受的情况下，采用电子形式。电子植物检疫证书是纸质植物检疫证书的电子等效物，以有效可靠的电子方式从出口国国家植物保护机构传输给进口国国家植物保护机构。国家植物保护机构应对纸质植物检疫证书采取防伪措施，例如，采用特殊纸张、水印或特殊印刷。在使用电子签证时，也应采用适宜的防伪措施。植物检疫证书只有在所有要求获得满足，并且由出口国或转口国国家植物保护机构标明日期、签字盖章，加封、标记或以电子形式完成时才有效。如果完成植物检疫证书所需要的信息超出了表格上的可用空间，可以添加附件，附件只应包括植物检疫证书所要求的信息。附件各页均应标有植物检疫证书的编号，并以植物检疫证书所要求的方式注明日期，并签字盖章。植物检疫证书应在适宜的位置注明任何附件，如果附件多于 1 页，则各页应标注页码，并在植物检疫证书上注明页数。货物的植物检疫状况在颁发植物检疫证书后可能发生变化，因此，出口国或转口国国家植物保护机构可决定在颁发证书之后、出口之前限制植物检疫证书的有效期。进口国国家植物保护机构也可规定植物检疫证书的有效期。

4.6 产地管理

为了促进贸易的发展，出口国可以建立官方非疫区、无疫产地和无疫生产点以及有害生物低度流行区，使进口国允许从上述地区进口限制性商品，从而有助于出口国获得、维护或促进市场准入。建立无疫产地和无疫生产点以及有害生物低度流行区必须以具体调查数据为依据，并进行定期复审。植物检疫措施委员会目前已批准的产地检疫标准包括：ISPM 4《建立非疫区的要求》、ISPM 10《建立无疫产地和无疫生产点的要求》、ISPM 22《建立有害生物低度流行区的要求》、ISPM 29《非疫区和有害生物低度流行区的认可》和 ISPM 36《种植用植物综合措施》。由于水果在国际贸易中占有非常重要的地位，对实蝇的产地检疫单独列出了标准，如 ISPM 26《实蝇非疫区的建立》。

本节仅介绍与林业植物检疫相关的标准。

4.6.1 ISPM 4《建立非疫区的要求》

《建立非疫区的要求》(*Requirements for the Establishment of Pest Free Areas*)介绍了建立和利用非疫区的要求。

非疫区分为 3 类：①将整个国家列为非疫区；②有害生物的分布限制在国家植物保护机构所确定的部分地区，非疫区可能是指无疫害地区的整个地区或部分地区；③位于疫区国家中的非疫区。这类非疫区指在疫区范围内没有（或者表明没有）某种有害生物的一个地区。

ISPM 4 由 3 部分组成：①确定无疫害的方法；②保持无疫害的植物检疫措施；③核查无疫害的检验。

确定无疫害的方法有 2 种：总体评价和专题调查。

保持无疫害的植物检疫措施包括：①监测；②向生产者提供咨询；③将某种有害生物列入检疫性有害生物名单；④规定进口到一个国家或地区的要求；⑤限制某些产品在一个国家或几个国家范围内（包括缓冲地带）流动；⑥制定商品从疫区向非疫区流动的植物检疫法规。

核查无疫害的检验包括：①对输出货物的特别检查；②要求研究人员或检验员将有害生物的发生情况通知国家植物保护机构；③监测调查。

4.6.2 ISPM 10《建立无疫产地和无疫生产点的要求》

《建立无疫产地和无疫生产点的要求》(*Requirements for the Establishment of Pest Free Places of Production and Pest Free Production Sites*)介绍了建立和利用无疫产地和无疫生产点的要求。产地（place of production）是指某种植物及其产品的生产地。生产点

(production site)是指产地内单一生产单位管辖的任何场所和任何一片田地。无疫产地（生产点）是指科学证据表明未发生某种特定有害生物，且官方能有特定时期适时保持这种状态的产地（生产点）。如果有害生物可能从毗邻区进入无疫产地或无疫生产点，则必须在无疫产地或无疫生产点周围划定一个缓冲区，并在其中采用适当的植物检疫措施。

非疫区与无疫产地的区别：①非疫区比无疫产地面积大得多，包括许多产地，可能扩大到包括整个国家或若干国家的部分地区；②非疫区可由自然屏障或通常很大的缓冲区隔离；③非疫区通常多年连续不断地加以保持，而无疫产地可位于疫区内，但如果采取隔离措施，无疫状况可以保持一个或几个生长季节；④非疫区由出口国的国家植物保护机构管理，无疫产地由生产者在国家植物保护机构的监督下单独管理。

4.6.3　ISPM 22《建立有害生物低度流行区的要求》

《建立有害生物低度流行区的要求》（*Requirements for the Establishment of Areas of Low Pest Prevalence*）规定了建立有害生物低度流行区的要求和程序。

建立有害生物低度流行区主要有以下优点：①当有害生物种群不超过一定水平时，不需要进行采收后检疫处理；②对某些有害生物而言，仅用生物防制即可控制低度流行区有害生物的种群数量，可以减少化学农药的使用；③便于市场准入；④如果商品没有有害生物的话，可以允许商品从有害生物低度流行区向非疫区流动；⑤允许商品从一个有害生物低度流行区流向另一个有害生物低度流行区。

有害生物低度流行区可以建在：①出口生产地点；②正在执行根除计划的地区；③缓冲区；④正在执行紧急行动计划的原非疫区范围内的一个地区；⑤作为限定的非检疫性有害生物官方防治的一部分地区；⑥疫区，但生产产品拟运往同一种有害生物的另一个低度流行区。

4.6.4　ISPM 29《非疫区和有害生物低度流行区的认可》

《非疫区和有害生物低度流行区的认可》（*Recognition of Pest Free Areas and Areas of Low Pest Prevalence*）是进口缔约方与出口缔约方之间的一个双边信息交流过程，认可程序如图4-2所示。

4.6.5　ISPM 36《种植用植物综合措施》

《种植用植物综合措施》（*Integrated Measures for Plants for Planting*）简要阐述了国际贸易中种植用植物（不包括种子）在产地生产时所确定和采用的综合措施。种植用植物是指已经种植、等待种植或再种植的植物。综合措施分为一般性综合措施和有害生物风险较高时的补充综合措施。

一般性综合措施要求：①保存一份最新的产地图样，并记录种植用植物材料种类、生产地点、生产方式、生产时间、处理方式、拟调运时间等；②存档3年以上，记录种植用植物从何处、以何种方式购买、储存、生产、加工，植物健康状况等；③有植物保护专家的指导；④为出口国植物保护机构指定1名联络员。

补充综合措施除包括一般性综合措施外，还要求：①环境卫生及人员卫生；②有害生物防制；③外来植物材料的处理；④对植物材料及生产场所的检验，包括检验方

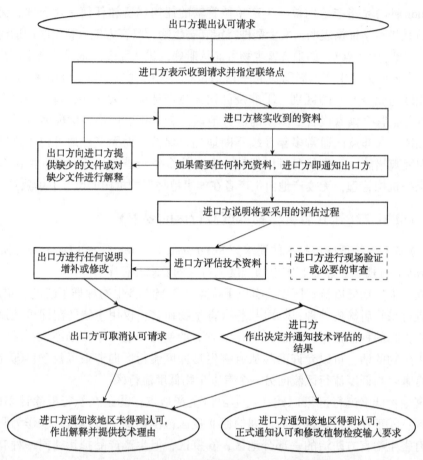

图 4-2 非疫区或有害生物低度流行区认可程序流程图
(虚线表示此部分为注释部分, 实线部分为认可程序部分; 改绘自 ISPM 29 中文版)

法、频率和强度；⑤出口前对种植用植物的检验；⑥对受感染植物的鉴定及管理；⑦对植物保护产品的使用情况及其他有害生物管理措施进行记录存档；⑧说明组织结构及相关人员的职责；⑨对产地内各收货和发货地点的详细介绍；⑩外来植物材料的搬运程序，包括确保将外来植物材料与现场现有材料隔离存放的程序；⑪分包活动及审批过程详细介绍；⑫繁育材料来源的记录和存档程序；⑬内部核查；⑭出现违规时的召回程序；⑮人员来访相关程序；⑯包装材料及运输要求；⑰内部核查制度。

4.7 特定产品(货物)检疫

特定产品或货物检疫有其特殊的规律，如种子、木材、木质包装材料等。许多国家制定了森林植物、木材、木质包装材料、使用过的林业设备、生物防治用的生物及其制剂的检疫标准。目前，涉及特定产品或货物的国际植物检疫措施标准有：ISPM 3《生物防治物和其他有益生物的出口、运输、进口和释放准则》、ISPM 15《国际贸易中木质包装材料管理规范》、ISPM 33《国际贸易中的脱毒马铃薯属(茄属)微繁材料和微型薯》、ISPM 38《种子的国际运输》、ISPM 39《木材的国际运输》、ISPM 40《植物与其生长介质的国际运输》和 ISPM 41《使用过的运载工具、机械和装备的国际运输》。

本节仅介绍与林业植物检疫相关的标准。

4.7.1 ISPM 3《生物防治物和其他有益生物的出口、运输、进口和释放准则》

《生物防治物和其他有益生物的出口、运输、进口和释放准则》(*Guidelines for the Export, Shipment, Import and Release of Biological Control Agents and Other Beneficial Organisms*)涉及能够自我复制的生物防治物(包括捕食生物、寄生物、线虫、草食性生物和病原体,如真菌、细菌和病毒)、不育昆虫和其他有益生物(如菌根、传粉生物),包括那些包装或配制成商品的生物防治物,不包括活体修饰生物、有关生物农药注册问题或者旨在防治脊椎有害生物的微生物制剂。

进口缔约方植物检疫机构根据风险分析结果,要求在释放之前对于检疫的进口有害生物防治物和其他有益生物进行培养,至少培养一代,以确保培养物的纯度和免于重寄生。考虑在第一次进口或释放之后,同样的生物防治物或其他有益生物的进一步进口是否可以免除部分或全部进口要求,可以发布批准和禁止的生物防治物和其他有益生物清单,遭禁止的有害生物防治物应列入限定性有害生物清单。如果生物防治物或其他有益生物已经在该国存在,法规可能仅需要确保这种生物没有污染或侵染,或者与当地同一品种的基因型杂交不会带来新的植物检疫风险。应限制淹没式释放生物防治物。释放不育昆虫之前核实不育处理的效果。监测生物防治物或其他有益生物的释放,以便评价对目标生物和非目标生物的影响以及必要时作出反应。制定或采取在进口缔约方使用的应急计划和程序。确保货物的进入和处理通过检疫设施进行。如果一个国家不具备安全的检疫设施,可考虑通过进口缔约方认可的第三国检疫站进行检疫。

4.7.2 ISPM 15《国际贸易中木质包装材料管理规范》

《国际贸易中木质包装材料管理规范》(*Regulation of Wood Packaging Material in International Trade*)所涉及的木质包装材料包括垫木,但不包括那些厚度未超过 6 mm(薄板旋切芯、锯屑、木丝和刨花)或经加工处理已无有害生物的木质包装物(如胶合板、碎料板、定向条状板或薄板)。该标准确认 4 种处理方法:

第 1 种方法是使用传统蒸汽或烘干热处理,即整块木料加热至最低温度 56 ℃并至少持续 30 min,窑中烘干(KD)、化学加压浸透(CPI)或其他处理方法。只要符合热处理规范则可视为热处理,热处理以 HT 标记表明。

第 2 种方法是介电加热热处理(如微波或无线电波),要求整块木料加热至最低温度 60 ℃,并连续保持 1 min,介电加热处理以 DH 标记。

第 3 种方法是采用特定浓度、时间和程序进行的溴甲烷处理,溴甲烷处理用 MB 标记表示。

第 4 种方法是采用特定浓度、时间和程序进行的硫酰氟处理,硫酰氟处理用 SF 标记表示。

无论采用何种处理方法,处理前,木质包装材料必须去皮。如果采用熏蒸方法,必须在熏蒸前进行去皮处理。可以残留一些宽度不到 3 cm(不管长度是多少)的薄树皮,其总表面积不得大于 50 cm²,以便在小蠹虫发育前能够干燥。关于木质包装材料的再使用:

如木质包装材料完好无损，只需要处理一次。当木质包装经过修理(修理意味着该包装件被替换的部分少于 1/3)，该包装件的修缮部分应采用处理过的木材，每个附加部分必须按照 ISPM 15 分别标记，或者对整个包装进行再处理和再标记。当该包装件重新制造时(1/3 以上部分被替换)必须对整个包装件进行再处理，去除旧的标记并加贴新标记。

4.7.3　ISPM 38《种子的国际运输》

《种子的国际运输》(*International Movement of Seeds*)描述了与种子相关的有害生物风险分析、植物检疫措施、等同性检疫措施、特殊要求、植物检疫证书及如何追溯种子携带的有害生物。种子堆积是将大量不同产地的同一品种(系)的种子混合在一起。种子混合是将不同批次的同一品种(系)的种子混合在一起。种子混配是将不同种、不同品种、不同栽培种的种子混合在一起。不管是种子堆积、种子混合还是种子混配，每一粒种子均需要符合植物检疫要求。抽样会损失大量的种子。如一个批次中种子量极少，则应考虑等同性植物检疫措施原则，可将不同批次的种子混合检验，如仍满足不了抽样的要求，则进口国植物保护机构应考虑入境后的植物检疫措施。本标准的主要内容如图 4-3 所示。

4.7.4　ISPM 39《木材的国际运输》

《木材的国际运输》(*International Movement of Wood*)描述了与木材国际运输相关的有害生物风险及植物检疫措施。与木材国际运输相关的有害生物类群见表 4-3。无皮的原木、锯材及长和宽均大于 3 cm 的木片携带蚜虫类、树皮甲虫、蚧虫、非蛀木蛾类及锈菌的可能性较小；带皮的锯材及长和宽均大于 3 cm 的木片携带蚜虫、蚧虫和非蛀木蛾类的可能性较小。

表 4-3　木材可能携带的有害生物

有害生物类群	有害生物种类及举例
昆　虫	蚜虫：如蚜科和球蚜科
	树皮甲虫：如小蠹亚科、树皮象亚科
	非木蛀型蛾类和蜂类：如锯角叶蜂科、叶蜂科、枯叶蛾科、舞毒蛾科和天蚕蛾科
	蚧虫：如盾蚧科
	白蚁和蚂蚁：如蚁科、木白蚁科、犀白蚁科、白蚁科
	蛀木甲类：如窃蠹科、长蠹科、吉丁科、天牛科、象甲科、粉蠹科、拟天牛科、热带象亚科
	蛀木蛾类：如木蠹蛾科、蝙蝠蛾科、透翅蛾科
	树虻：如大虻科
	树蜂：如树蜂科
真　菌	溃疡类真菌：如丛赤壳科和对顶丛赤壳科
	腐朽菌：如异担子菌属 *Heterobasidion* spp.
	蓝变菌：如长喙壳科
	锈菌：如柱锈菌科和柄锈菌科
	维管束枯萎类真菌：如长喙壳科
线　虫	如可可红线虫 *Bursaphelenchus cocophilus* 和松材线虫

注：修改自 ISPM 39 中文版。

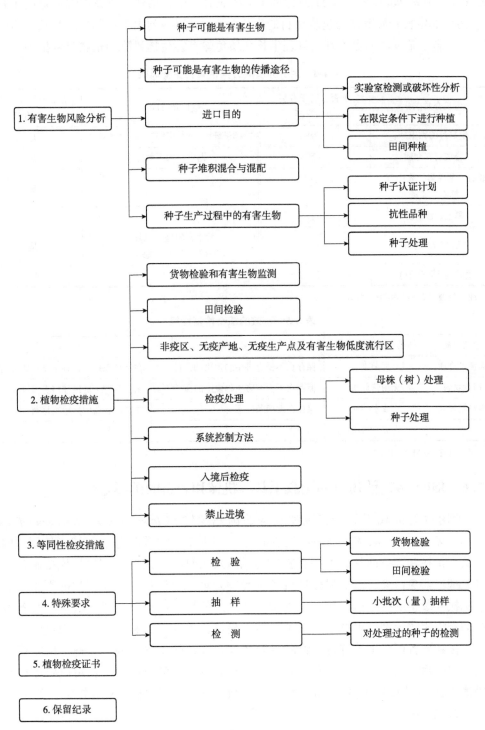

图 4-3 ISPM 38 内容框架

4.7.5 ISPM 40《植物与其生长介质的国际运输》

《植物与其生长介质的国际运输》(*International Movement of Growing Media in*

Association with Plants for Planting)标准中的生长介质不包括作为货物单独运输的生长介质、污染的生长介质及作为包装材料的生长介质。表 4-4 列出了不同成分生长介质的有害生物风险，表 4-5 列出了有效管理生长介质免除有害生物风险的植物检疫措施。

表 4-4　生长介质成分携带有害生物风险

生长介质成分	是否有利于有害生物存活	生长介质成分	是否有利于有害生物存活
烘焙过的黏土球	否	椰子纤维，树皮及其他植物材料	是
合成材料介质	否	锯末，木屑木片	是
蛭石、珍珠岩、火山石、沸石、矿渣	否	水	是
黏土、沙、砾	否	生物废料	是
纸(包括纸板)	是	软木、树蕨、泥炭、苔藓、堆肥、蚯蚓粪	是
组织培养基(液)	是	土壤	是

注：修改自 ISPM 40 中文版。

表 4-5　有效的植物检疫措施

生长介质	需要的水和营养液	检疫措施	举　例
灭菌的介质	无菌水	保存在不受有害生物侵染的条件下	在保护条件下由种子繁殖成种苗
惰性材料	无菌营养液	保存在不受有害生物侵染的条件下	无菌条件下的液体培养植物
组织培养基	水或水溶液	保存在无菌条件下	在密闭容器内运输组培苗
水	水或水溶液	无菌水	水培植物

注：引自 ISPM 40 中文版。

4.7.6　ISPM 41《使用过的运载工具、机械和装备的国际运输》

《使用过的运载工具、机械和装备的国际运输》(*International Movement of Used Vehicles, Machinery and Equipment*)包括正文、1 个附件和 2 个附录，描述了使用过的运载工具、机械和装备面临的主要有害生物风险及植物检疫措施。植物检疫措施包括清洁和处理、避免污染、需要的处理设备及废物处理，附件列出了使用过的军用运载工具、机械和装备的国际运输指南，附录 1 列出了使用过的运载工具、机械和装备可能携带的有害生物示例，附录 2 列出了经植物检疫措施和查验程序后，使用过的运载工具、机械和装备可能携带有害生物的风险情况。容易随土壤、种子、寄主植物残体传播的有害生物，随使用过的运载工具、机械和装备传播的风险较大；可以将卵产在非生物体表面的昆虫随使用过的运载工具、机械和装备传播的风险较大，如舞毒蛾 *Lymantria dispar*。

4.8　有害生物调查监测

调查监测的目的：一是发现新的有害生物，以便迅速采取根除或控制措施；二是调查国家领土内具有重要经济价值、影响贸易的有害生物及其分布的信息；三是为实施管理规定以防止有害生物传入到未发生疫情的进口国提供依据。调查监测既包括出口国又包括进口国，监测调查活动应在出现重大损害和有害生物大面积扩散之前进行，强调早期发现。ISPM 6《监测》、ISPM 8《确定某一地区的有害生物状况》和 ISPM 17《有害生物报告》构成了有害生物调查监测标准体系。

4.8.1 ISPM 6《监测》

监测(surveillance)方法有两大类：一般性调查和专项调查。一般性调查是指从存在的许多来源中收集与一个地区有关的某些有害生物信息，并提供给国家植物保护机构使用的过程。调查者身份不限。专项调查是指某一规定时期内，国家植物保护机构获取一个地区的某些地点有关有害生物信息的程序。专项调查是官方调查，应当按照国家植物保护机构批准的计划进行。按类别可将专项调查分为有害生物调查、寄主调查和商品调查。

4.8.2 ISPM 8《确定某一地区的有害生物状况》

《确定某一地区的有害生物状况》(*Determination of Pest Status in an Area*)规定了利用有害生物记录(pest records)和有害生物其他信息确定某一地区有害生物状况。有害生物状况分为 3 种：存在、不存在和短暂存在。

如果有记录表明有害生物是当地的或引入的，则认为有害生物在该地区存在。存在分为 3 种状况：在该地区所有的地方存在、仅在某些地区存在、在非疫区以外的地方存在。

不存在分为以下几种状况：①无有害生物记录；②有害生物已根除；③有害生物记录表明有害生物以往短暂存在或定殖，但普查结果表明有害生物目前已不再存在；④有害生物记录无效或记录不可靠；⑤仅有截获记录。

短暂存在是指有害生物虽然存在，但根据技术评价预计不会定殖。短暂存在分为 3 种状况：①不必采取行动。仅发现有害生物为单个发生或孤立种群，但预计不会存活，不采取植物检疫措施。②正在监测。发现有害生物为单个发生或孤立种群，可能存活短暂时期，但预计不会定殖，正在采取监测措施。③正在根除。发现有害生物为孤立种群，可能存活短暂时期，若不采取根除措施，则可能定殖，正在采取根除措施。

4.8.3 ISPM 17《有害生物报告》

《国际植物保护公约》的缔约方有义务向《国际植物保护公约》秘书处报告被认为可能威胁贸易伙伴或邻国的有害生物疫情，应就以下情况发布有害生物报告(pest reporting)：①发现新的有害生物，或者已定殖有害生物种群数量突然增加或减少；②有害生物根除工作的成败得到确认；③与已定殖有害生物相关的任何未预见的疫情，或地理分布发生变化，导致报告国、周边国家和贸易伙伴面临的有害生物风险加大(如有害生物种群迅速增加，寄主范围扩大或更强大的新菌株或生物型出现)；④专项调查发现某种有害生物新的传播途径或某种有害生物不存在的情况；⑤当建立非疫区构成了该地区有害生物状况变化时。

报告的内容包括：①有害生物的特征及其科学名称；②报告日期；③寄主或商品；

④按照 ISPM 8 确定的该有害生物的状况；⑤有害生物的地理分布；⑥当前或潜在危险的性质或报告的其他理由。

缔约国也可报告当前的或潜在的危险已发生变化或无此危险(尤其包括不存在此有害生物)的情形。假如原先的报告表明当前的或潜在的危险，但此后发现该报告有误或情形发生变化以致风险已经改变或者消失，缔约国应当报告这一变化。缔约国也可报告其全部或部分领土已按照 ISPM 4《建立非疫区的要求》划分为非疫区，或报告已按照 ISPM 9《有害生物根除计划准则》成功根除有害生物，或者报告按照 ISPM 8《确定某一地区的有害生物状况》中的一种说明，寄主范围或某种有害生物的状况发生的变化。按照 ISPM 13《违规和紧急行动通知准则》的程序和要求报告进口货物中检测到的有害生物。

4.9　有害生物管理

有害生物管理主要针对国际贸易中货物可能携带的有害生物进行管理。货物包括木质包装材料、木材、植物及其繁殖材料、水果等。目前，有害生物管理的标准主要有 ISPM 9《有害生物根除计划准则》、ISPM 14《采用系统综合措施进行有害生物风险管理》、ISPM 35《实蝇(Tephritidae)有害生物风险管理系统方法》和 ISPM 37《判定水果实蝇(Tephritidae)的寄主地位》。

本节仅介绍与林业植物检疫相关的标准。

4.9.1　ISPM 9《有害生物根除计划准则》

《有害生物根除计划准则》(*Guidelines for Pest Eradication Programmes*)介绍了根除计划的内容和程序。根除计划可作为预防新传入有害生物定殖和蔓延的紧急措施，也可作为根除已定殖有害生物的措施。根除计划可以在一般性调查或专项调查发现一种新的有害生物后启动。若为已定殖的有害生物，根除计划将通过政策变化引起启动。根除过程包括三项主要活动，监测、封锁、处理和控制。监测是指调查有害生物的分布情况。封锁是指国家植物保护机构利用监测信息确定疫区，确定需要限定从疫区运出的植物、植物产品或其他物品，以便防止有害生物的扩散。处理和控制是指针对目标有害生物进行的灭杀有害生物和降低有害生物种群数量的活动，包括处理和销毁受侵染植物、对设备和设施予以消毒、使用综合技术防治有害生物、土壤消毒、土地休闲、使用抑制或消除有害生物种群的栽培品种等。根除计划结束时，国家植物保护机构必须核实不存在有害生物的情况。在成功的根除计划结束后，由国家植物保护机构宣布有害生物已经根除，该地区的有害生物状况则为"不存在：有害生物已经根除"。

4.9.2　ISPM 14《采用系统综合措施进行有害生物风险管理》

《采用系统综合措施进行有害生物风险管理》(*The Use of Integrated Measures in a Systems Approach for Pest Risk Management*)规定了制定和评价系统综合措施要求。系统方法是指至少采用两项独立的植物检疫措施，累计实现减少有害生物的危害、使商品符合进口国要求的目的。如果某项植物检疫措施符合以下情况时，可考虑使用系统方法：

①不能达到进口缔约方植物检疫保护程度的要求；②不能提供该项植物检疫措施；③危害商品、人的健康或环境；④成本效益不高；⑤贸易限制过于严格；⑥不可行。

系统方法中的任何1项措施需要满足以下条件：①界定明确；②有效；③官方要求使用；④可以监测和控制。

4.10　限定性有害生物诊断规程

限定性有害生物诊断是调查监测、入境点管理、入境后检疫、有害生物管理、根除、检疫处理的基础，是植物检疫措施的重要组成部分。

4.10.1　ISPM 27《限定性有害生物诊断规程》

ISPM 27《限定性有害生物诊断规程》(*Diagnostic Protocols for Regulated Pests*)阐述了与国际贸易相关的限定性有害生物官方诊断的程序和方法。该标准有两个附录，附录1列举了诊断规程程序的主要组成成分，附录2列举了目前已发表的诊断规程，包括棕榈蓟马 *Thrips palmi*、李痘病毒 *Plum pox virus*、谷斑皮蠹 *Trogoderma granarium*、小麦印度腥黑穗病菌 *Tilletia indica*、柑橘叶点霉菌 *Phyllosticta citricarpa*、柑橘黄单胞杆菌柑橘亚种 *Xanthomonas citri* subsp. *citri*、马铃薯纺锤块茎类病毒 *Potato spindle tuber viroid*、鳞球茎茎线虫 *Ditylenchus dipsaci* 和腐烂茎线虫 *D. destructor*、按实蝇属 *Anastrepha*、松材线虫、美洲剑线虫 *Xiphinema americanum sensu lato*、植原体、梨火疫病菌 *Erwinia amylovora*、草莓角斑病菌 *Xanthomonas fragariae*、柑橘速衰病毒 *Citrus tristeza virus*、斑潜蝇属 *Liriomyza*、水稻干尖线虫 *Aphelenchoides besseyi*、草莓滑刃线虫 *A. fragariae*、菊花滑刃线虫 *A. ritzemabosi*、粒线虫属 *Anguina*、石茅 *Sorghum halepense*、中欧山松大小蠹 *Dendroctonus ponderosae*、茄科植物韧皮部寄生菌 *Candidatus* Liberibacter solanacearum、松脂溃疡病菌 *Fusarium circinatum*、栎树猝死病菌、番茄斑萎病毒 *Tomato spotted wilt virus*、凤仙花坏死斑病毒 *Impatiens necrotic spot virus*、西瓜银斑病毒 *Watermelon silver mottle virus*、木质部难养菌 *Xylella fastidiosa*、番石榴澳柄锈菌 *Austropuccinia psidii*、齿小蠹属 *Ips*、李象 *Conotrachelus nenuphar*、橘小实蝇 *Bactrocera dorsalis*。

4.11　检疫处理

协调一致的植物检疫处理技术可加强各国间互相认可的处理效率。但由于国际植物检疫处理技术发展不平衡，既适合发达国家又适合发展中国家的检疫处理技术标准很难统一。目前，关于检疫处理的国际标准有 ISPM 18《辐射用作植物检疫措施的准则》、ISPM 28《限定性有害生物的植物检疫处理》、ISPM 42《温度处理作为植物检疫措施的要求》和 ISPM 43《熏蒸处理作为植物检疫措施的要求》。

4.11.1　ISPM 18《辐射用作植物检疫措施的准则》

《辐射用作植物检疫措施的准则》(*Guidelines for the Use of Irradiation as a Phytosanitary Measure*)就应用电离辐射对限定性有害生物或物品进行植物检疫处理的具体程序提供技术

准则。电离辐射处理目标包括：灭杀、防止昆虫成功发育（如不出现成虫）、无力繁殖（如不育）、灭活。如果要求的反应是灭杀，应规定处理效果的时限；如果要求的反应是使有害生物无繁殖能力，则可以规定一系列具体的方案。可包括处理后使昆虫：①完全不育；②仅一种性别具有有限的繁殖力；③产卵和孵化，但不进一步生长发育；④改变习性；⑤子一代不育。处理后使植物失活（如种子可以萌发，但幼苗不生长；或块根、块茎或插条不发芽）。电离辐射处理可用放射性同位素（^{60}Co 或 ^{137}Se 的 γ 射线）、机器源产生的电子（最高达 10 MeV）、或 X 射线（最高达 5 MeV）。吸收剂量的计量单位为格瑞（Gy）。进行处理时应考虑的参数有：剂量、处理时间、温度、湿度、通风情况、改变的大气压，这些参数应与处理效能相符。电离辐射处理设施应由有关的核管理部门批准。

本标准不包括用于以下方面的处理：为防制有害生物生产不育生物；卫生处理（食品安全和家畜卫生）；保持或改进商品质量（如储存期限延长）；诱发突变。

4.11.2　ISPM 28《限定性有害生物的植物检疫处理》

《限定性有害生物的植物检疫处理》（*Phytosanitary Treatments for Regulated Pests*）对限定性有害生物的检疫处理进行了原则性规定，所有的植物检疫处理措施能"有效地杀灭、灭活和消除有害生物，使有害生物丧失繁育能力或丧失活力。待技术条件成熟，所有的检疫处理技术和方法均可作为 ISPM 28 的附件公布。目前，已公布的处理技术包括墨西哥按实蝇 *Anastrepha ludens* 的辐射处理，西印度按实蝇 *A. obliqua* 的辐射处理，暗色实蝇 *A. serpentina* 的辐射处理，扎氏果实蝇 *Bactrocera jarvisi* 的辐射处理，昆士兰实蝇 *Bactrocera tryoni* 的辐射处理，苹果蠹蛾的辐射处理，实蝇科的辐射处理（通用），苹果实蝇 *Rhagoletis pomonella* 的辐射处理，李象的辐射处理，梨小食心虫 *Grapholita molesta* 的辐射处理，缺氧条件下梨小食心虫的辐射处理，甘薯小象甲 *Cylas formicarius elegantulus* 的辐射处理，西印度甘薯象甲 *Euscepes postfasciatus* 的辐射处理、地中海实蝇 *Ceratitis capitata* 的辐射处理，针对瓜实蝇 *Bactrocera* 的网纹瓜 *Cucumis melo* var. *reticulatus* 蒸汽热处理，针对昆士兰实蝇的甜橙 *Citrus × aurantium* 低温处理，针对地中海实蝇的柑橘与甜橙杂交种 *Citrus reticulata× aurantium* 低温处理，针对昆士兰实蝇的柑橘与橙子杂交种低温处理，针对昆士兰实蝇的柠檬 *Citrus limon* 低温处理，新菠萝灰粉蚧 *Dysmicoccus neobrevipes*、南洋臀纹粉蚧 *Planococcus lilacinus* 和大洋臀纹粉蚧 *Planococcus minor* 的辐射处理，欧洲玉米螟 *Ostrinia nubilalis* 的辐射处理，针对库克果实蝇 *B. melanotus* 和瓜实蝇的番木瓜 *Carica papaya* 蒸汽热处理，针对无皮原木昆虫的硫酰氟处理，针对无皮原木线虫和昆虫的硫酰氟处理，针对地中海实蝇的甜橙的低温处理，针对地中海实蝇的柠檬低温处理，针对地中海实蝇的葡萄柚 *Citrus paradisi* 低温处理，针对地中海实蝇的柑橘低温处理，针对地中海实蝇的克里曼丁橘 *Citrus clementinae* 低温处理，针对地中海实蝇的杧果 *Mangifera indica* 热蒸汽处理，针对昆士兰实蝇的杧果热蒸汽处理，针对橘小实蝇的番木瓜蒸汽热处理。

4.11.3　ISPM 42《温度处理作为植物检疫措施的要求》

《温度处理作为植物检疫措施的要求》（*Requirements for the Use of Temperature*

Treatments as Phytosanitary Measures)为各种温度处理主要操作要求提供了指南，以达到规定效能水平下有害生物的死亡率。温度处理包括低温处理和热处理。热处理可分为热水浸泡处理、蒸汽处理、干热处理和介电加热处理4种类型。

低温处理是指使用冷却空气、在特定时长内将商品温度降至或低于某个特定温度；热处理是指在特定时长内将商品温度升高至最低要求温度或更高。热水浸泡处理是指使用规定温度的热水将商品表面加热一段时间，或在特定时长内提高整个商品的温度至规定温度；蒸汽处理是指使用水蒸气在特定时长内加热商品；干热处理是指使用规定温度的热空气在特定时长内加热商品表面或者提高整个商品温度至规定温度；介电加热处理是指将商品置于高频电磁波中以提高其温度。

4.11.4　ISPM 43《熏蒸处理作为植物检疫措施的要求》

《熏蒸处理作为植物检疫措施的要求》(*Requirements for the Use of Fumigation as a Phytosanitary Measure*)旨在提供熏蒸用作植物检疫措施的通用要求，特别是 ISPM 28 通过的熏蒸处理技术。熏蒸可以用单一熏蒸剂进行处理，也可以将几种熏蒸剂组合进行处理；熏蒸可以在常温常压下进行，也可以在特定条件下，如气调或真空状态进行。本标准规定了熏蒸设施和设备、熏蒸程序。熏蒸在密闭空间进行，熏蒸设备包括投药设备、气体气化器、加热设备、气体循环设备、水分测量仪、压力仪和气体浓度测量仪。

本章小结

本章介绍了已公布的 43 项国际植物检疫措施标准。这些标准可归纳为 11 个类别：通用概念性标准、通用技术标准、风险分析标准、进口管理标准、出口管理标准、产地管理标准、特定产品(货物)检疫标准、有害生物调查监测标准、有害生物管理标准、有害生物诊断规程和检疫处理技术标准。通过这些标准的学习，可帮助学生思考植物检疫国际标准制定的意义、目前国际植物检疫存在的问题、如何有效地防止检疫性和限定的非检疫性有害生物在国际间传播、如何建立标准体系等问题。

思 考 题

1. 试列举 10 种以上《国际植物保护公约》与《生物多样性公约》相同术语的定义差别。
2. 试述货物抽样和田间抽样的异同。
3. 除现行标准外，进出口管理和产地管理还需要增加哪些国际标准？

本章推荐阅读

舒辉，2016. 标准化管理[M]. 北京：北京大学出版社.

朱水芳，等，2019. 植物检疫学[M]. 北京：科学出版社.

第5章 植物检疫技术

植物检疫技术是解决植物检疫问题的方法和原理的总称。植物检疫技术包括抽样技术，检测、监测、检验和鉴定技术，以及检疫处理技术等。

5.1 抽样技术

抽样检验是指从批量为 N 的一批货物中随机抽取其中的一部分单位产品组成样本 n，然后对样本中的所有单位产品逐个进行检验，确定其中是否存在限定性有害生物及限定性有害生物比例的过程。ISPM 31《货物抽样方法》提供了抽样技术与方法。

5.1.1 抽样涉及的定义和概念

5.1.1.1 样本相关概念

（1）批次

批次是指同一品名、同一商品标准、用同一运输工具、来自或运往同一地点、并有同一收货人或发货人的货物。货物可由多个批次组成，同质性是统计学的基础，因此，每个批次均应单独抽样。

（2）样本单位

样本单位也称取样单位，是指统计学中群体最基本的可计量的独立单元。例如，一批货物中每一个独立的袋、箱、筐、桶、捆、托等，标准地或样方中的植物株或单个枝条、果实等。散装货物以一定重量为 1 个样本单位。

（3）初级样品

初级样品也称小样或单株样品，由一批货物的单个取样点抽取的样品。

（4）混合样品

混合样品也称原始样品，是指数份小样混合在一起形成的样品。

（5）平均样品

平均样品也称送检样品或实验室样品，将混合样品按一定的方法进行分样，分成不同的份数，每 1 份称为 1 个平均样品。

（6）工作样品

工作样品也称试验样品或试样，是指从平均样品中留出用于进行分析的样品。

(7)保留样品

保留样品也称备查样品，是指从平均样品中分出、用于保存备查的样品。

(8)标准地

标准地是指根据人为判断选出的、期望代表预定总体林地的典型样地。

5.1.1.2　设计抽样程序常用的参数

(1)可接受量

可接受量是指给定数量的样本中可允许的受侵染单元的数量或有害生物个体数量。

(2)检出限

检出限是指在规定的检出效率和置信水平下，检测到的最低侵染百分比或比例。检出限可针对某种有害生物、一群或一类有害生物，或未指明的有害生物而设定。

(3)置信水平

置信水平是指当货物或样地(标准地)受侵染程度超过检出限时，即能被检测出来的概率。置信水平通常设定为95%和90%。

(4)检出效率

检出效率是指检验或检测一个受侵染单位时能发现有害生物的概率。但因有害生物存在状况的复杂性，实际检出效率要低于理论值，因此，确定样本容量时要考虑实际的检出效率。

(5)允许量

允许量是指整批货物或样地(标准地、样方)中受侵染比例的阈值，超过允许量将采取植物检疫行动。

(6)样本数量

样本数量是指从批次或货物或标准地中抽取的用于检验或检测的单位数量。

(7)总体参数

总体参数是指总体的特征值，如总体总值，总体平均数等。

(8)估计值

估计值是指样本统计值。估计值是一个随机变量。

(9)抽样误差

抽样误差是指由于抽取样本的随机性造成的估计值与总体参数间的误差。抽样误差是无法消除的，但可以加大样本量，减少抽样误差。

(10)非抽样误差

非抽样误差是指除抽样误差外的其他原因引起的估计值与总体参数间的误差。

5.1.2　抽样技术和方法

为确定要抽取的样本数，应确定一个置信水平(如95%)、检出限(如5%)和容许量(如0)，并确定检测的效果(如80%)。基于这些参数和批次大小，可以计算出样本数量。抽样方法可分为统计学抽样和非统计学抽样两类。

5.1.2.1　统计学抽样

统计学抽样也可称概率抽样、随机抽样，指依据随机原则，按照某种事先设计的程序，从总体中抽取部分单元的抽样方法（金勇进，2014）。常用的统计学抽样方法包括：

（1）简单随机抽样

使用某种工具，如随机数字表来抽取样本单位。在每次抽样中，未入选的样本单元被抽中的概率相等。当对有害生物的分布或受侵染的比率了解很少时使用这种方法。

（2）系统抽样

按照固定的、预先确定的间隔从货物的批次或样方中抽取样本。第一次抽取必须是随机的。

（3）分层抽样

将批次分成不同的部分（即层），然后从各个部分中使用特定的方法（系统或随机）抽取样本单位。分层抽样可对总体参数进行估计，也可对各层的参数进行估计。分层抽样提供了减少有害生物聚集影响的抽样方法，层的确定应使层内的聚集程度最小。

（4）序贯抽样

使用上述方法之一抽取一系列样本单位。抽取每一样本单位后，对数据进行汇总并与预先确定的范围进行比较，以决定是否接受货物（产地检疫合格）、拒绝货物（产地检疫不合格）或继续抽样。序贯抽样不事先规定抽样个数，而是先抽少量样本，根据其结果，再决定停止抽样或继续抽样。当确定了一个大于零的容许量，且第一样本单位不能提供足够的信息以确定容许量是否被超过时，可以使用这种方法。

（5）固定比例抽样

从批次中抽取固定比例的样本单位。该方法与序贯抽样方法相反，是调运检疫常用的方法。

5.1.2.2　非统计学抽样

（1）便利抽样

选择最便利的（如易接近、最便宜或最快捷）方法从货物中抽取样本单位。

（2）偶遇抽样

任意抽取抽样单位而不使用真正的随机程序。

（3）选择性或有针对性抽样

有意从一个批次中抽取最有可能被侵染的部分，或已明显被侵染的单位，以提高检出特定限定性有害生物的概率。

5.1.3　样本数量的确定

抽样技术的关键是确定样本单位，样本单位的确定取决于有害生物在货物（或标准地）中分布的均匀程度，有害生物是静止还是移动的，货物如何包装等。

5.1.3.1　小批量货物（标准地）样本量的确定

小批量货物（标准地）中发现有害生物的概率符合超几何分布，其计算公式为[①]：

---

① 注：公式引自 ISPM 31《货物抽样方法》。

$$P(X=i) = \frac{\dbinom{A}{i}\dbinom{N-A}{n-i}}{\dbinom{N}{n}} \tag{5-1}$$

式中 $P(X=i)$——在样本中发现 i 个受侵染单位的概率（$i=0$，$\cdots$，n），相应的置信水平为 $1-P(X=i)$，当 $i=0$ 时，通过近似法或极大似然法估算 n；

　　　　A——该批次中可被检出的受侵染单位的数量；

　　　　i——样本中受侵染单位的数量；

　　　　N——该批货物所含的单位数量（批量）；

　　　　n——样本所含的单位数量（样本数量）。

小批量货物与大批量货物是个相对概念，只有确定了检验目标时（如检出限、置信水平、检出效率、可接受量等），才能判定货物是否为小批量；小批量货物的样本数量一般大于 5%。林业上产地检疫设计的标准地应视为小批量标准地。

5.1.3.2　大批量货物样本量的确定

大批量货物中发现有害生物的概率符合二项式分布，其计算公式为：

$$P(X=i) = \binom{n}{i}\phi pi(1-\phi p)^{n-i}$$

$$n = \frac{\ln[1-P(X>0)]}{\ln(1-\phi p)} \tag{5-2}$$

式中 $P(X=i)$——在样本中发现 i 个受侵染单位的概率（$i=0$，$\cdots$，n），相应的置信水平为 $1-P(X=i)$；

　　　　p——批次中受侵染单位的平均比率（侵染水平）；

　　　　ϕ——检验效果的百分数除以 100；

　　　　i——样本中受侵染单位的数量；

　　　　n——样本所含的单位数量（样本数量）。

当 n 趋于无限大，而 p 趋于无限小时，二项分布得出的结果和超几何分布极为相似。因此，大批量货物的样本量一般小于或等于货物批量的 5%。

5.2　有害生物检测、监测、检验和鉴定技术

植物限定性有害生物包括真菌、细菌、病毒、线虫、昆虫、软体动物和植物等。有害生物检测（detection）是指寄主植物未表现症状时，借助某种设备或设施，探测出有害生物是否存在的特定方法，一般用于发现病原微生物。有害生物监测（monitoring）是指某种有害生物已存在，对其种群数量变化、种群扩散状况进行的持续调查或观察活动。有害生物检验（inspection）是指借助于肉眼、光学显微镜或电子显微镜对有害生物及其危害症状进行直观观察和判断的过程。有害生物鉴定（identification）是指确认有害生物分类地位的活动过程。

5.2.1　有害生物检测技术

5.2.1.1　免疫血清学检测技术

根据抗原与相应的抗体在适宜的条件下，能在体外发生特异性结合的原理，利用

已知含有抗体的血清（即抗血清）进行血清学反应试验来检验植物材料中是否含有相对应的抗原、未知抗原或抗体的技术称为免疫血清学检测（immunoserological detection）技术。免疫血清学检测具有快速、准确、灵敏度高等优点，是植物病原微生物检测中常用的有效手段之一。该方法适用于种传、土传、苗木及介体昆虫携带的病毒、细菌、植原体等病原物的检测鉴定，其关键是制备具有专化性的抗体（抗血清），利用抗原-抗体的特异反应即可检测样本中有无目标生物存在。免疫血清学检测最常用的方法有凝集试验、沉淀试验、免疫荧光技术、酶联免疫吸附测定、免疫层析技术、免疫电镜技术等。

（1）凝集试验

细菌等颗粒性抗原与相应抗体结合后，在有适量电解质存在下，抗原颗粒可相互凝集成肉眼可见的凝集块，称为凝集反应或凝集试验（agglutination reaction, agglutination test）。根据是否出现凝集反应及其程度，可对待测抗原或待测抗体进行定性、定量测定。凝集反应包括直接凝集反应和间接凝集反应两大类。该方法简单快速，可在玻片、平板或试管内进行，对一些植物检疫性细菌病害的检测非常有效。

（2）沉淀试验

可溶性抗原（如细菌浸出液、外毒素、组织浸出液等）与相应的抗体发生结合，在适量电介质的参与下，经过一定时间形成肉眼可见的沉淀物，称为沉淀反应（precipitation reaction）。沉淀反应的抗原可以是多糖、蛋白质、类脂等。同相应抗体比较，抗原的分子小，单位体积内含有的抗原量多，做定量试验时，为了不使抗原过剩，应稀释抗原，并以抗原的稀释度作为沉淀反应的效价。习惯上将参与沉淀反应的抗原称沉淀原，抗体称沉淀素。沉淀反应的实验方法大体可分为环状法、絮状法、琼脂扩散法3种基本类型。其中，琼脂扩散法可分为单向琼脂扩散和双向琼脂扩散两种类型，在实践中应用很广。琼脂扩散反应和电泳技术结合起来，又进一步发展为免疫电泳技术。

（3）免疫荧光技术

免疫荧光技术（immunofluorescence technique）又称荧光抗体技术（fluorescent antibody technique），是在免疫学、生物化学和显微镜技术的基础上建立起来的一项技术。该技术是标记免疫技术中发展最早的一种，其是利用抗原抗体特异性结合的原理，先将已知抗体标上某些荧光素，如异硫氰酸荧光素，以此作为探针检查细胞或组织内的相应抗原，在荧光显微镜下观察。当抗原抗体复合物中的荧光素受激发光的照射后即会发出一定波长的荧光，从而可定位组织中某种抗原，进而还可进行定量分析。由于免疫荧光技术特异性强、灵敏度高、快速简便，现已成功应用于植物组织、种子，以及土壤细菌、真菌及卵菌的检测。

（4）酶联免疫吸附测定

酶联免疫吸附测定（enzyme linked immunosorbent assay，ELISA）于20世纪70年代开发使用，是将抗原抗体的免疫反应和酶的高效催化作用相结合而发展起来的一种免疫标记技术，既可用于组织、细胞内抗原的检测，又可用于体液中抗原抗体的检测。随着方法和材料的不断改进，其具有快速、敏感、简便、一次检测样品数量多、特异性强、易于标准化等特点，目前仍广泛应用于病毒、细菌等微生物的检测，适用于病害普查、口岸检疫和产地检疫等。其原理为：酶与抗体（或抗原）交联后，再与结合在固相支持物表面的相应抗原或抗体反应，形成酶标记抗体-抗原复合物，此时加入酶底物和显色剂，在酶催化底物液体后呈现显色反应，液体显色的强弱和酶标记抗体-抗原复合物的量成正比，借此反映出待检测的抗原或抗体量。根据检测方法的不同，可将酶联免疫吸附试验分为双抗体夹心法、间接法、竞争法、捕获法和其他 ELISA 等。其中，双抗体夹心法是检测抗原最常用的方法，其操作步骤为：

①将特异性抗体与固相载体连接，形成固相抗体。洗涤除去未结合的抗体及杂质。

②加受检样本。使之与固相抗体接触反应一段时间，让样本中的抗原与固相载体上的抗体结合，形成固相抗原复合物。洗涤除去其他未结合的物质。

③加酶标抗体。使固相免疫复合物上的抗原与酶标抗体结合。彻底洗涤未结合的酶标抗体。此时固相载体上带有的酶量与标本中受检物质的量正相关。

④加底物。夹心式复合物中的酶催化底物成为有色产物。根据颜色反应的程度进行该抗原的定性或定量测定。根据同样原理，将大分子抗原分别制备固相抗原和酶标抗原结合物，即可用双抗原夹心法测定样本中的抗体。

（5）免疫层析技术

免疫层析（immunochromatography assay）技术是基于抗原抗体特异性免疫反应的一种新型膜检测技术，是 20 世纪末发展起来的一种将免疫技术和色谱层析技术相结合的快速免疫分析方法。该技术以结合了标记物的待测液为流动相，通过毛细管作用在固相膜上移动，与固相膜上的受体发生特异性反应，根据肉眼可见的标记物（如胶体金等）或酶反应的显色条带来定性检测或定量检测待测样品中的抗原或抗体（图 5-1）。其中的胶体金免疫层析技术是以胶体金作为示踪标记物，应用于抗原抗体反应中的一种现代最为经典的免疫标记技术。随着纳米技术的兴起和单克隆技术的发展，胶体金免疫层析技术成为继荧光素标记技术、放射性同位素标记技术和酶标记技术后发展起来的又一种固相标记免疫测定技术，目前已做成商品化的诊断试纸条，广泛用于医学临床诊断、动植物检疫、微生物检测、食品安全监督等领域。

（6）免疫电镜技术

免疫电镜（immune electron microscopy，IEM）技术是将免疫学原理与电镜负染技术相结合的产物，它是利用抗原与抗体特异性结合的原理，在超微结构水平上定位、定性及半定量抗原的技术方法，主要分为两大类：一类是免疫凝集电镜技术，即采用抗原抗体凝集反应后，再经负染色直接在电镜下观察；另一类则是免疫电镜定位技术，

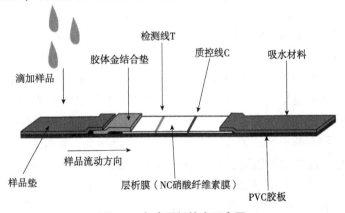

图 5-1　免疫层析技术示意图

是利用带有特殊标记的抗体与相应抗原相结合，在电子显微镜下观察，由于标准物形成一定的电子密度而指示出相应抗原所在的部位。

5.2.1.2 核酸探针检测技术

核酸是由核苷酸组成的一类生物聚合物，是生物最核心的组成物质。核苷酸单体由五碳糖、磷酸基和含氮碱基组成。五碳糖是核糖，则形成的聚合物称核糖核酸（RNA）；五碳糖是脱氧核糖，则形成的聚合物称脱氧核糖核酸（DNA）。DNA 呈双螺旋结构，主要存在于细胞核中，是生物遗传物质的最主要携带者；RNA 呈单链结构，主要存在于细胞质中，在生物体蛋白合成中起着重要的作用。核酸探针技术（nucleic acid probe detection technique, nucleic acid hybridization technique）其基本原理即核酸分子杂交，是基于 DNA 分子碱基互补配对原理，用特异性的核酸探针与待测样品的 DNA/RNA 形成杂交分子的过程。利用分子杂交这一特性来对特定核酸序列进行检测，必须将杂交链中的一条用某种可以检测的分子进行标记，这条链称为核酸探针。根据探针的核酸性质不同又可分为 DNA 探针、RNA 探针、cDNA 探针、cRNA 探针及寡核苷酸探针等几类，DNA 探针还有单链和双链之分。核酸探针标记方法主要是放射性同位素标记（如^{32}P、^{35}S）和非放射性标记（如生物素、地高辛或荧光物质等）。核酸分子杂交可分为液相杂交和固相杂交，而常用的固相杂交方法有斑点杂交法、夹心杂交法和原位杂交法等。随着基因工程研究技术的迅猛发展，新的核酸分子杂交类型和方法在不断涌现和完善。由于核酸分子杂交的检测效率高、特异性好，因而在植物检疫性病害诊断和检测中也得到广泛应用。

5.2.1.3 PCR 技术

PCR（polymerase chain reaction）技术，即聚合酶链式反应，是由美国 PE Cetus 公司的 KaryMullis 在 1983 年（1993 年获诺贝尔化学奖）建立的一种 DNA 体外扩增技术。该技术是利用 DNA 在体外 95 ℃高温时变性会变成单链，低温（通常约 60 ℃）时引物与单链按碱基互补配对的原则结合，再调温度至 DNA 聚合酶最适反应温度（约 72 ℃），DNA 聚合酶沿着磷酸到五碳糖（5′-3′）的方向合成互补链。基于聚合酶制造的 PCR 仪实际就是一个温控设备，能在变性温度，复性温度，延伸温度之间很好地进行控制。PCR 技术的最大特点就是能在短时间内将微量的 DNA 扩增至数百万倍。PCR 技术的出现对于研究样品中的微量基因提供了一个强大的武器，其在分子生物学研究中具有举足轻重的意义，极大地推动了生命科学的研究进展。

随着对 PCR 研究的不断深入及鉴于应用目的的不同，科研人员对常规 PCR 进行技术改进而衍生出了多种 PCR 技术，如实时荧光定量 PCR、反转录 PCR（reverse transcription PCR，RT-PCR）、巢式 PCR（nested PCR）、多重 PCR（multiplex PCR）等。其中，实时荧光定量 PCR 最早称 TaqMan PCR，后来也称 Real-time PCR，是美国 Perkin Elmer 公司 1995 年研制出来的一种新的核酸定量技术。该技术是在常规 PCR 基础上加入荧光标记探针或相应的荧光染料来实现其定量功能的。其原理是随着 PCR 反应的进行，PCR 反应产物不断累计，荧光信号强度也等比例增加。每经过一个循环，收集一个荧光强度信号，这样就可以通过荧光强度变化监测产物量的变化，从而得到一条荧光扩增曲线图。实时荧光定量 PCR 技术是 DNA 定量技术的一次飞跃，其具有灵敏性高、特异性强、结果精确、反应快速、安全可靠等优点，在植物各类检疫性病害的检验检测中均有应用。

5.2.1.4 基因芯片技术

基因芯片又称DNA芯片或微阵列（DNA chip或DNA microarray），是最重要的一种生物芯片。它是指通过微电子技术和微加工技术将大量DNA探针或特定序列的基因片段有序地、高密度地排列固定于支持物（如玻片、硅片或聚丙烯膜、尼龙膜等载体）上，然后与已标记的待测样品中靶分子进行杂交，通过杂交信号的强弱判断靶分子的数量。由于技术可将大量的探针同时固定于支持物上，所以一次可对大量核酸分子进行检测分析，从而解决了传统核酸印迹杂交技术操作复杂、自动化程度低、检测目的分子数量少、效率低等不足。基因芯片技术具有高度并行性、多样性、微型化和自动化等优点，在植物检疫性病害的诊断和检验检疫中也有很多探索和应用。

5.2.1.5 环介导等温扩增技术

环介导等温扩增（loop-mediated isothermal amplification）技术是日本学者Notomi等于2000年建立的一种新型体外等温扩增特异性核酸片段的技术。其主要原理是DNA在65℃左右处于动态平衡状态，在此温度下利用4种特异引物依靠一种高活性链置换DNA聚合酶，使得链置换DNA合成不停地自我循环，从而实现DNA快速扩增。该方法依赖于识别保守序列DNA的6个特异性片段的4条引物（2条外引物和2条内引物）和一种链置换DNA聚合酶（Bst DNA polymerase）。其反应体系一般包括4条引物、Bst DNA聚合酶缓冲液、具有链置换特性的Bst DNA聚合酶、dNTP、模板DNA、甜菜碱、Mg_2SO_4等。LAMP检测体系中基因的扩增和产物的检测可一步完成，扩增效率高，可在30~60 min扩增109~1010倍，特异性较高，同时在LAMP的高效反应过程中会产生大量的焦磷酸根离子，其与反应溶液中的镁离子结合形成焦磷酸镁乳白色沉淀，因此在实验过程中可通过浊度仪检测反应液的浊度变化进行实时定量检测。也可在反应结束后肉眼直接观察焦磷酸镁沉淀，根据是否形成白色沉淀来判断扩增反应是否发生。

经过20年的研究与发展，LAMP技术因其在检测方便、操作简单、成本低廉、高灵敏度、高特异性、设备简单等方面的优势，已经应用于植物细菌、病毒、真菌、线虫等病原体的快速检测。

5.2.2 有害生物监测技术

5.2.2.1 遥感监测技术

遥感（remote sensing）技术是指应用各种传感设备非接触式收集、处理和分析远距离目标辐射和反射的电磁波信息，从而对目标进行探测和识别的一种综合技术。电磁波按波段由短至长可依次分为γ射线、X射线、紫外线、可见光、红外线、微波和无线电波。目前遥感技术使用的电磁波波段包括紫外线、可见光、红外线和微波段。根据工作平台层面的不同，可将遥感分为航天、航空和地面遥感3种类型。航天遥感把传感器设置在航天器上，如人造卫星、航天飞机、宇宙飞船、空间实验室等；航空遥感把传感器设置在航空器上，如气球、飞机、无人机及其他航空器等；地面遥感把传感器设置在地面平台上，如车载、船载、手提、固定或活动高架平台等。

遥感技术是目前国际上监测植物受危害光谱特性变化最先进的手段之一，其依据是基于植物受到有害生物危害时生理变化所引起的绿叶中细胞活性、含水量、叶绿素含量等的变化，表现为植物反射光谱特性上的差异，特别是红色区和红外区的光谱特征差异(周海波等, 2014)。利用高光谱遥感技术可以识别有害生物的发生种类、范围和危害程度。高光谱遥感技术是指利用连续的短光谱通道对目标物体持续遥感成像的技术, 从可见光到红外波段的光谱分辨率可高达纳米数量级。通过提取和构建有害生物敏感波段的波谱特性, 建立有害生物胁迫下的寄主植物光谱特征库, 将寄主植物冠层光谱反射率、一阶微分光谱参数与相应的叶绿素含量进行回归分析, 进而识别不同的有害生物(Albetis et al., 2019; Zhang et al., 2019)。

利用航空和航天平台的多光谱和高光谱遥感监测技术相结合, 可以监测林分和区域尺度的有害生物发生范围和危害程度变化(黄文江等, 2019)。例如, 利用飞机/无人机机载成像多光谱仪和热红外成像仪, 可以监测种苗繁育基地、花卉生产和加工基地、林分尺度的森林、小面积湿地和草原的有害生物发生情况(Yuan et al., 2016; Coleman et al., 2018); 利用多光谱卫星、高光谱卫星和热红外卫星可监测区域尺度的森林、草原、湿地有害生物发生情况。遥感技术可用于普查和专项调查。

5.2.2.2 昆虫诱捕技术

昆虫诱捕技术(trap insect technique)是指利用昆虫感觉器的敏感性差异, 设计不同的光源、声源和挥发性化学物质, 引诱和捕杀昆虫的技术。

(1) 灯光和色板诱捕技术

昆虫可感受到的光谱波长范围为 240~700 nm, 属于紫外光区和可见光区, 大多数昆虫具有趋光性, 且多数趋光性昆虫对 330~400 nm 的紫外光区最敏感, 因此, 可设计不同波长的光源, 在夜间诱捕昆虫。已大量商业化应用的光源有多光谱杀虫灯和频振式杀虫灯、黑光灯和高压荧光灯。多光谱杀虫灯的光波范围为 320~680 nm, 频振式杀虫灯的光波范围一般设定为 320~400 nm, 黑光灯波长为 365 nm, 高压汞灯能同时发出 365 nm 和 585 nm 两列光波。有些小型昆虫对黄色、绿色或紫色光尤其敏感, 可利用单色色板进行诱捕, 黄色波长范围为 530~630 nm, 绿色为 505~525 nm, 蓝色为 407~505 nm。灯光和色板诱捕技术通常用于普查。

(2) 信息素和诱捕器

昆虫信息素(pheromone)是一类由昆虫个体释放于体外来调节或诱发同种其他个体行为与生理反应的微量化学物质, 包括昆虫性信息素、聚集信息素、报警信息素、标记信息素和示踪信息素等。昆虫信息素具有物种特异性, 应用昆虫信息素活性成分制作引诱剂, 可监测某种有害生物是否存在, 以及其发生量、发生期和发生范围。引诱剂指由植物产生或人工合成的对特定昆虫有行为引诱作用的活性物质。引诱剂是否有效主要受组分配比、引诱剂载体、气象条件等影响。组分配比也称引诱剂配方, 是在多次试验的基础上获得的。引诱剂载体也称诱芯, 可控制引诱剂活性物质的释放速度和失活时间, 进而影响诱集效果。诱芯在制作时一般加入一些保护剂和抗氧化剂, 减小引诱剂的分解速率, 延长诱集时间, 提高诱集效率。目前使用的诱芯材料主要有塑料、橡胶和脱脂棉。诱捕器指诱集和捕获昆虫的装置, 诱捕器一般与诱芯配套使用。诱捕器形状、颜色、捕捉昆虫方式和空间配置技术是影响诱捕效果的关键因子。诱捕器形状设计主要根据信息素扩散特征和昆虫飞行行为而定, 一般有三角形、漏斗形、船形、球形、桶形、杯形、锥形、网笼形等。诱捕器捕捉昆虫的方式有 3 种类型:

第一种为胶粘式诱捕器, 如三角形诱捕器, 在三角形 3 个边均铺有胶粘板, 当昆虫飞入诱捕器后，被胶粘附在诱捕器中。

第二种为湿式诱捕器，当昆虫飞入诱捕器后，溺水而亡，如桶式诱捕器。

第三种为干式诱捕器，包括陷阱式和电击式。陷阱式诱捕器使昆虫只能进，不能出，如网笼诱捕器。电击式诱捕器的捕虫原理是利用电击将昆虫触杀。诱捕器的颜色设计依据昆虫的喜好而定，最常见的有黄色、绿色、蓝色、白色和黑色。诱捕器在野外的单位空间数量和配置技术对引诱效果影响很大。

（3）马来氏网

马来氏网(malaise trap，也称马氏网)是瑞典昆虫学家 R. E. Malaise 设计的一种大型捕虫网，主要用于采集膜翅目、双翅目和鳞翅目昆虫。马来氏网是一种帐幕式昆虫诱集装置(图 5-2)，材质一般用尼龙网面，颜色通常为白色或黑色，或顶棚白色，垂直幕黑色。顶棚帐幕一面高、一面低，或两面低、中间高，一面或两面开放。垂直帐幕长度一般 1~6 m，宽度 1.2~1.5 m，高侧帐幕高 1.5~ 3.0 m，低侧帐幕高 1.2~1.5 m，顶棚较高一边的顶部装有昆虫收集瓶或收集筒，收集筒需加水或乙醇(Altaf et al.，2016)。当昆虫从地面飞行时被垂直网幕阻挡，由于昆虫有向上爬行或趋光的特性，最后被收集于顶部的收集瓶中。马来氏网需选择林间空旷的地方放置，可连续放置数月，只需定时更换收集瓶即可。

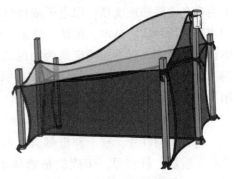

图 5-2 马氏捕虫网示意图

5.2.2.3 昆虫雷达监测技术

雷达(radio detection and ranging，Radar)是指利用电磁波探测空中目标的无线电探测系统。电磁波在传播的过程中遇到物体会被反射，如果反射回来的电磁波足够强，能被接收系统接收，就可以确定物体的存在，而且可以根据电磁波传播的速度和传播时间计算出它的位置(封洪强，2009)。根据工作方式，雷达可分为扫描雷达、垂直监测雷达和谐波雷达等；根据波长可以分为毫米波雷达和厘米波雷达；根据调制方式可以分为脉冲雷达和调频连续波雷达等(程登发等，2005)。

昆虫雷达是开展迁飞性害虫监测的一种重要设备。20 世纪 40 年代，气象学家 Crawford(1949)首次证实雷达可用于探测昆虫目标，此后雷达得到昆虫学家的高度关注。1968 年，英国建立了世界上首部昆虫雷达，随后被安放在非洲撒哈拉对蝗虫进行了观测(Scharfer，1976)。昆虫雷达的基本构造包括选用合适波长的发射、接收与显示系统的主机，装配能够高速旋转的圆抛物面天线，安装在汽车、飞机或者建筑物上(孙雅杰，1997)。昆虫雷达可以远距离、大范围快速对空中昆虫种群进行取样观测，获得迁飞数量、方向、高度、速度等重要参数。目前，国内外学者已经成功应用雷达对塞内加尔小车蝗 *Oedaleus senegalensis*(Riley et al.，1979)、非洲黏虫 *Spodoptera exempta* (Riley et al.，1983; Rose et al.，1985)、贪夜蛾 *Spodoptera exigua*(Feng et al.，2003; 程登发等，2005)、东方黏虫 *Mythimna separata*(Chen et al.，1989)和棉铃虫 *Helicoverpa armigera*(Feng et al.，2005; 程登发等，2005)等多种重大迁飞害虫进行了监测。

昆虫雷达的诞生为昆虫迁飞监测与研究工作提供了一种无可替代且强有力的工具。

经过几十年的发展，雷达科学与昆虫科学不断交叉，逐步形成了一门新的分支学科——雷达昆虫学（Radar Entomology）。

5.2.3 有害生物检验技术

植物检疫中不同的有害生物类别有各自适用的检验技术，但也有一些通用的技术适用于多种有害生物。例如，直接检验和过筛检验可用于真菌、线虫、昆虫、杂草种子等的检查，染色检验适用于真菌、细菌和昆虫，解剖检验适用于昆虫和杂草等。以下介绍几种主要的有害生物检验技术[①]。

5.2.3.1 直接检验

利用挑检、抖动、击打、剖检、剥开等不同方法进行检验，或根据需要将样品倒入白瓷盘或黑底玻璃盘，用镊子或挑针挑选检验。以肉眼或借助放大镜、显微镜，仔细观察植物种实、苗木、接穗、插条等被检物有无病害和虫害症状，有无寄生植物残体或杂草种子。对不能确定是否为昆虫或昆虫残肢疑似物的，将其放入培养皿在体视镜下镜检。通过直接检验能检出具有明显症状的植物材料，并能作出初步的诊断，适用于绝大多数有害生物的现场快速检验。

（1）植物、种苗等繁殖材料的检验

检查植物叶片、枝干和根部有无病害症状、昆虫及其危害症状，有无寄生植物的茎段、吸器、籽实等。带病的植物苗木可能表现有斑点、溃疡、腐烂、萎蔫、黄化、花叶等多种症状，有些还产生粉状物、霉状物、菌脓等病症。而虫害症状表现为腐烂、虫孔、卷叶、虫瘿、潜道、蛀孔、排泄物，以及白蚁、蚂蚁危害形成的泥线、泥被等。

（2）水果、干果、中药材等植物产品的检验

观察植物产品表面有无霉烂、变色、皱缩、畸形等症状（有时带病的植物种实还可能产生或夹杂着病原菌的菌丝体、菌瘿、菌核和子实体等），有无虫孔或水渍状腐烂；检查梗洼、果脐等部位有无害虫隐藏；检查植物种子、粮谷中有无形态与之相异的杂草种子。

（3）木材、竹藤草柳等植物产品的检验

检查植物产品有无虫孔、排泄物等，敲击木材检查是否有空洞。

（4）包装物的检验

检查包装物的内壁、包角、包缝处等易藏带昆虫和杂草种子的地方，也可用拍击的方法使隐藏的害虫跌落。

（5）集装箱等运输工具的检验

检查集装箱角落、缝隙等隐蔽处是否存在昆虫的卵、幼虫、蛹等虫体和植物种子。

5.2.3.2 过筛检验

过筛检验主要用于检验粮谷、种子、油料、干果和生药材中夹杂的害虫、真菌的菌瘿或菌核、线虫、杂草种子等，因而在现场检验和实验室检测时都可使用。其原理是：根据健康种实与菌核、菌瘿、病残体、杂草种子等个体大小的差异，利用不同孔径的筛层，通过筛动把它们分离开来进行检验。其方法是：按样品颗粒大小，选用合适孔径和规格的筛子，取适量样品，采用回旋法过筛；过筛后把筛上物和筛下物分别

---

① 注：部分引自国家认证认可监督管理委员会行业标准《昆虫常规检验规范》（SN/T 29259—2011）。

倒入白瓷盘或黑底玻璃盘进行挑选检验。

5.2.3.3 染色检验

植物及其产品被有害生物侵染后,细胞和组织内部发生的变化,可利用不同种类的化学药剂对其进行染色。根据细胞和组织颜色的变化来判断植物体是否感染病菌,或根据害虫蛀入孔的颜色与寄主颜色差异区分有无害虫。某些病原菌本身也可以进行染色,由此检出和区分不同的病原物。此技术适用于病毒、细菌及种子害虫的检验。

5.2.3.4 洗涤检验和冲洗检验

两种检验方法原理相似,都是通过液体洗涤(冲洗),将有害生物从植物及其产品中分离,从而进行检验鉴定。

洗涤检验是将依附于植物及其产品表面的病原物用无菌水浸泡、振荡,收集洗涤液并离心,镜检沉淀物确定其种类和数量。该技术常用于检测种子表面附着的各种真菌孢子,包括黑粉菌的厚垣孢子、霜霉菌的卵孢子、锈菌的夏孢子,以及多种半知菌的分生孢子等。

冲洗检验主要针对微小杂草种子。方法是:将样品置于三角瓶内,加入含有表面活性剂的冲洗液,摇匀后静置,再摇匀,并把样品和液体一起倒入不同孔径的套筛中,用水反复冲洗若干次,最后对小孔径下筛中附着的杂草种子进行镜检。

5.2.3.5 保湿萌芽检验

将种子置于培养皿或播种在花盆或穴盘中,在温箱或温室里进行培养,根据幼苗表现出来的病害症状进行判断。种子携带的真菌,无论是外表粘附的还是潜伏种子内的,在种子萌发阶段即可开始侵染,甚至有些在种子还未萌发时就可长出病菌。保湿萌芽检验的优点是容易检查根部和绿色部分,也可避免相互传染;缺点是检测结果容易受到腐生菌及不同病菌之间的干扰。该方法适用于检测那些随种子萌发或幼苗生长阶段就开始侵染危害并表现症状的病原菌。

对无法通过形态鉴定确认的杂草种子,也可以利用此技术,将种子培育成幼苗后进行检验,必要时还需要种植观察花、果等特征。但应注意,疑似杂草种子的种植需要保证严格的隔离措施,以防逃逸。

5.2.3.6 解剖检验

此技术适用于木材类害虫、竹藤柳类害虫、中药材类害虫、果实害虫,以及有害植物的检验。当样品有虫孔、排泄物等昆虫危害状及其他可疑症状,或怀疑可能带有隐蔽性害虫时,可以进行解剖检查。对于外部形态无法鉴定的杂草种子,可以将其浸泡变软后解剖检查其内部形态、结构、颜色,胚乳的质地、色泽,胚的形状、尺寸、位置、颜色、子叶数目等特征。

5.2.3.7 密度法(漂浮法)检验

被昆虫和病菌蛀食、侵染后的植物及其产品的密度低于健康植物及其产品,通常杂草的种子的密度也与健康的植物种子不同。根据此原理,按比例将样品放入清水或氯化钠溶液中,充分搅拌后静置,捞取上层漂浮物进行直接检验或解剖检验。此技术适用于种子害虫、土壤害虫,以及植物产品中的蚜虫和螨类、菌瘿、菌核、杂草种子等的检验。

5.2.3.8　X 光检验

将样品摊成薄薄的一层，放在软 X 光机工作台上或铺在胶带纸上，通过透视观察，检出样品中的昆虫。此技术适用于种子害虫的检验。

5.2.3.9　声测检验

声音检验的原理是把声信号转变成电信号，再通过电子滤波器将昆虫发声频率与环境噪声频率分开。根据音程的百分比和音程数量来分辨昆虫的种类和数量。此技术适用于种子害虫和木材害虫的检验。

5.2.3.10　近红外光谱检验

近红外光谱区是指波长介于可见光和中红外光区之间的电磁波，波长一般在 780～2500 nm 之间。近红外光谱检验技术的原理是：如果样品的组成相同，则其光谱也相同；反之亦然。具体检验方法包括建立模型和测量两个过程。此技术适用于所有植物及其产品体内携带的害虫检验。

5.2.4　有害生物鉴定技术

有害生物鉴定可以使用的方法和技术很多，根据所依据的理论基础，可以大致分为 3 类：形态鉴定、生物化学特征鉴定和分子鉴定。

5.2.4.1　形态鉴定

形态鉴定是指通过肉眼或借助体视镜、光学显微镜、电子显微镜等仪器，观察有害生物的宏观形态(包括外部形态和内部形态)和微观形态，并结合生态学特征、地理分布特征、行为特征等信息，将其准确定位至所属分类群或特定分类阶元(通常是属和种)的过程。

外部形态包括植物的营养器官、生殖器官，昆虫的成虫形态、幼期形态，微生物的培养性状等；内部形态也称解剖特征，如植物花、果实和种子的构造，昆虫马氏管、卵巢小管的数目等。微观形态包括显微水平下生物的细胞学特征、染色体特征等。生态学特征主要是指有害生物与其所处环境因素相互作用的各种性状，如生态位、食性和寄主等。地理分布特征是指该生物的分布范围。个体组成居群，不同的居群可能存在一定幅度的形态变异或行为差异，只有了解所鉴定材料在居群中的变异幅度、有无生殖隔离、同域分布还是异域分布等信息，才能较为准确地判断不同样本之间的差异是居群、亚种，还是物种。行为特征是指昆虫行为表现出来的各种性状，主要包括趋性、反射、本能和学习 4 种类型。前 3 种是先天性的行为，后 1 种是后天获得的行为。在昆虫鉴定过程中，常常依据分辨鸣声、气味和交配等行为的不同来区分种类。

5.2.4.2　生物化学特征鉴定

利用有害生物的生物化学特征进行鉴定的技术。生物的化学组成因不同的分类群而异，用生物化学的方法分析有害生物体内物质的结构性状即生化特征，辅助于形态学特征和分子特征，进而确定有害生物的分类阶元。组成生命体的化学物质可分为 3 类：初级代谢物质、次级代谢物质、遗传信息物质。初级代谢物质即生物基本代谢过程普遍存在的物质，如碳水化合物、氨基酸、脂肪、无机盐、微量元素等，为大多数生物所共有，少数有质的差别，大多数只有量的差别。次级代谢物质不具备基本代谢作用，多为代谢产物，如类固醇、甾酮、类萜、苯醌、酚类等，其中有些是昆虫的性信息素。生物体内遗传信息的流向主要是 DNA(脱氧核糖核酸)→mRNA(信使核糖核酸)→蛋白质，分别为初级信息物质，次级信息物质和三级信息物质。作为分类特征的物质多为次级代谢产物和遗传信息物质。

5.2.4.3　分子鉴定

分子鉴定是利用核酸技术对生物中细胞核或质体 DNA 的序列信息进行分析鉴定的过程。目前，使用最广泛分子鉴定技术是 DNA 条形码(DNA barcode)技术。这是一种利用一个或少数几个短的标准 DNA 片段来实现物种快速、准确和标准化鉴定的一项新技术。加拿大 Paul Hebert 教授受到商品条形码的启发，于 2003 年提出了 DNA 条形码的概念，即利用一段较短的 DNA 序列作为物种快速鉴定的标记，并希望以此建立 DNA 序列和生物物种之间一一对应的关系。DNA 条形码技术一经推出便引起广泛关注。DNA 条形码的序列特点包括：种内变异足够小，具有一定的保守性，同时具有足够的变异以区分不同物种；存在高度保守区域以便于通用引物的设计；DNA 片段应足够短(约 600 bp)，以便于 DNA 提取、PCR 扩增和测序；目标片段生物信息完整，以确定物种在分类系统中的位置。DNA 条形码是近年来生物分类和鉴定的研究热点，在物种鉴定方面显示了广阔的应用前景。

全球范围内的科学家们建立了多个 DNA 条形码数据库，其中最著名的是加拿大生物多样性基因组学中心开发的 BOLD 数据库(The Barcode of Life Data System, http://www.boldsystems.org)。我国检验检疫系统研究人员在科技部资助下，于 2012 年启动了国家科技支撑计划项目——"检疫性有害生物 DNA 条形码数据库建设及应用"，旨在建立检疫性有害生物 DNA 条形码数据库、凭证标本库及数字标本库，搭建我国检疫性有害生物 DNA 条形码鉴定平台，形成与国际接轨的分子检测技术标准体系，切实提升我国检疫性有害生物检测技术水平和我国口岸检疫把关能力，更加有效地防范检疫性有害生物入侵，保障我国农、林业生产与生态安全(陈岩等，2014)。

5.3　检疫处理技术

检疫处理是指旨在灭杀、灭活或消除有害生物、或使有害生物不育或丧失活力的官方程序。检疫处理以检疫处理技术为依托，检疫处理技术包括物理、化学和生物处理技术。

5.3.1　物理处理技术

物理处理技术包括温度和湿度处理技术、气调处理技术和辐射处理技术等。

5.3.1.1　温度和湿度处理技术

在特定的处理过程中使被处理的植物及其产品达到预定的温度，以获得灭杀、灭活或消除有害生物的效能。温度处理技术包括低温处理技术和热处理技术。

低温处理技术是指使用冷却空气、在特定时长内将植物及其产品温度降至或低于某特定温度(ISPM42)。低温处理可以与化学处理结合应用。

热处理技术是指在特定时长内将植物及其产品温度升高至最低要求温度或更高，以达到灭杀、灭活或消除有害生物的目的。热处理技术包括热水浸泡处理技术、热蒸汽处理技术、干热处理技术和介电加热处理技术等。

热水浸泡处理技术是指将植物及其产品浸泡于规定温度的热水中持续处理一定时间，以达到灭杀、灭活或消除有害生物的目的。热水浸泡处理可用于处理植物材料，如种子、插条、接穗、种苗等。

热蒸汽处理技术是指利用热饱和水蒸气使拟处理的植物及其产品的温度提高到规定的要求，通过水蒸气冷凝作用释放出来的潜热，均匀而迅速地使被处理的植物及其产品升温，并在规定的时间内维持规定温度，以获得灭杀、灭活或消除植物及其产品内有害生物的效能。热蒸汽处理可用于处理耐高湿但不耐干燥的植物产品，如球茎类花卉、木制品等。

干热处理技术是指使用规定温度的热空气，在特定时间内加热植物及其产品使其达到规定温度，并持续保持特定时间，以达到灭杀、灭活或消除植物及其产品内有害生物的目的。干热处理可用于处理含水量低、不宜接触水蒸气的植物产品，如种子、木材。

介电加热处理技术是指通过高频电磁波加热植物及其产品，以达到灭杀、灭活或消除植物及其产品内有害生物的目的。介电加热技术包括微波加热和无线电波加热等技术。介电加热处理技术加热温度均匀、处理时间短，具有广阔的应用前景。

5.3.1.2　气调处理技术

气调处理技术是指将植物及其产品在调节后的空气（如低氧、高氮、高二氧化碳等）中持续处理一定时间，以消除植物及其产品中有害生物。

5.3.1.3　辐射处理技术

辐射处理技术是指利用加速电子、X 射线、γ 射线等电离辐射技术处理植物及其产品，达到灭杀、灭活或消除植物及其产品中的有害生物，或使有害生物不育或丧失活力的目的。

5.3.2　化学处理技术

通过化学药剂和化学方法灭杀、灭活或消除有害生物、或使有害生物不育或丧失活力。化学处理技术包括熏蒸技术、浸泡技术、喷雾技术、涂干技术和灌根技术等。

熏蒸技术：是指在密闭的空间内，用气态的或可蒸发的化学药剂处理植物及其产品，达到杀灭植物及其产品中有害生物的目的。

浸泡技术：是指将植物及其产品浸泡于液态的或经溶解后的化学药剂中持续处理一定时间，以达到灭杀、灭活或消除植物及其产品中有害生物的目的。

喷雾技术：是指将液态或固体颗粒状化学药剂经汽（雾）化器形成蒸汽、雾滴或气溶胶，均匀喷洒于植物及其产品表面，以达到灭杀、灭活或消除植物及其产品中有害生物的目的。

涂干技术：是指将液态的或经溶解后的化学药剂均匀涂抹于植物茎、干和枝，以杀灭植物中的有害生物。

灌根技术：是指将液态的或经溶解后的化学药剂浇灌至植物根际土壤中，以杀灭植物中的有害生物。

各种植物检疫处理技术可单独使用，也可采用多种技术组合，如化学加压渗透技术、化学加热渗透技术，气调技术与化学处理技术相结合的综合处理技术等。

5.3.3　遗传处理技术

有害生物遗传处理技术又称为有害生物遗传管理技术（genetic pest management，GPM）是指利用遗传学手段干扰害虫性别和生殖的技术，主要包括传统的昆虫不育技术（sterile insect technique，SIT）、雌性致死系统（female killing system，FKS）和昆虫显性致死技术（release of insects carrying a dominant lethal，RIDL）。近年来，许多新的分子生物手段被不断提出并整合到害虫遗传防制策略中，包括 RNA 干扰（RNA interference，RNAi）、成簇规律间隔短回文重复基因靶向编辑（clustered regularly interspaced short palindromic repeats/Cas9，CRISPR/Cas9）技术等。

SIT：通过工厂化大量培养靶标害虫，经过特定处理（如^{60}Co γ 射线辐照）使害虫不育，然后在合适的时间把不育雄虫大量释放到田间与野生型雌虫交配，使其无法产生后代，如果连续多代释放足够多的不育昆虫，最终能够显著降低甚至根除靶标害虫种群。

FKS：采用染色体移位技术将包括选择标记和条件致死基因在内的多种突变重组，导致雌虫在发育过程中死亡，从而定向生产出雄性成虫，由此得到的昆虫品系称为遗传定性品系（genetic sexing strain）。

RIDL：将经遗传修饰携带有显性致死基因的雄性昆虫释放至野外，与野外自然生存的雌性昆虫交配，导致雌性昆虫大量死亡，实现雌性致死的基因精准调控。

RNAi：指的是双链 RNA（double strand RNA）介导的基因沉默，主要通过显微注射、浸泡、喂食、转基因昆虫等几种方式，将外源 dsRNA 导入昆虫细胞，特异性降解 mRNA，导致昆虫相应的基因不被表达。

CRISPR/Cas 系统：能对基因组进行切割的 Cas9 蛋白以及含有 PAM 结构的 23 bp 的靶向序列结合 tracRNA 形成的 gaid RNA（gRNA），在 gRNA 的导向下 Cas9-gRNA 复合体能高效的切割基因组（Jiang et al.，2013），造成基因组的双链断裂，诱导生物体修复断裂，最终产生靶基因突变。该系统是目前应用最广泛的基因编辑工具之一。

本章小结

植物检疫技术是解决植物检疫问题的方法和原理的总称。本章主要介绍：①抽样技术，包括与样本相关的概念、抽样程序的常用参数、统计学与非统计学两种抽样方法的原理，以及针对小批量和大批量货物确定样本量的方法；②有害生物的检测、监测、检验鉴定技术，其中，检测技术是探测有害生物是否存在的特定方法，监测技术是持续调查或观察已存在的有害生物的方法，检验是对有害生物及其危害症状进行观察和判断的过程，而鉴定是指确认有害生物分类地位的过程；③检疫处理技术，包括物理处理、化学处理、遗传处理三大类。

思　考　题

1. 试述田间抽样与货物抽样的不同。

2. 有害生物检验有哪些技术？其各自的适用范围如何？

3. 试例举几种主要的有害生物鉴定技术并阐述其优缺点。

本章推荐阅读

朱水芳，等，2019. 植物检疫学［M］. 北京：科学出版社 .

杨荣武，2017. 分子生物学［M］. 2 版 . 南京：南京大学出版社 .

第**6**章
有害生物风险分析

有害生物风险分析(pest risk analysis，PRA)是植物检疫的核心内容和关键技术之一。该概念诞生于19世纪70年代，最初的风险分析主要面向国际贸易的检疫需求，侧重于有害生物的生物学特性和传播途径的考察，方法较为简单。进入20世纪以后，随着科技的飞速进步和人类对生物入侵认识的深入，有害生物风险分析开始吸收生态学、地理病理学、昆虫地理学等科学理论和气候图等技术方法，通过数据收集和实验模拟，来预测有害生物传入后的适生范围、发生世代、严重程度等，提高了植物检疫措施制定的科学性。自20世纪90年代开始，得益于计算机技术、地理信息系统、全球卫星定位系统等新技术的广泛应用，以及各类物种名录、生物信息数据库和公共网络的建立，再结合生物学、生态学、经济学模型的最新理论成果，有害生物风险分析逐渐走向综合分析的发展方向，形成了更为成熟的评估体系。

6.1 有害生物风险分析原理与方法

6.1.1 有害生物风险分析原理

控制外来生物入侵主要有两个阶段：一是避免有害生物的跨境传播，阻止其传入；二是传入后治理，降低或消除其危害。显而易见，无论是从经济角度还是生态角度，后者(治理)的代价都要远远大于前者(预防)。对于已经传入又无法根除的入侵生物，尽量将其种群数量和扩散区域控制在可接受的水平，代价也远低于有害生物暴发成灾以后的治理成本和生态损失。因此，预防通常成为控制生物入侵的重中之重，有害生物的风险分析正是基于这种思路发展而来的程序和方法。

有害生物风险分析是根据生物入侵理论，收集足够的有效信息(尤其是生物学和经济学证据)，对入侵链条上的每一个关键环节进行科学合理的评估，对所有可能的风险要素进行推测和预判，从而全面评价某一特定生物的危险程度，对目标区域生态环境、经济和社会的负面影响，并在此基础上按照需求制定管理措施，以期将有害生物的危害降至可接受水平的决策过程。

开展有害生物风险分析的前提包括：①出现可能需要采取植物检疫措施的新情况，例如，首次从新的原产地引入植物和植物产品，或首次引入某种植物和植物产品等；

②发现了需要采取植物检疫措施的有害生物，例如，新的有害生物入侵或暴发，产品输入时多次截获某种有害生物等；③植物检疫措施或政策需要进行审查或修订；④出现植物检疫措施方面的国际争端；⑤对于确认一种生物是否是有害生物提出了新的要求，例如，发现了尚未正式命名、尚未描述或难以识别的生物体等。

6.1.2　有害生物风险分析方法

有害生物风险分析可以使用的方法很多，按照使用场景，可以分为有害生物入侵可能性分析、定殖风险分析、有害生物潜在的分布区预测（又称适生区预测）、潜在损失评估（包括经济影响、生态影响、其他影响）等；根据所使用的数据类型和计算方法，大致可以分为定性法、半定量法、定量法。不同方法的基本程序和步骤是相似的，但在信息需求、分析工具、数据处理方式等方面各有其限制条件和适用范围。由于有害生物的传播过程极其复杂，影响有害生物风险的因素充满不确定性，因此，没有哪种方法是万能的，在进行风险分析时，可以根据需求有针对性地选择和使用不同的方法。

（1）定性法

定性法是指以专家的知识储备、工作经验和主观判断为主，对有害生物进行模糊评估的一类方法。这类方法最重要的两个步骤：一是选择合适的专家；二是设计合理的咨询项目。例如，在专家打分法中，需要对多位专家进行多轮独立的问卷调查。调查表通常会将有害生物传入链条中的每一个环节进行风险因素的分解和等级划分（可以用定性描述表示，也可以用分值大小表示），由专家对风险高低进行描述或打分。根据每一轮调查的统计结果再设计下一轮问卷，使每一位专家充分、自由地发表意见，最终形成结论。定性法的优势是不需要依赖精准的大数据，使用较为灵活，能够对有害生物入侵的全过程进行总体评估，适用于收集的数据较少、信息量不足、某些风险因素不确定等情况。但由于定性法会较多地受专家的主观因素影响，因此结论的准确性有时会较难把控。

（2）定量法

定量评估模型和软件的开发是目前有害生物风险分析的研究热点之一，主要用于入侵可能性评估、定殖可能性评估、适生区预测、潜在的损失评估等环节，评估结果通常以发生概率的形式表示。例如，分析入侵可能性的有场景模型、蒙特卡洛模型、@Risk 软件等；定殖可能性评估的有 SOM、Matlab 等；适生区预测的有气候相似距模型、BIOCLIM 模型、CLIMEX 模型、MaxEnt 模型、GARP 模型等；潜在损失评估有场景模型、确定模型、@Risk 软件等。

定量分析的优点是操作简便、功能强大，在信息量足够的前提下能够进行较为准确的计算，主观因素少，误差较小，结论的可信度高，有的还能同时对多种有害生物进行评估。然而，定量分析对信息的数量和质量要求很高，要求数据完整且准确。此外，每一种模型和软件都只能计算有限的风险因子，因而多数情况下只能对入侵的某一个环节进行评估。李志红等（2018）指出，现有的定量评估模型和软件均不能独立实现涵盖有害生物入侵可能性、潜在地理分布和潜在损失的全方位评估，我们必须将这些模型和软件有机地组合应用于有害生物风险分析实践。

（3）半定量法

半定量法是一类将定性与定量相结合的评估方法，其中比较有代表性的是多指标评估体系（又称多指标综合评判模型）。目前，该方法在我国林业有害生物风险评估工作中使用最为广泛。该方法的关键步骤是根据体系的内在逻辑关系，设计合理的指标体系和计算公式，再由专家对指标进行赋值。体系的框架结构包含数个递进的指标层级，高层级通常以有害生物入侵的关键环节来划分，中间的若干层级为环节中涉及的风险因素及其分解因素，在最末的层级确定指标的评判标准、等级及权重，并对指标逐项赋值，最后通过选加、连乘、替代等量化计算公式，得出最终的风险值。以本书6.3.1 小节中使用的指标体系为例，该体系共包含四个层级：第一层（目标层）是综合风险值 R；第二层（准则层）包含了拟引进种类成为有害植物风险（P_1）、拟引进种类携带有害生物风险（P_2）、拟引进种类引进状况风险（P_3）、检疫管理状况风险（P_4）4 个环节；第三层（指标层）由每一环节的具体风险因素组成。例如，对于准则层 P_1，其指标层包含适生能力（P_{11}）、繁殖能力（P_{12}）、扩散能力（P_{13}）、潜在危害性（P_{14}）4 个指标；每个指标下设若干子指标层（第四层）来表示每种风险因素的等级或分解因素，并设定了赋分区间，由专家对每个子指标层进行赋分。根据子指标层的分值来计算指标层和准则层的得分，最终得到目标层的分值，即最终风险值。

多指标评估有定性法的优点包括：易于操作，对数据量的要求较定量法低，当信息不够完整时，也可以对入侵全过程进行评估；在分析每一个风险因素时，加入了定量指标，可以在一定程度上降低主观性和减小误差。但多指标评估法每次只能对一种有害生物进行评估，且更侧重于入侵可能性的评估，在适生区预测和潜在损失（尤其是经济影响）方面的评估能力不足，输出结果也不能显示风险概率。

6.2 国际标准[①]

6.2.1 检疫性有害生物风险分析

2001 年 4 月，联合国粮食及农业组织植物检疫措施临时委员会第三届会议通过了ISPM 11《检疫性有害生物风险分析》。2019 年 6 月，几经修订的标准由《国际植物保护公约》秘书处发布。ISPM 11 由四部分内容构成，详细介绍了检疫性有害生物的确定、植物有害生物对环境和生物多样性风险的分析，以及如何评价活体转基因植物对植物和植物产品的潜在植物检疫风险。

（1）有害生物风险分析起始阶段

这一阶段的目的是针对确定的有害生物风险分析地区，查明具有一定检疫重要性，认为需要进行风险分析的有害生物及其传播途径。一些具有潜在的植物检疫风险的活体转基因生物也需要纳入评估范围。按照标准中的定义，活体转基因生物是指使用现代生物技术改变的、表现若干新特性的生物。

---

① 注：本节内容主要参考 ISPM 2、5、11、16、21，以及《欧洲和地中海植物保护组织标准》中《有害生物风险分析》（EPPO Standards-PM 5）的相关文件。

起始阶段包含4个步骤：①风险评估的启动，例如，首次输入新的植物或植物产品，出现了新的可能需要采取植物检疫措施的有害生物，需要重新审查或修改植物检疫政策等；②确认需要进行有害生物风险的地区；③收集信息，以便阐明有害生物的特性、其现有分布及其与寄主植物、商品等的联系，核查已有的有害生物风险分析，如已进行过相关的风险分析，则应核实其有效性；④起始阶段的结论，即通过收集信息，查明了风险分析的启动条件，确认了有害生物的种类及传播途径，确定了进行风险分析的地域范围等。

（2）有害生物风险分析评估阶段

这一阶段大致可分为3个相互关联的步骤：

①根据有害生物的特性，有害生物在目标区域是否存在、限定状况、定殖和扩散的可能性，造成经济影响（包括环境影响）的可能性等因素，对有害生物进行分类。有害生物通常分为限定性有害生物和非限定性有害生物两大类，其中，限定性有害生物包括检疫性有害生物和限定的非检疫性有害生物。针对不同类别的有害生物所制定和实施的检疫管理措施是有区别的，因此正确的分类十分必要。

②评估有害生物传入、定殖、定殖后扩散3个阶段的可能性。这一步骤是有害生物风险分析的核心内容，需要尽量准确、完整的信息支撑，并选择适宜的评估方法。在评估传入可能性时，应当分析与植物及植物产品相关的所有因素，如贸易方式、运输条件、包装材料、来源地有害生物的发生情况和管理状况、原定的商品用途、引进的数量和频率等。在评估定殖可能性时，应考察目标区域是否存在寄主、寄主的数量与分布、环境的适宜性、有害生物的适应能力和繁殖策略、植物或植物产品的栽培方式、已有的防制措施等。在评估扩散可能性时，考虑的风险因素包括环境适宜性、目标区域是否存在自然障碍、是否存在有害生物的传播媒介和潜在天敌、有害生物随商品或运输工具流动的可能性等。传入和定殖可能性评估的结果可以明确受威胁的地区范围。

③评估潜在的影响。主要包括直接的和间接的经济影响和环境影响，例如，造成寄主植物损失、目标区域生态系统结构改变、生物多样性降低、防制费用增加、灾害增加，以及对进出口贸易、人畜健康、旅游业的影响等。

（3）有害生物风险管理

有害生物风险评估阶段的结论决定了是否需要进行风险管理，以及风险管理措施的力度。这一阶段主要包括以下几方面内容：

①确定风险水平。即在实施植物检疫措施和风险管理的过程中，何种风险水平可以接受。

②所需的技术信息。包括开展风险管理的理由，估计有害生物传入的可能性，评估管理措施潜在的经济影响。

③风险的可接受性。总的风险是通过审查传入可能性和经济影响评估结果确定的，如发现风险不可接受，那么风险管理的第一步是确定可能的植物检疫措施，以使风险降至可接受水平或低于可接受水平。

④选择适当的风险管理方案。选择方案时应遵循最低影响原则、无歧视原则等（ISPM 1）。

⑤适当遵守程序。包括植物检疫证书和其他措施，其中最重要的是出口验证（见ISPM 7）。

⑥结论。有害生物风险管理程序的结果有两种：一是未确定任何合适的措施；二是选择能将有害生物所带来的风险降至可接受水平的若干管理方案，这些方案是构成植物检疫法规或要求的基础。

（4）有害生物风险分析文件记录

《国际植物保护公约》和透明度原则（ISPM 1）要求，应充分记录从起始阶段到有害生物风险管理的整个过程，以便在进行审查或出现争端时，可以清楚地找到在做出管理决定时所使用的信息来源和理论基础。文件记录的主要内容包括：①有害生物风险分析的目的；②有害生物名单、传播途径、待分析地区、受威胁地区；③信息来源；④有害生物分类清单；⑤风险评估的结论；⑥风险管理确定的备选方案及选定的方案等。

6.2.2 限定的非检疫性有害生物风险分析

2003年3月，联合国粮食及农业组织植物检疫措施临时委员会批准了ISPM 16《限定的非检疫有害生物：概念及应用》；次年4月，又批准了ISPM 21《限定的非检疫性有害生物风险分析》。经过修订，《国际植物保护公约》秘书处于2012年8月发布了前者，于2019年6月发布了后者的最后更新版本。

某些有害生物虽然不是检疫性有害生物，但由于其在种植用植物中存在，造成与这些植物原定用途有关的不可接受的经济影响，需要采取植物检疫措施，这类有害生物就是限定的非检疫性有害生物。它们在输入国有分布，且通常已经扩散，应当知道其经济影响。

ISPM 16介绍了限定的非检疫性有害生物的概念，明确了它们的特征，并介绍了这一概念在实践中的应用及监管系统的相关要素。ISPM 21为进行限定的非检疫性有害生物的风险分析提供了准则，它描述了为达到有害生物容许程度而用于风险评估和风险管理方案选择的综合程序。

（1）有害生物风险分析起始阶段

起始阶段的目的是确定特定种植用植物的有害生物，它们可能作为限定的非检疫性有害生物受到管理，应当根据种植用植物的原定用途，在其被发现的地区进行风险分析。起始阶段包含以下5个步骤：

①启动。限定的非检疫性有害生物风险分析的启动条件详见本书4.3.4小节。

②确定有害生物风险分析区，以便对将要实施官方防制的区域作出定义。

③信息收集，以澄清有害生物的特性、分布情况、经济影响以及与种植用植物的关联。

④审查已有的有害生物风险分析并核实其有效性。

⑤得出结论。

（2）有害生物风险分析评估阶段

这一阶段可分为以下几个相关的步骤：

①有害生物分类。即明确需要进行风险分析的有害生物清单，并逐一核查清单中的有害生物是否符合限定的非检疫性有害生物的标准。

②评估种植用植物是否是有害生物的主要侵染对象。

③对与种植用植物原定用途有关的经济影响进行评估。

④明确评估过程中不确定性的范围和程度，并指明何处采纳了专家意见。

⑤结论。如果认为风险可以接受，或者由于无法通过官方防制进行管理而必须接受，则无须采取措施，国家植物保护机构或植物检疫机构可以对此进行适当的监测或检查，以确保能够及时发现有害生物风险的变化；如果已确定种植用植物是有害生物的主要侵染对象，并且对这些植物原定用途的经济影响不可接受，则进入有害生物风险管理阶段。

（3）有害生物风险管理

这一阶段是根据风险评估阶段的结论来决定是否需要进行风险管理，以及采取的措施力度，从而使风险降至或者低于可接受水平。对限定的非检疫性有害生物进行有害生物风险管理的最常用方法，是制定措施以实现有害生物适当容许程度。风险管理主要包含以下内容：

①有害生物风险管理决策的依据。例如，启动风险管理的理由、种植用植物是否为有害生物的主要传播源、有害生物对风险分析地区的经济影响等。

②确定本国的可接受风险水平。可以用几种方式表示，例如，参考现有的国内生产的可接受风险水平，参考估算的经济损失，以风险容许度表示，对比其他国家所接受的风险程度等。

③在确定和选择适当风险管理方案时需要考虑的因素。例如，ISPM 1《在国际贸易中应用植物检疫措施的植物检疫原则》，包括执行措施的费用不应当超过经济影响、现有植物检疫要求（如果现有措施有效，不应当提出新的措施）、最低影响原则（措施所产生的贸易限制不应当超出必要的程度）、等同性原则（如果发现不同植物检疫措施具有同样效益，应将这些措施作为可供选择的措施）、无歧视原则（有关输入的植物检疫措施不应当比有害生物风险分析区内所采用的措施更加严格，在具有相同的植物检疫状况的输出国之间，植物检疫措施不应当有歧视）。

④确定容许量。容许量的确定应基于种植用植物受有害生物侵染的水平（侵染临界值），如果超过临界值，则这种侵染可能对种植用植物造成不可接受的经济影响。

⑤实现所需的容许量水平的备选方案。

⑥通过检验、抽样和检测来确认种植用植物是否达到容许量水平。

⑦结论。在有害生物风险管理阶段结束时，确定适当的容许量水平和管理方案。可接受的风险管理方案将形成植物检疫法规或要求的基础。

（4）植物检疫措施的监测和审查

修改原则阐明：应根据情况的变化和掌握的新情况，确保及时修改植物检疫措施，如果发现措施已无必要，则应予以取消（ISPM 1）。因此，不应当永久实施特定的植物检疫措施。在实施以后，应通过监测来确定这些措施是否成功实现目标。应定期审查有害生物风险分析所依据的信息，确保新信息不会导致已采取的决策失效。

6.2.3　欧洲和地中海植物保护组织的有害生物风险分析标准

欧洲和地中海植物保护组织（the European and Mediterranean Plant Protection

Organization，EPPO)在参考 ISPM 的相关文件的基础上，发布了 EPPO 有害生物风险分析标准，由 8 个文件组成。这些文件针对不同的风险分析场景，对 ISPM 的常规程序进行了一些补充和细化。

针对检疫性有害生物的风险分析标准有两个。基于 IPSM 11 编写的《检疫性有害生物决策支持方案》(*Decision-support Scheme for Quarantine Pests*)提供了检疫性有害生物风险分析的详细指导，包括起始阶段、有害生物分类、传入的可能性、潜在经济后果的评估和有害生物风险管理，以确定一个生物体是否为检疫性有害生物，以及可能的管理措施。《快速有害生物风险分析的决策支持方案》(*Decision-support Scheme for an Express Pest Risk Analysis*)对《检疫性有害生物决策支持方案》进行了补充，以记录表的形式提供了一种简化的有害生物风险分析的快速方案，由国家植物保护组织(National Plant Protection Organizations，NPPOs)和 EPPO 的技术机构使用。

针对优先级分析的标准有《EPPO 对外来入侵植物的优先处理过程》(*EPPO Prioritization Process for Invasive Alien Plants*)和《确定种植用植物商品的有害生物风险分析优先级的筛选过程》(*Screening Process to Identify Priorities for Commodity PRA for Plants for Planting*)。前者描述了对外来植物进行排序的过程，由此产生基于不同风险等级的外来入侵植物列表，并确定需要优先进行有害生物风险分析的植物。但应当注意，这个过程的目的是进行迅速评估，但并不能替代完整的有害生物风险分析。后者旨在确定从指定产地进口种植用植物(不包括种子)的优先次序，适用于新贸易和对现有贸易的重新评估。

针对清单或名单编制的标准有两个：《有害生物风险分析所需资料清单》(*Check-list of Information Required for Pest Risk Analysis*)和《在商品的有害生物风险分析框架内编制有害生物名单》(*Preparation of Pest Lists in The Framework of Commodity PRAs*)。《有害生物风险分析所需资料清单》说明了在确定某一特定生物是否为检疫性有害生物之前，应列出必需的信息，包括生物体的基本情况(名称、分类地位等)、生物学特征、地理分布、寄主信息、在风险分析地区定殖的潜力、控制办法、传播和扩散方式、经济影响等。《在商品的有害生物风险分析框架内编制有害生物名单》描述了当特定的商品和产地已经明确，并在以传播途径为起点的有害生物风险分析(pathway-initiated PRAs)框架下，编制有害生物清单的推荐程序，包含启动和拟定商品有害生物清单的过程两部分内容。

此外，针对进口货物的检测，《进口货物有害生物检测的有害生物风险分析》(*Pest Risk Analysis on Detection of a Pest in an Imported Consignment*)提供了一种简化的有害生物风险分析方案。若在进口货物中发现不熟悉的生物时，可以使用该方案来决定是否需要对这些生物采取植物检疫措施。《植物检疫措施指南》(*Guidelines on the Phytosanitary Measure*)提供了普适性的和针对特定有害生物的指导，说明了在存在有害生物的地区，为使植物的繁殖不受特定有害生物的影响所需要的物理隔离类型和相关的植物检疫措施。

6.3　国内标准

1991—1995 年，农业部"八五"重点课题"检疫性病虫害危险性评估"可以看作是我国有害生物风险分析研究的正式开始。1995 年 5 月，原国家动植物检疫局成立"中国植物有害生物风险分析工作组"，表明我国已正式将有害生物风险分析应用到了植物检疫的实践，也标志着有害生物风险分析已被纳入我国植物检疫的工作流程。此后，我国专家完成了大量的风险分析报告，参与了多次市场准入谈判，特别是中美关于我国加入世贸组织的谈判。此外，我国专家也连续多次出席《国际植物保护公约》秘书处组织起草有关有害植物风险分析的国际植物检疫措施标准的系列会议，并参与了其他相关国际植物建议措施标准的制订(梁忆冰，2019)。

2000 年，PRA 办公室在中国检验检疫科学研究院动植物检疫研究所正式成立，由各领域专家组成的工作组制定了风险分析的工作流程，其开展的卓有成效的风险分析工作促使我国于 2001 年采取了新的进口原木植物检疫措施，为我国与其他国家的植物检疫协定提供了技术支持(庄全，2011)。

在林业领域，林草引种的风险分析工作始于 2003 年，国家林业局依托中国林业科学研究院森林生态环境与自然保护研究所，批准成立了国家林业局林业有害生物检验鉴定中心。该中心承担了我国林业有害生物的权威检验鉴定、外来林草引种的风险分析和评估、境外有害生物疫情动态的收集和有害生物预警的发布等多项任务。该中心成立近 20 年来，完成了大量有害生物风险评估报告，为防止外来林业有害生物入侵和危害提供了技术保障和科技支撑，并推动了森林有害生物防制和林业有害生物检验检疫的国际合作。此后，国内许多林业领域的高等院校和研究单位也开始陆续开展林业有害生物风险分析工作。

6.3.1 引种植物风险分析

2003 年，国家林业局印发《引进林木种子、苗木及其他繁殖材料检疫审批和监管规定》。2013 年，修订后的《引进林木种子、苗木检疫审批与监管规定》在行政和理论层面为引种植物的风险分析原则进行了概括性的规定。2017 年，国家林业局结合国内外的有害生物风险分析标准，在国家林业局林业有害生物检验鉴定中心以往的风险分析工作流程、方法和经验的基础上，通过专家组论证，编制并印发了《境外林木引种检疫审批风险评估管理规范》，为进行风险分析工作的各机构提供了林木引种植物风险分析的推荐程序。2019 年，该规范修订为《境外林草引种检疫审批风险评估管理规范》。

该规范是基于多指标体系评价法所构建的林草引种检疫审批的风险评估程序和方法，其主要内容概括如下：

(1)总则

定义了引种植物风险分析的对象范围，即"林草种子、苗木"是指林木和草的种植材料或者繁殖材料，包括苗、花、根、茎、叶、芽、籽粒、果实等，但不包括转基因植物和带土的植物繁殖材料。该规范规定的程序和方法适用于引进境外林草种子、苗木检疫审批风险程度的确定，不适用于科研、展览引进，以及政府、团体、科研、教学部门交流、交换引进等。

(2)程序和方法

首先规定了承担引种植物风险分析的单位的资质和对专家的要求，并简述了工作流程。评估程序包括预评估、风险分析(评估)、结果评定、提出建议、编写评估报告等。

预评估是为了分析、确定引种植物是否符合风险分析的条件。出现下列情况时，应当停止风险分析：①现有信息不足以支撑评估；②经专家评估，拟引进植物为国际重大有害生物，或可携带国际重大有害生物的，可停止风险分析，直接提出禁止引进的建议；③发现存在拟引进植物不属于国家规定的林木引种建议范围或国家禁止引进的种类，以及已经开展过风险分析且经专家审查有效等情形的；④其他需要停止风险分析的情形。

风险分析是该规范的核心内容，包含了若干技术层面的要求：①针对某一种(类)引进的林草种子、苗木，采用定性方法分析评估对象，识别风险源，提出风险评估指标；②采取定量法量化各指标，并运用层次分析法构建指标体系，建立林木引种风险评估模型和综合评定方法，计算综合风险评估值；③得出风险分析结果。

林木引种风险评估值(R)的计算公式为：

$$R = \sqrt[3]{\mathrm{Max}(P_1, P_2) \times P_3 \times P_4} \tag{6-1}$$

式中　P_1——拟引进种类成为有害植物的风险；

　　　P_2——拟引进种类携带有害生物的风险；

　　　P_3——拟引进种类引进状况的风险；

　　　P_4——检疫管理状况的风险。

综合风险评估值划分为4个风险等级，根据计算出的综合风险评估值，判定每种林木种子和苗木的风险范围。$R \geqslant 2.5$ 属于特别危险，$2.2 \leqslant R < 2.5$ 为高度危险，$1.0 \leqslant R < 2.2$ 为中度危险，$0 \leqslant R < 1.0$ 为低度危险。

专家根据风险分析得出的风险等级，提出境外林木种子、苗木的引进建议和相关管理建议。特别危险的应建议禁止引进；高度危险的建议原则上不允许引进；中度危险的建议引进，同时，可向林木引种审批机构提出两种以上的管理措施建议；低度危险的建议引进，同时，也应提出相应的管理措施建议。

最后，由专家编写风险评估技术报告，阐述评估过程和结论。

(3)评估结果处理

风险分析的承担单位应当对每位专家的技术报告进行综合分析研判，形成最终的风险评估报告，报委托开展风险评估的林草引种建议审批机构。风险评估报告应当包含摘要、基本情况介绍、预评估、风险评估、结论和参考文献等部分。

(4)附则

附则1详细列举了境外林草引种风险评估承担单位应当具备的资质。

附则2提供了境外林草引种风险评估指标体系及风险分析的量化计算公式。

附则3提供了境外林草引种风险评估报告的基本格式。

6.3.2　有害生物风险分析

在林业领域，我国的有害生物风险分析的实施依据主要有法律法规和部门规章，以及国家和行业标准两个层次。

（1）法律法规和部门规章

《植物检疫条例》《植物检疫条例实施细则（林业部分）》等虽然没有对有害生物风险分析作详细规定，但在维护国家安全的理论层面，概括性地规定了进境植物商品相关的风险预警机制和检疫措施。例如，《植物检疫条例》第十二条、《植物检疫条例实施细则（林业部分）》第二十三条和二十四条分别规定了从国外引进种子、苗木，引进单位应当向相关的植物检疫机构提出申请，办理检疫审批手续；可能携带危险性有害生物的繁殖材料，必须进行隔离试种等。《森林植物检疫对象确定管理办法》规定了各级林业主管部门在提出森林植物检疫对象的建议名单时，应当提交危险性分析报告，即风险分析报告。

（2）国家和行业标准

陆续发布的国家和行业标准对细化和规范风险分析工作起到了指导作用。

在理论层面，风险分析过程涉及的部分名词和概念可以参考《植物检疫术语》（GB/T 20478—2006），如"原产国""外来的""（有害生物）进入""定殖"等。《有害生物风险分析框架》（GB/T 27616—2011）描述了有害生物风险分析过程，提出了有害生物风险分析各阶段的不确定性、信息收集、文件记录、风险信息交流和一致性等共性要求。《进出境植物和植物产品有害生物风险分析技术要求》（GB/T 20879—2007）规定了对进出境植物和植物产品传播有害生物的风险分析的技术要求，其目标是查明管制（限定）性有害生物并评价其风险，查明受威胁地区，提出风险管理措施的建议。出入境检验检疫行业标准《进出境植物和植物产品有害生物风险分析工作指南》（GB/T 21658—2008）规定了对进出境植物和植物产品传播有害生物进行风险分析的工作准则。《有害生物风险管理综合措施》（GB/T 27617—2011）提出了制定和评价有害生物管理措施的准则。林业行业标准《林业有害生物风险分析准则》专门规定了林业有害生物风险分析的程序和方法，其适用于林业检疫性有害生物、危险性有害生物、省级补充林业检疫性有害生物，以及新发现的外来林业有害生物和突发林业有害生物。该标准提供了林业有害生物风险分析的详细方案，包括分析步骤、评估指标体系及其计算公式、风险等级的划分方式，以及不同风险等级对应的管理措施等。

针对不同的生物或商品类型，也有不同的标准对其风险分析程序进行规定。例如，国家标准《植物病毒和类病毒风险分析指南》（GB/T 23633—2009）规定了植物病毒、类病毒的风险分析要素、方法和步骤。出入境检验检疫行业标准《杂草风险分析技术要求》（SN/T 1893—2007）提出了以杂草为起点的风险分析的技术要求，即评估引入的植物是否有成为杂草（入侵植物）的风险，其风险要素包含环境适生能力、繁殖和定殖后扩散的能力、经济影响能力、环境影响能力、传入可能性等多个方面。林业行业标准《外来树种对自然生态系统入侵风险评价技术规程》（LY/T 1960—2011）规定了外来树种对自然、半自然生态系统入侵风险评价的指标体系与方法，其本质也是以"杂草"为起点的风险分析，即主要考虑引进树种本身的入侵性。而《进出境植物和植物产品有害生物风险分析程序》（SN/T 1601.2—2005）所规定的工作程序则主要针对植物和植物产品携带并传播有害生物的风险，即"以传播途径为起点"的有害生物风险分析。农业行业标准《外来昆虫引入风险评估技术规范》（NY/T 1850—2010）针对昆虫的引进规定了风险评估的程序和方法。

6.4 入侵生物生态适应和入侵风险预测

入侵物种在目标地区的适生性分析是有害生物风险分析的基础之一。由于入侵物种定殖后的铲除非常困难，所以不可能在目标地区通过野外试验来验证其适生性。目前，一般采用相关数学模型进行适生区预测，在假设物种保守的前提下，可应用基于生态位理论等的模型来预测入侵物种在目标地区的适生区，从而为决策者制定相应的管理方案和应对措施提供科学依据与技术支持。

可以利用多种模型来预测入侵物种的潜在地理分布区，目前这些模型主要依据相对较少的物种已知分布记录和一组预测变量，即环境变量，最后形成专题地图，预测的物种适生区通常以潜在的分布图表示。其中，生态位模型是通过生物物种在野外出现的相关分布区域、环境指示物种的丰富度等信息对物种分布情况进行预测的科学方法，它为物种的生境选择、地理分布区的预测以及外来入侵生物的风险分析提供了重要的量化分析工具，已经广泛应用于相关领域的研究中。由于不同研究领域的研究方法和侧重点存在较大差异，产生了大量的生态位模型种类，在使用中需要对模型进行选择。模型的选择最重要的衡量标准是预测的准确度，而物种地理分布点数据和影响物种分布的环境变量是制约模型预测准确度的重要因素。目前应用比较广泛的模型软件有：CLIMEX、MaxEnt、GARP、@Risk、BIOCLIM 等，大部分模型软件预测结果可导入一般的地理信息系统软件进行进一步分析，得到直观的适生性地图。本节将重点介绍 CLIMEX、MaxEnt、GARP 和@Risk 4 种模型或软件。

6.4.1 CLIMEX

CLIMEX 也称微机生态气候分析系统，是 20 世纪 80 年代由澳大利亚联邦科学与工业研究组织（Commonwealth Scientific and Industrial Research Organisation，CISRO）的 Surtherst 教授和 Maywald 博士所研发的商业化软件。其版本最初发布于 1985 年，是用 FORTRAN 77 编写并且在 VAX/VMS 和 MSDOS 下运行的动态模拟模型。CLIMEX 能够根据气候因素来预测某种动物或植物的潜在地理分布和相对丰盛度，最初，澳大利亚主要利用其来预测引进的外来植物和动物（主要是农业害虫）适生区域。1995 年，Surtherst、Maywald 和 Skarratt 推出了 1.0 版，1999 年又发布了 CLIMEX for Windows 1.1，此后又陆续推出了升级版本。目前最新版为 Climex and Dymex Suite 4.0.2，该版本将 Climex 与 Dymex 合并为一个软件包，支持 64 位 Windows 操作系统，优化了算法和自动参数拟合，大幅度提高了运行速度，新增了自动参数灵敏性以及模型不确定性分析等功能。最新版除了原有的物种潜在适生区预测模块，还包含种群动态模拟及未来气候变暖条件下生物的分布预测，其中充分考虑到种群动态及气候变化因素，将物种的生长发育因子(有效积温、温度、水分)、人为灌溉、降水等因子都考虑在内，进一步完善了气候变化研究方法，使模拟结果更为准确。

CLIMEX 模型是根据生理限制因子对生物生存、发育、繁殖等生命活动的影响，基于基础生态位理论，用数学模型模拟物种种群动态的定量分析方法。CLIMEX 模型组建中有两个基本假设：①物种在一年内经历两个时期，即适合其种群增长和不适合甚至危及其生存的时期；②气候是决定许多物种地理分布和相对丰盛度的最重要的因素。基于这两个假设，CLIMEX 可根据某物种的已知地理分布及相对丰盛度来估计该物种所需的气候条件，或者可以直接使用物种生长发育的生物学数据，运算出每周和每年的生长指数（growth index，GI），然后利用物种的生物学参数或已知分布区计算出种群在不适宜季节的胁迫指数（stress indices，SI）。其中，主要且常用的胁迫指数包括冷胁迫（cold stress，CS）、热胁迫指数（heat stress，HS）、干胁迫指数（dry stress，DS）和湿胁迫指数（wet stress，WS）。此外还有 4 个交互胁迫指数描述胁迫间的交互作用：热-湿胁迫指数（hot/wet stress，HWS）、热-干胁迫指数（hot/dry stress，HDS）、冷-湿胁迫指数（cold/wet stress，CWX）和冷-干胁迫指数（cold/dry stress，CDX）。CLIMEX 同时还考虑了滞育（diapause index，DI）和有效积温（length of growing season，PDD）等限制条件。生长指数、逆境指数和交互胁迫指数再综合为生态气候指数（ecoclimatic index，EI），用于描述该物种对某一地区的综合适合度。EI 值的大小范围为 0～100，EI 值越小，表明该地区气候条件越不适合物种长期生存；EI 值越大，物种的适生性越强。当 $EI=0$ 时，表明该地区不适合该物种的生存；而 $EI=100$ 时，表示该地区的气候为理想条件，非常适合物种长期生存。根据大量的研究结果，一般 EI 值为 0～10 时，表明物种的分布处于边缘区，物种在该地区无法长期生存；当 EI 值为 10～20 时，表明物种可以在该地区生存；当 $EI>20$，则表明该地区的气候条件较适合物种的生长发育和生存。

CLIMEX 自带的气象数据库中拥有世界气象组织（World Meteorological Organization，WMO）公布的气象数据库，气象数据包括月平均降水量、日最高气温、日最低气温以及 9：00～15：00 的日相对湿度。CLIMEX 最新版本包括来自全球 3000 多个气象站点的数据，而所含中国气象站点仅有 85 个，边远地区气象站点分布较少。因此，为弥补 WMO 气象数据库的不足，可根据 CLIMEX 气象数据库的格式要求增加气候研究所（Climate Research Unit，CRU）的每 0.5° 栅格的世界气象数据，将土壤含水量及均温作为气候比较的变量，并整理补充我国气象站点的数据，利用 CLIMEX 气象数据导入功能即可扩充 CLIMEX 气象数据库。另外，用户还可以根据需要导入自己的参数文件和数据文件，选用地点比较（compare locations）功能或气候相似比较（match climates）功能，反复调试和修正各初始参数，从而预测物种的潜在分布区。CLIMEX 能在信息量较少的情况下，做出较为有价值的预测，尤其是在参数调试修正过程中，能够推测出一些物种的未知生理数据。

CLIMEX 自问世以来，在植物检疫、有害生物风险分析、害虫管理和流行病的预测等方面得到了广泛应用，已成为全球最具影响力的定量预测工具之一。

6.4.2　MaxEnt（最大熵）

熵（entropy）是物理学中的一个重要概念，用以描述事物的无序性，熵越大则无序性越强。从宏观方面讲（根据热力学定律），一个体系的熵等于其可逆过程吸收或耗散的热量除以它的绝对温度。从微观讲，熵是大量微观粒子的位置和速度的分布概率的函数。1948 年，信息论的开创者克劳德·艾尔伍德·香农（Claude Elwood Shannon）将统计物理中熵的概念，引申到信道通信的过程中。他认为，信息（知识）是人们对事物了解的不确定性的消除或减少，并把不确定的程度称为信息熵。因此，信息熵本质上是对我们司空见惯的"不确定现象"的数学化度量，当熵的值越大时，说明事件发生的不确定性越大。E. T. Jaynes 于 1957 年在此基础上提出最大熵理论（the theory of maximum entropy），并证明在对随机事件的所有相容的预测中，熵最大的预测出现的概率最大。最大熵原理指出，对一个随机事件的概率分布进行预测时，预测应当满足全部已知的约束，而对未知的情况不要做任何主观假设。在这种情况下，概率分布最均匀，预测的风险最小，因此得到的概率分布的熵最大。在生态学领域最大熵理论可表述为物种在没有约束条件的情况下会尽最大可能进行扩散，接近均匀分布。

2004 年，美国普林斯顿大学 Steven Phillips 等根据最大熵理论建立了 MaxEnt 模型，用 Java 语言编写了 MaxEnt 软件。该模型能够根据已有的物种分布记录和环境变量数据分析物种的生态位需求，并预测其潜在地理分布。2008 年，Phillips 和 Dudik 对 MaxEnt 模型进行了进一步的调试和功能拓展，介绍了提高其准确性和运行效率的方法。至此，MaxEnt 模型和软件基本成熟，其不需对参数进行过多的设置和调整，更便于操作，所以一经推出便开始被全球学者所接受继而得到广泛应用。与 CLIMEX 不同，MaxEnt 是非商业软件，其 2017 年发布的 3.4.1 版本可以通过互联网免费获取（http://biodiversityinformatics.amnh.org/open_source/maxent）。

使用 MaxEnt 模型时，需要在运行前安装 Java 程序运行环境（http://java.com）。之后，通过实地考察或者文献、标本、数据库检索获得物种的已知分布点，并将分布点的经纬度以 csv 格式文件的形式输入到 MaxEnt 模型的 Samples 模块；然后根据物种生物学特性，将与物种分布关系密切的环境图层输入 Environmental layers 模块；随后设置重复运算次数（一般为 10 次）或验证数据的比例（20%～30%）及是否绘制响应曲线评价模型精度、是否使用刀切法选取主导环境因子等；最后依据 MaxEnt 模型模拟结果，将 ASCII 数据导入 ArcGIS 软件中，通过 Conversion 工具转换为栅格数据，再利用 Reclassify 工具对物种的适生区等级进行划分，根据输出结果进行解释。

MaxEnt 模型在预测结果中直接绘制出了 ROC 曲线并给出了模型的 AUC 值，为模型预测效果的判断提供了方便。ROC 曲线即受试者工作特征（receiver operating characteristic，ROC）曲线，线下面积（area under the curve，AUC）值因独立于阈值（threshold）评价结果、直观可见等特征，成为生态位模型应用中最流行的评价方法之一，被广泛应用于判断和比较不同模型之间的预测效果。AUC 值本质上是灵敏度（sensitivity）和特异度（specificity）在不同阈值下的综合指标。灵敏度是实际有分布且被预测为分布的概率，即真阳性率，反映了模型预测物种存在分布的能力；而特异度是指实际没有该物种分布且被正确预测为无分布的概率，即真阴性率，反映了模型预测该物种不存在分布的能力。随着阈值的增大，灵敏度降低，而特异度增加。当以预测物种潜在分布为目的时（如入侵物种潜在分布气候变化对物种分布的影响、谱系生物地理学等），模型评价应当给予灵敏度更多的权重；当以预测物种现实分布为目的时（如保护区界定和濒危物种引入项目等），模型评价应当给予灵敏度和特异度同等的权重。

MaxEnt 模型不但预测能力强、预测精度高，还具有支持变量类型多样、样本需求量小、可转移性强、灵活性强、结果易于解读等优势，近年来被广泛应用于外来物种入侵风险评估、气候变化对生物多样性的影响、自然保护区设计、物种濒危机制探索、栖息地破碎化问题、谱系生物地理学等研究中。

6.4.3 GARP

20 世纪 90 年代中期，David Stockwell 建立了 GARP（genetic algorithm for rule-set production，GARP）。这是一种基于规则集的遗传算法模型，其原理是利用已有的物种分布资料和环境数据，产生以生态位为基础的物种生态需求，探索物种已知分布区的环境特征与研究区域的非随机关系，用于研究物种的潜在分布和生物多样性。该模型描述了维持物种种群数量所需的环境条件，是一种基于局域环境空间的建模，能够较好地解决呈离散分布的物种的生态位问题。

GARP 的策略与分类树类似，是用一组条件语句（if…then）来进行判别的。GARP 系统现有 3 种规则：①原子规则（atomic rule），其表达式为"if x = x and y = y then …"；②范围规则（range rules），其表达式为"if x > x1 and x <= x2 then …"；③逻辑规则（logic rules），其表达式为"If p(x) = β then y"，其中，p(x) 是关于环境向量 X 的逻辑方程。GARP 利用物种分布的地点集合和一系列地理图层来表示可能会限制物种生存能力的环境因子，其使用的环境数据主要有生命带（life zone）、土壤类型（soil class）、年平均温度（annual mean temperature）、年平均降水量（annual precipitation）、植被类型（vegetation type）、植被阶元（vegetation class）、湿地（wetlands）和世界生态系统（world ecosystems）。GARP 模型用已知物种分布点的数据和带有与物种存活能力相关的环境参数层作为模型输入参数，通过不断迭代的遗传算法实现 4 种规则模型，即原子规则（atomic rule）、逻辑回归（logistic regression）、生物气候包络（bioclimatic envelope）和逆生物气候包络（negated bioclimatic envelope）的独立和组合分析，探索物种生存与环境参数之间的非随机相关性，并预测和估算物种的潜在分布区。该算法每次的输出结果都存在随机差异，需要生成最优集合。最后，综合最优集合中的结果，可以得到概率分布的物种潜在分布区。

GARP 模型与传统分类树的不同之处在于其寻优途径不同。传统分类树是试图找出全局范围的统一判别规则，由于 GARP 是局域建模，对于不同的环境空间其判别规则是不一样的。GARP 的运算过程是先从待选的逻辑斯谛回归和生物气候包络两种规则中选择一种规则，利用输入的训练数据生成一个模型，然后在模型创建过程中根据预测精确度的变化，来判断一个规则是否应该包括在模型中。这个算法可以反复运行，最高次数达 1000 或者按照结果的收敛终止，最终生成一个由不同规则共同组成的模型。将形成的最终模型投影到地理平面图上可以获得所需要的数字地图。

GARP 模型广泛应用于个体生态学，用于模拟物种的分布，这对于定位未知物种和稀有物种，集中利用有限资源防制有害物种，保护濒危物种以及对环境影响的评估有着重要的意义。

6.4.4 @Risk

@Risk 是基于随机模拟方法（如蒙特卡罗随机模拟方法 Monte Carlo Method、超级拉丁方抽样等），利用概率分布对各种可能出现的结果进行模拟，最后统计得出构成风险的各种事件发生的概率，并对风险的不确定性进行定量预测的软件。

该软件是美国 Palisade 公司研制开发的 Decision Tools Suite 工具包中的一款专业风

险分析软件(http://www.palisade.com/risk)，属于商业软件，在国际上被广泛应用于金融、建筑、医疗卫生和社会等学科领域，可以用于分析不同行业中存在的各种风险和不确定因素。该软件的一个主要优势在于可以对多个事件进行串、并联组合模拟，避免一些复杂的概率计算。@Risk内置37个概率分布函数，包括β分布、二项分布、负二项分布、Poisson分布、对数分布、正态分布、均匀分布、伽马分布、t分布、指数分布、几何分布、Weibull分布、对数正态分布、Pearson分布等。@Risk软件对内置的概率分布函数的取值范围无任何限制，但对待评估的有害生物而言，通常需要根据研究的风险因子的特性来明确取值范围。

@Risk通过宏模块与微软公司的Excel软件完美结合，可方便地在Excel中建立数学模型，构建不确定性，运行模型后以表格和图形形式显示输出结果。它还具有灵敏度分析的功能，能够显示哪些输入对输出的影响最大，从而找出风险构成因子中的关键控制点，以采取有效的、有针对性的风险管理措施来降低和消除最终的风险概率值。

利用@Risk进行外来物种的入侵风险分析主要按照以下4个步骤进行：

①根据实际需要分析的对象，组建各种场景下的模型，并将模型中各个风险因子(随机变量)输入到Excel表单中。在有害生物风险分析过程中，需要考虑不同场景下的风险及风险管理的效果。例如，在研究有害生物传入数量时，可以组建基本模型来了解常态下有害生物可能传入的数量，同时，增加出口前处理的场景或出口前预检的场景，分别研究这些场景下有害生物可能传入的数量。

②确定模型中各个风险因子(随机变量)的不确定值及其可能的取值范围。

③进行场景分析。确定各概率分布中风险因子的随机数，重复运算，得到各种场景下模型的值，并以柱状图、曲线图等方式将计算结果可视化。对各参数进行敏感性分析，明确各随机变量的影响程度，并根据客观世界的实际来进行调整。

④根据场景分析结果及其他的背景资料，帮助决策者做出尽可能合理的风险控制方案。

在国外，@Risk和场景模型的应用实例主要来自美国，用于多种有害生物的入侵风险评估，涉及传入(包括进入和定殖)、扩散和暴发过程中的风险。例如，美国农业部利用@Risk软件等针对出口我国的带有小麦矮腥黑穗病菌 *Tilletia cotroversa* 的磨粉用小麦开展了入侵风险评估(USDA，1998)。自2002年起，我国学者陆续利用@Risk软件开展了针对小麦矮腥黑穗病菌(陈克等，2002)、梨火疫病菌(周国梁等，2006)、松材线虫(汤宛地，2008)、橘小实蝇(周国梁等，2006；李白尼等，2008)、红脂大小蠹(汤宛地等，2008)、地中海实蝇(Li et al.，2010)、番石榴果实蝇 *Bactrocera correcta*(Ma et al.，2012)等外来有害生物的入侵风险定量评估，以及瓜实蝇(孙宏禹等，2018)、辣椒果实蝇 *Bactrocera latifrons*(康德琳等，2019)对相关产业的潜在经济损失评估。

本章小结

本章概述了有害生物风险分析的原理与方法、基本程序框架、国内外标准，以及几种重要的入侵生物生态适应模型。简要介绍了有害生物风险分析的定义、启动条件，以及定性、定量、半定量三类分析方法的优缺点；第二小节主要介绍了目前通行的有害生物风险分析的国际标准。以国际植物检疫措施标准为基础，列举了检疫性有害生物和限定的非检疫性有害生物风险评估的关键步骤和内容要点，同时，简要说明了EPPO 相关标准的文件组成。重点介绍了有害生物风险分析的国内标准，包括引种植物的风险分析流程和要求，以及一般的有害生物风险分析的共性要求和工作准则。较为详细地介绍了 CLIMEX、MaxEnt、GARP 和@Risk 4 种入侵生物生态适应和入侵风险预测的模型或软件的基本原理、操作步骤、适用情况和其在有害生物风险评估中发挥的作用。

思 考 题

1. 有害生物风险分析常用的方法有哪几类？各有哪些优点和局限性？
2. 有害生物风险分析包括哪些核心程序？
3. 试述几种入侵生物生态适应模型的基本原理和工作流程。

本章推荐阅读

魏初奖，2004. 植物检疫及有害生物风险分析[M]. 长春：吉林科学技术出版社.

周国梁，2013. 有害生物风险定量评估原理与技术[M]. 北京：中国农业出版社.

国际植物检疫措施标准：https://www. ippc. int/en/core-activities/standards-setting/ispms.

EPPO 有害生物风险分析标准：https://www. eppo. int/resources/eppo_ standards.

第7章 检疫性病原物

检疫性病原物是指引起植物检疫性病害的病原物，包括真菌、卵菌、原核生物（细菌、植原体）、病毒（类病毒）和线虫等。

本章重点介绍 10 种检疫性病原物，其中，松材线虫、落叶松枯梢病菌和松疱锈病菌被纳入《全国林业检疫性有害生物名单》（国家林业局，2013）。

7.1 松材线虫

（1）分类地位

松材线虫 *Bursaphelenchus xylophilus*（Steiner et Buhrer）Nickle 属动物界 Animalia，线虫门 Nematoda，侧尾腺纲 Secernentea，滑刃目 Aphelenchida，滑刃科 Aphelenchoididae，伞滑刃属 *Bursaphelenchus*。

（2）识别特征

松材线虫体型微小，需借助显微镜识别。其雌、雄线虫都呈蠕虫状，长约 1 mm，虫体纤细，表面光滑，有环纹；唇区高，头部和身体界限明显；头部为放射状 6 片唇，两个侧唇上各有一个侧器；口针细，口针基部稍膨大，中食道球椭圆形，占体宽的 2/3 以上，瓣门清楚；背食道腺开口于中食道球，并于背面覆盖肠，长度约相当于体宽的 3~4 倍；排泄孔的位置约在食道和肠交界的水平处，有时靠近神经环；半月体明显，在中食道球后 2/3 体宽处；神经环恰于中食道球下方。雌虫卵巢前伸，卵母细胞通常单行排列；后阴子宫囊长，延伸到阴肛距 3/4 处；上阴唇长，向下覆盖，形成阴门垂体（或阴门盖）（图 7-1a）；尾近圆柱形，尾端钝圆，或有短的尾尖突。雄虫尾尖，侧面观似爪状，精巢前伸；交合刺大，弓形，成对，不联合，基部有一大而尖的喙，有喙状突起，交合刺末端有一几丁质凸出物（图 7-1b）；尾端有一卵圆形的交合伞；尾部有 7 个生殖乳突，肛前 1 对，肛前中央 1 个，肛后在交合

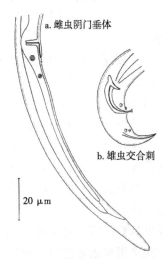

a. 雌虫阴门垂体

b. 雄虫交合刺

20 μm

图 7-1　松材线虫成虫尾部形态特征
（引自杨宝君等，2003）

伞起点前有 2 对。

松材线虫的形态特征与拟松材线虫 *B. mucronatus* 非常相似，主要区别在于雌虫的尾部特征：拟松材线虫雌虫有尾尖突（大于 2.5 μm），通常偏向腹侧，尾圆锥形或指状；而松材线虫雌虫的尾端钝圆，无尾尖突或尾端指状（杨宝君等，2003）。

（3）检验鉴定方法

感染松材线虫的松树会表现出外部典型症状，如树脂分泌急剧减少甚至停止，针叶由绿变黄，最后变成红褐色，挂在树枝上不易脱落，树冠呈火烧状（彩图 1a）；树体失水、材质干枯、木材变轻，树木木质部常有蓝变现象（彩图 1b）；另外，通常树干部多数有天牛产卵刻槽、侵入孔。通过这些症状可对松材线虫病进行初步诊断和检验，然后再采集疑似样品对其进行进一步检测和鉴定。

对于松材线虫的检测鉴定，目前采用的有显微镜形态鉴定和分子检测鉴定两类方法。具体的取样、分离、培养和检测鉴定方法可参照国家标准《松材线虫病检疫技术规程》（GB/T 23476—2009）和《松材线虫分子检测鉴定技术规程》（GB/T 35342—2017）来进行。

（4）检疫管理和防制策略

松材线虫病的传播主要分为自然传播和人为传播两种途径。自然传播主要通过媒介昆虫携带松材线虫传播到邻近的健康松树；人为传播即为远距离传播，主要靠人为调运染病松树、松木及其制品等进行传播。人为传播方式不受自然屏障限制，而且速度快，是松材线虫病最主要、也是最危险的传播方式。另外大量事实也表明，违章调运松材线虫病疫木及其制品是导致我国松材线虫病多呈远距离跳跃式传播扩散的主要原因。我国已经制定了松材线虫病检疫及疫木处理的国家标准，如《松材线虫病检疫技术规程》（GB/T 23476—2009）和《松材线虫病疫木处理技术规范》（GB/T 23477—2009）。检疫中发现疑似携带有松材线虫的松木及包装材料等制品，应参照以上标准进行检疫检验和检疫处理。

对于松材线虫防制，目前采用的主要措施包括：

①及时清理病树、濒死树和枯死木。清除病株残体是松材线虫病防制的重要措施。在媒介天牛的非羽化期，对发生区的病死树进行全面清理并科学处理采伐剩余物。

②在传媒天牛的羽化期，通过飞机喷施杀虫剂（杀螟松、噻虫啉等）来杀死天牛进行防除；对于有特殊意义的名松古树和需要保护的松树，在媒介昆虫羽化前 2 个月，采取树干注药（主要成分为阿维菌素、甲维盐等）的方法进行保护；应用诱捕器、设置诱饵木等方法在林间对传媒天牛进行化学诱杀。

③在媒介天牛幼虫幼龄期，林间释放天敌昆虫（管氏肿腿蜂 *Sclerodermus guani*、哈氏肿腿蜂 *S. harmandi*、花绒寄甲等）或通过天敌昆虫携带球孢白僵菌 *Beauveria bassiana* 的方法感染天牛幼虫，可以降低林间天牛数量。另外，研究表明，天敌微生物伊氏杀线虫真菌 *Esteya vermicola*（Ev）联合苏云金芽孢杆菌 *Bacillus thuringiensis*（Bt）对于防制松材线虫具有一定的生防潜力（李恩杰等，2019）。

④选用和培育抗病树种是防制松材线虫病较为理想的方法。日本学者曾利用马尾松 *Pinus massoniana*、火炬松 *P. taeda* 和日本黑松 *P. thunbergii* 杂交，得到了对松材线虫病显示出抗性的松树新品种。

⑤通过多种营林措施对感染松材线虫病的松林进行林分改造，如在林中空地或稀疏的松林内套种阔叶树，利用多元化的树种结构来提高松林对松材线虫病的抵御能力。

（5）风险评价

松材线虫原产北美，目前在美国、加拿大、墨西哥、葡萄牙、西班牙、朝鲜和韩国均有分布。松材线虫是世界上最具危险性的检疫性病原物，也是我国头号检疫性林业有害生物。其引起的松材线虫病又称松树枯萎病、松树萎蔫病，是危害松树的一种毁灭性病害，也是我国迄今为止发生的危害程度及除治难度最大的林业生物灾害。松材线虫自然染病寄主是以松属 *Pinus* 植物为主的近 70 种针叶树种（杨宝君等，2003；王曦茁等，2018）。松材线虫一生经过卵、幼虫和成虫 3 个阶段，生活史分为繁殖周期和分散周期，主要通过媒介昆虫松墨天牛的活动、人为携带和调运带病的松木及松木制品传播蔓延。松材线虫的繁殖周期全部在松树体内，其通过媒介昆虫取食健康松树枝条而进入到松树体内，开始了繁殖周期，重复出现卵、幼虫和成虫。2 龄幼虫遇不良环境，转化成分散型 3 龄幼虫，向蛹室聚集，能抵抗干燥和低温等不良环境，蜕皮后逐渐成为持久型（休眠型）4 龄幼虫，持久型 4 龄幼虫特别抗干燥，适合媒介昆虫的传播（杨宝君等，2003）。松材线虫雌、雄交尾后产卵，雌虫可保持 30 d 左右的产卵期，1 条雌虫产卵约 100 粒。在生长最适温度（25 ℃）条件下约 4~5 d 一代，发育的临界温度为 9.5 ℃，高于 33 ℃ 则不能繁殖。一对松材线虫 20 d 内可繁殖 20 万条线虫（Shin，2008）。

松材线虫自 1982 年在我国南京首次发现之后，疫情不断扩展蔓延，目前已扩散至江苏、安徽、湖北、湖南、浙江等十几个省（自治区、直辖市）。据不完全统计，松材线虫病入侵我国 30 多年来已经累计致死松树达数十亿株，造成的直接经济损失和生态服务价值损失达上千亿元人民币（叶建仁，2019）。松材线虫病具有高传染性、潜伏性、致病力强、防制困难、传播蔓延迅速、危害性极大等特点，松树一旦感染，最快 40 多天即可枯死，成片松林感染松材线虫病后，如不及时防制 3 年内即可毁灭。因此，松材线虫病也被人们喻为松树的"癌症"、松林的"艾滋病"和"SARS"。

7.2 落叶松枯梢病菌

（1）分类地位[①]

落叶松枯梢病菌 *Botryosphaeria laricina*（Sawada）Shang 属真菌界 Fungi，子囊菌门 Ascomycota，座囊菌纲 Dothideomycetes，葡萄座腔菌目 Botryosphaeriales，葡萄座腔菌科 Botryosphaeriaceae，葡萄座腔菌属 *Botryosphaeria*。

（2）识别特征

落叶松枯梢病菌的子囊座壳状，瓶形或梨形，黑褐色，单生或几个一起丛生在表皮下，大小为（170.0~500.0）μm×（130.0~300.0）μm，孔口稍突出，壳中有多个子囊

[①] 注：本章中真菌和卵菌的分类地位均依据《真菌词典》（*Ainsworth & Bisby's Dictionary of the Fungi*）第 10 版（2008）分类系统。

和侧丝，子囊无色，棍棒状，大小为(120.0~140.0) μm×(25.0~45.0) μm，顶部圆头形，基部有梗(尚衍重，1987；袁嗣令，1997)。子囊孢子无色，单胞，椭圆形至纺锤形，大小为(24.0~34.0) μm×(8.0~17.0) μm。侧丝直径约3.0 μm，有分枝。无性阶段为大茎点菌属 *Macrophoma*。分生孢子器球形至扁球形，群生于病梢表皮下和针叶表皮下，略见孔口，大小为(127.0~250.0) μm×(110.0~230.0) μm，内壁周生分生孢子梗；分生孢子梗短圆柱形，无色，不分枝，(4.0~8.5) μm×(2.0~3.0) μm；分生孢子单细胞，无色，长椭圆形至纺锤形，大小为(19.0~35.0) μm×(6.5~12.0) μm。在分生孢子成熟时，还同时产生球形至扁球形的性孢子器，性孢子梗细长，性孢子短杆状或椭圆形，无色(图 7-2)。

(3)检验鉴定方法

落叶松枯梢病菌可危害落叶松 *Larix* spp. 幼苗、幼树乃至大树，以 6~15 年生的幼林发病较为严重。其主要侵染落叶松当年生长的新梢，树冠上的枯梢也都是当年新梢发病枯萎而残留下来的。该病害一般先从主梢开始，然后由树冠上部的枯梢逐渐向下扩展蔓延。被侵染的新梢渐渐褪绿，由淡褐色变为褐色，凋萎变细。枝梢顶部弯曲下垂呈钩状，自弯曲部位逐渐脱叶，后期仅限梢顶部残留枯死叶簇，经久不落，呈紫灰色。发病较迟的新梢已木质化，病枝不弯曲下垂而呈直立型枯梢，病叶全部脱落(彩图 2)。因此，病部以上枝梢枯死，使苗木成为无顶苗。发病枝梢上常有固着不落的树脂块。在幼树上，翌年新梢也同样发病枯死，由侧芽生小枝代替原主梢，这样年年发病，枯梢成丛，树冠呈扫帚状丛枝，高生长停止，形成小老树，甚至整株死亡(杨旺，1996；宋淑梅等，1997；张广臣等，1999)。

依据上述落叶松枯梢病的典型症状，采集可疑样品进行检测，实验室内观察病原菌产生的子实体的显微形态特征，参照国家标准《落叶松枯梢病菌检疫鉴定方法》(GB/T 28092—2011)进行相应的检验和鉴定。

(4)检疫管理和防制策略

加强苗木调运检疫，禁止病(疫)区苗木调出；加强疫区苗圃管理，在苗木生长季节，定期检查病苗，及时销毁带病苗木及可疑苗木。检疫过程中，发现疑似携带有落叶松枯梢病菌苗木等材料，参照林业行业标准《落叶松枯梢病检疫技术规程》(LY/T 2215—2013)和国家标准《落叶松枯梢病菌检疫鉴定方法》(GB/T 28092—2011)进行相应的检疫处理。

落叶松枯梢病目前的防制措施主要包括：

①清除侵染源。及时清除病腐木、剪除幼树病枝等，并进行集中烧毁以减少侵染来源。

②营林措施。加强落叶松人工林的抚育管理，根据落叶松枯梢病的发病程度，以间伐的方式清除病腐木和被压木等，降低林分病情指数；对落叶松生长极度衰退、病情严重而无望成材的林分要及时伐除，改换适宜树种；改造林分结构，营造落叶松与阔叶树混

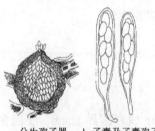

a. 分生孢子器　　b. 子囊及子囊孢子

c. 病菌的座囊腔

图 7-2　落叶松枯梢病菌形态特征

(引自国家林业局植树造林司等，2014)

交林。

　　③化学防除。对发生面积较大的重病区和重病林分要在做好预测预报的基础上，应用杀菌剂(放线菌酮、多抗霉素、代森锌等)进行喷雾防除；在郁闭度高、林龄较大的林分，可利用百菌清、五氯酚钠等烟剂进行防除。

　　(5)风险评价

　　落叶松枯梢病最初在1938年发现于日本北海道，1950年，泽田兼吉确定其病原菌为落叶松壳囊孢 *Physalospora laricina*，20世纪60年代该病害已广泛扩散蔓延至日本东北部各地(项存悌，1979)。山本和太郎与伊藤一雄对落叶松枯梢病菌的形态和分类地位作了进一步研究后，于1961年将其学名改为落叶松球座菌 *Guignardia laricina*。我国于20世纪70年代初发现落叶松枯梢病，随后十几年间即已遍布东北三省的广大林区。1987年，我国学者尚衍重对落叶松枯梢病菌的分类地位进行了探讨，建议将它从球座菌属 *Guignardia* 移至座腔菌属，重组为落叶松葡萄座腔菌 *Botryosphaeria laricina*。

　　落叶松枯梢病菌的寄主有华北落叶松 *Larix gmelinii* var. *principis-rupprechtii*、黄花落叶松(海林落叶松、朝鲜落叶松)*L. olgensis*、长白落叶松 *L. gmelinii* var. *olgensis*、日本落叶松 *L. japonica*、兴安落叶松 *L. dahurica* 等。在国外还可危害北美黄杉(花旗松)*Pseudotsuga menziesii*、欧洲落叶松 *L. decidua*、北美落叶松 *L. laricina*、西美落叶松 *L. occidentalis* 等。该病害在落叶松人工林内为害1~35年生落叶松新梢，6~15年生幼林发病尤重；病轻时造成枯梢，影响高生长；重时树冠呈扫帚状丛枝，不能成材，甚至死亡。病原菌的自然传播主要靠雨水飞溅和风传，有效传播距离一般不超过300m；其远距离传播主要靠调运带病植株。苗木、接穗、枝杈是直接带菌者，带有小枝梢的原木和小径木也能带菌。

　　落叶松枯梢病在国外主要分布于日本、朝鲜、韩国、俄罗斯(远东)，其自20世纪70年代在我国北方落叶松林严重发生以来，目前已扩散至包括辽宁、吉林、黑龙江、山东、河北、内蒙古、甘肃、宁夏、陕西和山西等省(自治区)的多个县(市)，已成为我国北方地区落叶松人工林的一种主要病害。因此，落叶松枯梢病菌也一直作为国内重要的森林植物检疫对象之一，被连续列入1980年、1996年、2004年和2013年的《全国林业检疫性有害生物名单》。

7.3　松疱锈病菌

　　(1)分类地位

　　松疱锈病菌 *Cronartium ribicola* J. C. Fischer 属真菌界 Fungi，担子菌门 Basidiomycota，锈菌纲 Pucciniomycetes，锈菌目 Pucciniales，柱锈菌科 Cronartiaceae，柱锈菌属 *Cronartium*。

　　(2)识别特征

　　松疱锈病菌即茶藨生柱锈菌，属长循环型生活史。在自然状况下，该病原菌的性孢子和锈孢子阶段寄生于松树枝干皮层，夏孢子、冬孢子和担孢子阶段寄生于转主寄主叶背。其性孢子器扁平，埋生在皮层中，性孢子无色，梨形，单胞，大小为(2.4~4.5) μm×(1.8~2.5) μm，在8月末至9月初与蜜液混合，溢出于皮外；锈孢子器疱囊状，初为黄白色后为橘黄色，高 4.0 ~ 6.0 mm，直径 3.0 ~ 5.0 mm，长径 4.0 ~ 40.0 mm。具无色囊状包被，包被由多层细胞组成，最外层细胞为梭形。单个锈孢子鲜黄色，(22.8 ~ 33.6) μm×(14.4 ~ 28.8) μm，平均 23.7 μm×29.2 μm，成堆时为橘黄色。锈孢子球形至卵形，表面有平顶柱形的粗疣，疣上有 3 ~ 7 层突起环纹，每个孢子表面都有一个明显的平滑区，其表面粗疣顶部在同一球面上(图 7-3a)。

 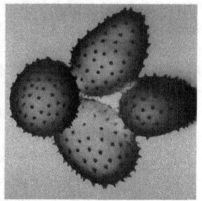

a. 锈孢子 b. 夏孢子

图 7-3 松疱锈病菌孢子形态特征
(引自国家林业局植树造林司等，2014)

松疱锈病菌的夏孢子堆初为带光泽的橘黄色丘疹状，破裂后呈橘红褐色的粉堆。夏孢子球形至椭圆形(也有卵圆形)，表面有细刺，鲜黄色，(15.6 ~ 30.0) μm×(13.1 ~ 20.6) μm，平均 17.6 μm×23.2 μm(图 7-3b)。冬孢子多半从夏孢子堆中产生，由梭形褐色的冬孢子联结成柱状，密生在寄主叶背面，赤褐色，初直立，后扭曲，直径 8.7 ~ 165.0 μm，长 50 ~ 1900 μm，单个冬孢子略呈梭形，褐色，(36.0 ~ 59.0) μm×(13.0 ~ 13.5) μm，成熟后在低温多湿条件下，萌发产生担子及担孢子，此时的冬孢子堆在外观上有一层白粉。担孢子球形，带一嘴状突起，透明，无色至浅橘黄色，10.0 ~ 12.0 μm。

(3)检验鉴定方法

松疱锈病菌性孢子和锈孢子阶段的寄主植物为红松 *Pinus koraiensis* 、华山松 *P. armandii*、偃松 *P. pumila* 和北美乔松 *P. strobus* 等松属中单维管束松树。病原菌主要危害五针松幼苗和 20 年生以内的幼树枝干的皮部，引起溃疡而导致树木生长不良或枯死。该病菌通常由松针侵入，逐渐向枝干蔓延，松针被侵染后，产生黄绿色至红褐色点斑，而枝干在病害初期时多半无明显病状。当年秋季，枝干上出现由皮下溢出的橘黄色的蜜滴，蜜滴消失后削皮可见血迹斑。次年 5 月中下旬由该处皮下生出疱囊，初黄白色，后为橘黄色，6 月上旬疱囊破裂后，由里边散出橘黄色至橘红色的粉末状锈孢子(彩图 3)，秋季在产生疱囊的上部或下部会再产生蜜滴。旧病皮待疱囊散后常显粗糙，且带黑色，病部微显肿胀，但木质部无明显变化。病树的高生长、粗生长和松针长度都受严重影响，表现为新梢很短、连年发病后冠形变圆，松针淡绿无光泽，生长停滞。

该病菌的转主寄主也有多种植物，目前全球报道的主要为茶藨子属 *Ribes* 、马先蒿属 *Pedicularis* 和火焰草属 *Castilleja* 植物。松疱锈病菌于 6 ~ 7 月在转主寄主的叶背面产生橘黄色疱状夏孢子堆，入秋即生黄褐色至橘红色毛状物，即冬孢子堆。当叶片上的夏孢子堆或冬孢子堆过多时，孢子堆之间的叶片组织便产生坏死斑，严重时全叶枯焦。

在对松疱锈病进行检验鉴定时，需要根据上述症状，重点检查松树的枝干部是否有流脂、皮层肿大或破裂，皮下是否有白色或橘黄色泪滴状的"蜜滴"溢出，是否产生橘黄色疱囊状的锈孢子器或是否散出橘黄色至橘红色的粉末状锈孢子。采集可疑症状的样品，实验室内挑取孢子置于显微镜下观察其形态特征，进而对病原菌进行准确鉴定。具体步骤可参照国家标准《松疱锈病菌检疫鉴定方法》(GB/T 29587—2013)。

(4)检疫管理和防制策略

加强寄主苗木的检疫工作，严格检测松苗带病状况，产地检疫中发现的带病苗木应就地拔除销毁，严防带病苗木上山造林以及带病苗木和原木的运输。检疫中发现疑似携带有松疱锈病的松苗、松木等松树繁殖材料和产品，应参照《松疱锈病菌检疫鉴定方法》(GB/T 29587—2013)和《松疱锈病菌检疫技术规程》(LY/T 2780—2016)进行相应的检疫处理。

目前，松疱锈病的主要防制措施包括：

①造林后抚育管理。管理措施包括消除病株、幼林修枝、铲除树旁林内的杂草和转主寄主等。4~7月，对发生疫情的种苗繁育基地及林分周围500 m以内的转主寄主植物实施人工清除，或用除草剂处理清除。

②化学防除。化学药剂防除是防制松疱锈病的主要措施之一。通常对病树进行刮病涂药治疗，用松焦油、粉锈宁、多菌灵等药剂涂抹病部可使大部分病树恢复，具有较好的防除效果。

③抗病个体的选育和育种。该措施是控制松疱锈病的理想途径，但目前我国在这方面研究较少。

(5)风险评价

松疱锈病又称五针松疱锈病、五针松干锈病、红松疱锈病等，是由茶藨生柱锈菌(*Cronartium ribicola*，英文名 white pine blister rust)引起的危害红松、华山松等五针松的一种重要枝干病害，也是世界上有名的一种危险性林木病害。松疱锈病的自然传播主要靠气流和雨水溅散，即病原菌的担孢子和锈孢子借助风力和雨水的传播扩散；远距离传播途径为染病松苗、幼树及新鲜带皮原木的调运。

松疱锈病最早记载于新疆五针松 *P. sibirica* 上，后传入欧洲和北美洲(Spaulding，1929)。该病害于1900年左右随着从欧洲进口的北美乔松苗木传入了美国，之后便在美国西部地区流行并蔓延到美国西部北美乔松分布的大部分地区，几乎使北美五针松毁于一旦(Geils et al.，2010)。我国于1956年在辽宁本溪草河口的红松上首次发现松疱锈病(邵力平，1979)，此后该病害在我国东北地区的红松人工林中流行和传播，如今已扩散蔓延至东北、华北、西北和西南的多个省区。当前松疱锈病在国外主要分布于北半球，包括亚洲、欧洲及北美洲的30多个国家，根据《中国林业有害生物 2014—2017年全国林业有害生物普查成果》，其国内目前主要分布于我国的黑龙江、吉林、辽宁、湖北、四川、云南、西藏、陕西、甘肃、新疆等地，以东北的红松疱锈病和陕西、四川、云南3省的华山松疱锈病危害最为严重。自1984年起，松疱锈病就一直被列入《森林植物检疫对象名单》。

7.4 栎枯萎病菌

(1)分类地位

栎枯萎病菌 *Ceratocystis fagacearum* （Bretz） J. Hunt 属真菌界 Fungi，子囊菌门 Ascomycota，粪壳菌纲 Sordariomycetes，小囊菌目 Microascales，长喙壳科 Ceratocystidaceae，长喙壳属 *Ceratocystis*。

(2)识别特征

栎枯萎病菌的子囊壳黑色、瓶状、基部球形，直径 240～380 μm，几乎整个埋于基质内，子囊壳具有长喙，喙长 250～450 μm，顶端生有无色须状物。子囊球形至近球形。子囊壁易消解，成熟后，子囊孢子从孔口流出，聚集在白色黏液中呈小滴状，且在水中不易分散，子囊孢子大小(2～3) μm×(5～10) μm。其无性型阶段为 *Chalara quercina* Henry，分生孢子单胞，圆筒形，两端平截，(4.0～22.0) μm×(2.0～4.5) μm，在人工培养基上可形成分生孢子链(彩图 4a)。分生孢子梗分枝或不分枝，宽 2.5～5.0 μm，长 20.0～60.0 μm，淡色至黑色，有分隔、顶端逐渐变尖菌丝分枝有横隔、淡色至褐色，宽 2.5～6.0 μm。病树死后，在树皮和木质部之间形成菌垫(彩图 4b)，其上产生分生孢子梗及分子孢子，菌垫不断加厚，最终可导致树皮开裂、菌丝层外露，同时还散发出一种水果香味。

(3)检验鉴定方法

每年仲春至暮春，从树冠上部侧枝开始发病，并向下蔓延。对于红栎类，老叶最初轻微卷曲、呈水浸状暗绿色，然后从叶尖向叶柄发展，逐渐变为青铜色至褐色。之后，病叶便纷纷脱落。幼叶则直接变为黑色并卷曲下垂，但不脱落。当大多数病叶脱落之后，主干及粗枝会长出抽条，其上生出的幼叶也呈现上述症状。病害的发展很快，一般几个星期或一个夏季之后，病树便会枯死。对于白栎类，症状与红栎相似，但发病较慢，一个季节仅有一个或几个枝条枯死，2～4 年后，病株或者枯死，或者康复。剥去病枝树皮，可见到长短不一的黑褐色条纹，且白栎比红栎更为明显(彩图 5)。

栎枯萎病菌的最适培养温度为 24 ℃，最高为 32 ℃。发病最适温为 28 ℃，低于 16 ℃或高于 32 ℃均不显症。在人工培养基上，菌落呈绒毛状，厚 1.0～3.0 mm，初为白色，后为淡灰色至黄绿色，常有褐色斑块。除分生孢子外，菌落中还能形成菌核。菌核茶褐色至黑色，质地疏松，形状不定，直径可达 2.5 cm。此外，还可形成一种橄榄色的厚垣孢子。子囊孢子在 25 ℃下萌发生芽管，在芽管内形成无色的内生分生孢子。该病菌的检疫检验和鉴定可参照《栎枯萎病菌的检疫鉴定方法》(GB/T 28083—2011)。

(4)检疫管理和防制策略

严格禁止从栎枯萎病疫区进口栎类的苗木、木材及原木。许多国家规定，进口栎树木材和原木必须是来自发病地区 80 km 以外的无病栎树。

彻底销毁病树、切断病健树根部接触传播和消灭媒介昆虫是国外防制栎枯萎病的主要方法，具体为：发现病株应立即进行彻底销毁，并清除其周围 15 m 内的健康植株；喷施化学杀虫剂，消灭传病介体；在发病初期或预防期，注射丙环唑(Propiconazole)具有一定的预防、保护和治疗作用。

（5）风险评价

栎枯萎病是一种毁灭性维管束病害，该病害的病原菌主要危害红槲栎 *Quercus rubra* 等栎属树种，也可侵染板栗 *Castanea mollissima* 等壳斗科其他树种。栎枯萎病自 1942 年在美国威斯康星州首次发现以来，已扩散蔓延至美国中东部地区的 20 多个州（Juzwik et al. 2008）。

Herry 于 1944 年首次发现并描述栎枯萎病菌的无性型为栎鞘孢菌 *Chalara quercina*，随后，Bretz 和 Hepting 发现该病菌为异宗配合，相反交配型的亲本交配能够产生有性世代。1952 年，Bretz 将其有性型描述并定名为壳斗内分生孢菌 *Endoconidiophora fagacearum*。1956 年，在 Hunt 的专题论文中，栎枯萎病菌又被从内分生孢属 *Endoconidiophora* 移入长喙壳属，从而将其拉丁学名变为壳斗长喙壳菌 *Ceratocystis fagacearum* 并一直沿用下来。依据命名法规，并鉴于鞘孢属 *Chalara* 的模式种梭形鞘孢菌 *Chalara fusidioides* 与长喙壳属的相关无性型明显不同而将前者归入了锤舌菌目 Leotiales。Paulin-Mahady 认为栎枯萎病菌无性型的学名应该为栎根串珠霉菌 *Thielaviopsis quercina*。随着真菌分子系统学研究的深入，de Beer 等在 2014 年对长喙壳科进行了分类修订，并认为栎枯萎病菌同该科已有属的所有种类都存在较大差异。因此，2017 年 de Beer 等为容纳栎枯萎病菌而设立了新属——布雷氏菌属 *Bretziella*，也将其学名改为壳斗布雷氏菌 *Bretziella fagacearum*，但目前 *C. fagacearum* 依然被广泛使用。

栎枯萎病菌除了通过根际接合进行树与树之间的近距离地下传播外，还能通过介体昆虫，例如露尾甲 *Carpophilus* spp. 和鬃额小蠹 *Pseudopityophthorus* spp. 等进行地面近距离传播。病菌的远距离传播则主要是通过染病的寄主苗木、原木及其制品的长途运输。栎枯萎病发展迅速，可使病树在表现症状后几周内便整株死亡，并且极难根治，因此一直被 EPPO 及许多国家和地区列入检疫性有害生物名单中。我国栎树种类很多，且生长于不同的气候地区，有的地区环境条件与目前欧美栎枯萎病的发生区类似，尤其在温暖潮湿的南方，该病发生的可能性和危害性更大。

7.5 松脂溃疡病菌

（1）分类地位

松脂溃疡病菌 *Fusarium circinatum* Nirenberg et O'Donnell 属真菌界 Fungi，子囊菌门 Ascomycota，粪壳菌纲 Sordariomycetes，肉座菌目 Hypocreales，丛赤壳科 Nectriaceae，赤霉属 *Gibberella*。

（2）识别特征

松脂溃疡病菌的形态特征如彩图 6 所示：有性型为环化赤霉菌 *Gibberella circinata*，但常见的主要是其无性阶段 *F. circinatum*；分生孢子座通常着生于树木或落地的病株残枝上、松针脱落后的叶痕处与溃疡组织的树皮外表；病原菌孢子分大型分生孢子和小型分生孢子两种，产生于白色气生菌丝体上；小型分生孢子主要为纺锤形，偶尔有卵圆形至囊形，无隔膜，或有 1 个或多个隔膜；大型分生孢子细长、弯曲条状或镰刀状，大多 3 个隔膜；分生孢子梗聚生在一种垫状的粉红色的小型子实体结构即分生孢子座上，直立、分枝明显。每次分枝出 1 或 2 个丛梗，分枝不断增多并与不孕的盘绕菌丝相连；无厚垣孢子；在 PDA 培养基上，气生菌丝均匀生长，菌落白色中间杂带灰色至紫罗兰色的斑点。

松脂溃疡病菌常引起松树侧枝、根茎或主干发生溃疡（彩图 7），并伴有大量松脂流出；染病松树的针叶渐渐褪绿变红，变为红褐色；溃疡树皮不脱落、表面下陷，其下木材变色，并积满松脂；松脂溃疡病菌侵染松树的根部，引起根部溃疡、腐烂，造成整株萎蔫、枯死或松苗立枯；另外，病原菌还可侵染松树的球果和种子，造成球果提前停止生长并保持闭合状态，种子带菌。总之，松脂溃疡病菌可侵染不同树龄的松树，最终造成枝枯、树干畸形、生长衰退和整株死亡。

（3）检验鉴定方法

松脂溃疡病菌主要危害松属植物，根据该病害的危害症状采集疑似症状的植物样品，在实验室内进行进一步的检验和鉴定。通常情况下，需要利用选择性或半选择性培养基分离获得病原菌，然后再通过形态特征并结合基因序列分析进行准确的鉴定。另外，也可以利用 PCR、Real-time PCR 等分子生物学技术对松脂溃疡病菌进行快速检测。ISPM 27/DP 22 和 EPPO PM 7/91（2）均可参考用于松脂溃疡病菌的检验检测和鉴定。

（4）检疫管理和防制策略

加强对来自国外疫区的松树苗木、种子、木材及木质包装的入境检疫；要求来自疫区的货物作杀虫、杀菌处理，以杀死携带松脂溃疡病菌的昆虫媒介，阻止松脂溃疡病菌随寄主材料等传入我国；检疫时一旦发现松脂溃疡病菌，应立即销毁带病材料。

针对松脂溃疡病，目前采取防制措施包括：

①及时清除病枝、病树及病残体，防止松脂溃疡病菌扩散蔓延。

②使用合理的种植及森林管理措施，如通过疏伐，维持树木的苗壮长势。

③喷施化学杀虫剂，消灭传病的昆虫媒介。

④在发病初期或预防期，使用杀菌剂进行化学防除。

⑤选用和培育抗病的松树苗木等。

（5）风险评价

松脂溃疡病是一种严重危害松树的病害，主要引起松属树种枝枯、树干畸形、生长衰退和整株枯死。松脂溃疡病菌最早曾被鉴定为砖红镰刀菌松树专化型 *Fusarium lateritium* f. sp. *pini*、串珠镰刀菌胶孢变种 *F. moniliforme* var. *subglutinans* 和胶孢镰刀菌松树专化型 *F. subglutinans* f. sp. *pini* 等。直至 1998 年，Nirenberg 等在综合了形态和分子生物学等方面的研究之后，认为该种为镰刀菌的一个独立种，并将其命名为 *F. circinatum*，随后还发现了它的有性阶段。除松属树种外，松脂溃疡病菌也能侵染花旗松、显脊雀麦 *Bromus carinatus*、绒毛草 *Holcus lanatus* 等其他植物。

松脂溃疡病菌近距离可以借助风、飞溅的雨水以及一些媒介昆虫（如小蠹等）进行传播，而远距离传播主要通过带病种子、苗木、木材、木质包装以及土壤等的运输。松脂溃疡病于 1946 年在美国北卡罗来纳州的矮松 *Pinus virginiana* 上首次发现（Hepting et al., 1946），现已扩散至南美洲、欧洲、非洲、亚洲等地区，主要分布于美国、墨西哥、海地、智利、乌拉圭、南非、坦桑尼亚、阿尔及利亚、日本、韩国，以及西班牙、葡萄牙等国家。目前该病菌在我国尚无发生和分布，已被我国列为进境植物检疫性有害生物，也被 EPPO 列入 A2 有害生物预警名单。

7.6 栎树猝死病菌

（1）分类地位

栎树猝死病菌 *Phytophthora ramorum* Werres, de Cock & In't Veld 属藻物界 Chromista，卵菌门 Oomycota，卵菌纲 Oomycetes，霜霉目 Peronosporales，腐霉科 Pythiaceae，疫霉属 *Phytophthora*。

（2）识别特征

栎树猝死病菌的寄主范围非常广，不仅危害栎属植物，还危害其他22科33属重要的森林和观赏植物，如柯属 *Lithocarpus*、槭属、山茶属 *Camellia*、杜鹃属 *Rhododendron* 等。该菌在不同种类的植物上危害症状和危害程度明显不同，即使在同一种寄主上也具有多种症状类型。一般可分为树干溃疡、枝梢枯萎和叶部病斑3种类型，严重时造成寄主植物死亡（彩图8）。

栎树猝死病菌在V8S、CMA等人工培养基上生长均较缓慢，菌丝分叉较多、常呈不规则珊瑚状，并产生大量厚垣孢子（图7-4）；最适生长温度为15～21 ℃。该病菌为异宗配合，有A1、A2两种交配型。藏卵器球形，光滑，直径为24.0～40.0 μm（平均29.8～33.0 μm）；卵孢子满器，大小为直径20.0～36.0 μm（平均27.2～31.4 μm）；雄器围生，多为单细胞，近球形、卵球形或圆筒形，（12.0～22.0）μm×（15.0～18.0）μm（图7-5a）。

栎树猝死病菌的游动孢子囊为椭圆形、纺锤形或长卵形，半乳突，（25.0～97.0）μm×（14.0～34.0）μm[平均（45.6～65.0）μm×（21.2～28.3）μm]，平均长宽比1.8～2.4，底部多具短柄并且易脱落（图7-5b）；孢囊梗不分枝或简单合轴分枝；厚垣孢子壁薄，球形或近球形，直径20.0～91.0 μm（平均46.4～60.1 μm），常为顶生或间生，时有侧生。

（3）检验鉴定方法

由于栎树猝死病菌的寄主植物种类广泛，且引起的病状复杂多样，仅通过外观症状很难判定是否为该病菌引起。因此，目前常利用疑似危害症状的植物材料、水和土壤等样品以及选择性培养基，通过多种诱捕分离方法来获得病菌的菌株或DNA，再通过形态特征和分子生物学技术对其进行检验和鉴定。

栎树猝死病菌检验鉴定的具体方法和详细步骤可参考ISPM27/DP23、EPPO标准

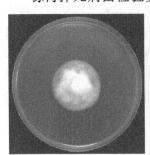
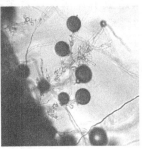
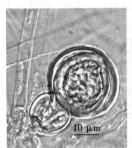

a. 菌落　　　　　　b. 厚垣孢子

图7-4　栎树猝死病菌菌落和厚垣孢子

a. 有性生殖器官　　b. 游动孢子囊

图7-5　栎树猝死病菌有性生殖器官和游动孢子囊

PM 7/66 或《栎树猝死病菌检疫鉴定方法》(SN/T 2080—2008)。

　　(4)检疫管理和防制策略

　　禁止从栎树猝死病疫区进口寄主植物苗木；来自栎树猝死病疫区寄主树种原木要求进行去皮处理，木材不得带皮，否则，必须进行检疫处理。一旦发现栎树猝死病菌，应立即销毁带病材料。

　　对于栎树猝死病，国外目前采取的防控措施主要包括：

　　①加强前期监测、检测和检疫。一旦发现有疑似感染应立即销毁，防止病害扩散蔓延。

　　②化学防除。研究发现，保护性杀菌剂的使用对于预防城市绿化区的珍稀植物感染栎树猝死病有一定作用，甲霜灵、三乙膦酸铝、硫酸铜或磷酸铜等能够有效地抑制栎树猝死病菌。另外，亚磷酸化合物不仅对植物病原真菌或细菌有较明显的抑制效果，还能够激活植物的抗菌免疫机制，对于预防栎树猝死病也有效果。但化学药剂一般多起到预防作用，需要重复间隔使用，长期使用病原菌会产生抗药性，并不能彻底根除病原菌。

　　③生物防制。已有研究表明，短小芽孢杆菌 *Bacillus brevis*、枯草芽孢杆菌 *Bacillus subtilis*、荧光假单胞菌 *Pseudomonas fluorescens* 和利迪链霉菌 *Streptomyces lydicus* 等生防细菌以及几种木霉菌 *Trichoderma* spp. 对栎树猝死病菌的生长均有抑制作用，可进一步开发用于该病害的生物防制。

　　④选用和培育抗栎树猝死病的树种和苗木。

　　(5)风险评价

　　栎树猝死病是近些年来暴发于欧洲和北美地区的一种毁灭性林木病害。该病害最早于 1993 年在荷兰的杜鹃属植物的叶部和枝干上发现，美国最初于 1995 年在加利福尼亚中北部沿海密花石栎 *Lithocarpus densiflorus* 上发现，随后在当地迅速扩散，引起大量栎树、石栎枯死。直到 2001 年，栎树猝死病的病原菌才由 Werres 等正式定名，我国常称之为枝干疫霉。土壤、溪流、雨水是该病害近距离传播的主要途径，远距离传播则主要与人类活动有关，可通过疫区土壤、病木、染病苗木及植物性繁殖材料的远距离运输来传播。栎树猝死病菌寄主范围十分广泛，对阔叶树和针叶树、乔木和灌木、成熟林和苗木均可产生危害。不同寄主被害症状和被害程度不完全相同，有的产生枯梢、叶斑，有的树干产生溃疡。自 20 世纪 90 年代中期发现以来，该病害已蔓延至欧洲 20 多个国家以及美国和加拿大的部分地区，近两年在日本和越南也发现了栎树猝死病菌 (Jung et al.，2020；2021)。栎树猝死病造成了林木及观赏植物苗木大面积枯死，极大破坏了北美洲及欧洲国家的森林资源，严重影响了当地的生态环境，给欧美各国带来了巨大经济损失和生态灾难。由于栎树猝死病菌具有寄主范围广、传播方式多、扩散速度快等特点，且目前尚无十分有效的控制方法，从而引起了澳大利亚、新西兰、韩国等各国政府的高度关注，纷纷采取措施严防栎树猝死病的传入和传播。早在 2007 年，我国也将其列入《进境植物检疫性有害生物名录》。

7.7　梨衰退植原体

　　(1)分类地位

　　梨衰退植原体 *Candidatus* Phytoplasma pyri 属细菌界 Bacteria，软壁菌门 Tenericutes，

柔膜菌纲 Mollicutes，非固醇菌原体目 Acholeplasmatales，非固醇菌原体科 Acholeplas mataceae。

（2）识别特征

感染梨衰退植原体后，寄主植物通常会出现典型的衰退症状，表现为快速衰退和缓慢衰退两种类型（彩图 9）。

①快速衰退。一般发生于夏季或秋季，或树木受到干热胁迫时，嫁接苗常易表现症状。植株发病时，叶芽着生处的韧皮部严重损害，致使处于生长期的根系得不到营养，果实停止生长，果实和叶片快速萎蔫，随后一些叶片枯焦和枯死，植株一般几周内死亡。

②缓慢衰退。树木生长势逐渐变弱，表现为叶片小或生长缓慢，新芽常常很短，叶呈浅绿色、革质化，顶梢生长量减少，果实变小，秋季叶片变为纯黄色或红色；叶片变红或伴有叶片卷缩，变红叶片略下卷或沿主脉向上纵卷，叶片皱缩或叶脉变粗，易提早脱落；染病树木能存活数年。染病梨树在植原体的侵染早期植株开花较多，但到后期开花较少，结果率降低，果形变小。剥开接穗连接处的树皮，在树皮表面和形成层表面可以看到褐色的线，有的直接出现在连接处下方，在树皮上还可以看到纵向的凹陷。在染病砧木的一些幼苗上，病原体在春季含量高，并诱导胼胝质的积累和（或）毒素的产生。剥开树皮，可能会观察到烧焦样的黑色斑点，特别是在嫁接处。

植原体无法在人工培养基上培养，通常存在于病株韧皮部筛管内，特别是较细的次生叶脉狭小筛管中存在大量的病原体颗粒。电镜下可见植原体主要呈丝状，通常被 3 层单位膜包裹，内部中央充满核质样的纤维状物质，但缺少硬的细胞壁。

（3）检验鉴定方法

梨衰退植原体主要侵染梨属 Pyrus 植物，也可侵染榅桲 Cydonia oblonga，在其作为砧木的嫁接树上发生。此外，梨衰退植原体还可以通过昆虫介体传染到草本寄主植物长春花 Catharanthus roseus 上。采用沙梨 Pyrus pyrifolia 和楸子梨 P. ussuriensis 作砧木的梨树发病时，容易出现快速衰退，而用耐病品种作砧木时，发病时容易出现叶片卷缩（缓慢衰退）。

梨衰退病同其他原因引起的衰退症状较为相似，因此，该病的诊断必须首先仔细排除非侵染性因素，并用显微镜检验和接种试验等加以证实。应用 DAPI 荧光显微技术对感染该病的嫩茎和根进行切片染色观察，可看到在筛管中有一些单个的或成片的明亮荧光小颗粒。由于根部的病原体数量受季节的影响较小，所以从根部切片中通常能够得到较好的结果。利用菟丝子属 Cuscuta 植物或昆虫介体将梨衰退植原体接种传染到长春花上，或者将感染该病的根、茎部接穗嫁接到适当的植物上，可以证明其有无侵染性，完成柯赫氏法则的诊断程序。

另外，还可以采集疑似症状的植物样品带回实验室，利用实时荧光 PCR 等检测方法来诊断和鉴定，其具体方法和详细步骤可参考 EPPO 标准 PM3/084（1）、PM7/062（3）或《梨衰退植原体检疫鉴定方法》（GB/T 36843—2018）。

（4）检疫管理和防制策略

禁止从疫区进口寄主植物苗木、接穗、砧木等繁殖材料；加强对梨衰退植原体的检验检疫，一旦发现该病害，立即销毁带病材料。

梨衰退病的防制方法主要包括：

①建立果园时，选栽无病树或选用抗病和耐病砧木。

②加强果园管理，改善树体状况，及时防制果园害虫。

③采收后至落叶期注入四环素或四环素族衍生物及土霉素等抗菌素类杀菌剂，每年注射 2~3 次。

（5）风险评价

梨衰退病为梨树上的一种危险性植原体病害。1946 年，其首先发现于美国太平洋沿岸的几个州，1948 年发生于加拿大的不列颠哥伦比亚省，1976 年首次在欧洲报道，发生于克罗地亚。目前，该病害在北美洲分布于美国东北部的几个州以及加拿大的安大略省；在欧洲，已广泛分布于意大利、瑞士和荷兰，局部分布于英国、法国、德国、希腊、奥地利等 20 多个国家。另外，在南美洲的阿根廷和智利、非洲的利比亚和突尼斯、亚洲的伊朗、黎巴嫩和我国台湾也有分布（CABI，2021）。

梨衰退植原体的自然传播主要通过喀木虱 *Cacopsylla* spp. 等昆虫介体进行短距离传播。在国际贸易中，梨衰退植原体随着带病的梨树植株、砧木和接穗等繁殖材料进行远距离传播。除危害梨属植物外，梨衰退植原体还可危害榅桲等其他一些蔷薇科果树。目前全世界梨属植物约有 25 种，而我国就有 14 种，这些果树在我国的种植和分布范围都很大，且其种植地区都是梨衰退植原体的适生范围。此外，梨衰退植原体可由多种途径进行远、近距离的传播，并进行定殖扩散。截至目前，该病害在我国台湾外的其他地区虽尚无发生，但随着国际贸易往来的增加，其入侵的概率也大大增加，对我国梨果产业的威胁日益加剧。梨衰退病一旦传入我国，势必给我国果树产业带来不可估量的经济损失，因而我国也早已将其列入了《进境植物检疫性有害生物名录》。

7.8　梨火疫病菌

（1）分类地位

梨火疫病菌 *Erwinia amylovora*（Burrill）Winslow et al. 属细菌界 Bacteria，变形菌门 Proteobacteria，γ-变形菌纲 Gammaproteobacteria，肠杆菌目 Enterobacterales，欧文氏菌科 Erwiniaceae，欧文氏菌属 *Erwinia*。

（2）识别特征

感染梨火疫病菌最典型的症状如图 7-6 所示，即花、果实和叶片受火疫病菌侵害后，很快变黑褐色枯萎，犹如火烧一般，但仍挂于树上而不落。根据寄主植物的受害部位，可将梨火疫病的典型症状分为以下 5 类：

①花簇萎蔫枯死。一般发生于早春，病菌直接从花器侵入，初为水渍状斑，花基部或花柄暗色，不久萎蔫。病菌随后可扩展至花梗及花簇中其他的花，引起部分花朵或整个花簇萎蔫发干，变为黑褐色至黑色而不脱落。

②嫩枝梢枯萎。侵染多汁的嫩枝芽，造成其枯萎变为褐色，在大多数情况下枝梢顶部弯曲，形成典型的"牧羊鞭"状。

③叶枯。病菌侵染叶片后，从叶缘开始会出现坏死斑，或者叶柄、叶脉会发黑并坏死。

a.花簇萎蔫枯死　　　　b.果实变色并溢出菌脓　　　　c.嫩枝梢枯萎

图7-6　梨火疫病菌危害的典型症状
（引自：https://gd.eppo.int/taxon/erwiam/photos）

④果实枯萎。果实被侵染后，会变为褐色至黑色，皱缩干枯变为僵果并继续挂在树上。

⑤主枝与树干枯萎。病害从花、枝梢或果实能很快扩展到枝条上，进而再扩展至主枝与树干上引起溃疡。当溃疡斑扩展至环绕主干时，可造成枝干或整株迅速枯死。溃疡斑初期呈水浸状，后下陷，病健交界处产生龟裂纹，韧皮部红褐色，有黏液状菌脓。

梨火疫病菌为革兰氏阴性、好氧短杆菌；其菌落在含蔗糖的营养琼脂培养基上呈白色至奶油色，圆形隆起或半球形，黏质有光泽；菌体为棒状，大小 0.3 μm×(1.0~3.0) μm，有荚膜，周生鞭毛1~8根，具游动性，多数单生，有时成双或短时间内3~4个呈链状。

（3）检验鉴定方法

梨火疫病的症状很典型，是检验鉴定的重要指标之一。但在实际的检验检疫工作中，仅通过该病害的危害症状往往难以将其与症状相似的其他病害，如亚洲梨火疫病、梨锈水病等，区分开，因而还需要利用半选择性培养基分离获得病原菌及实验室检测鉴定来实现准确可靠的检测和鉴定。目前，梨火疫病的快速检测技术有免疫荧光、ELISA、Nested PCR、Real-time PCR 及 LAMP 等，具体的方法和步骤可参考 ISPM 27/DP 13和EPPO 标准 PM 7/20。另外，通过 16S rDNA 和 recA-gene 测序及序列分析可实现对梨火疫病菌的分子鉴定。

（4）检疫管理和防制策略

禁止从疫区进口寄主植物接穗、砧木、苗木等繁殖材料；加强对引入寄主植物材料的检验检测和隔离试种及监管工作，一旦发现梨火疫病，应立即销毁染病材料。

梨火疫病的防制方法包括：

①病原细菌休眠季节，清除病枝上越冬溃疡病斑，剪除病梢病枝，清除初侵染源；病害流行季节定期监测，发现发病新梢和组织后及时剪除并就地烧毁，以减少再侵染源；对因各种农事操作造成的伤口都要进行涂药保护。

②药剂防除。花期是药剂防除病害的最好时机，喷施链霉素对病害防治较为有效，但通常要与其他农药（如波尔多液等）交替使用，以避免病菌产生抗药性。

③加强田间管理，及时防除蚜虫、木虱等刺吸式害虫，减少介体昆虫传播病原的概率，降低病害的传播速度。

④选用培育抗病品种，种植抗病梨树品种。

（5）风险评价

梨火疫病是危害梨属、苹果属 *Malus*、山楂属 *Crataegus* 等蔷薇科仁果类果树的一种毁灭性细菌病害，最早于 1780 年发生于美国东北部的纽约州（Denning，1794），此后便在北美大陆传播扩散开来。大约 1920 年前后，该病害传入新西兰，1957 年传入英国，随后在欧洲西部和中东部的多个国家地区迅速蔓延（van der Zwet，2002；2006）。在非洲，梨火疫病于 1964 年首先在埃及发现（El Helaly et al.，1964）。如今该病害已扩散至近 60 个国家和地区，除北美洲、欧洲和大洋洲外，还包括亚洲的伊朗、以色列、黎巴嫩、约旦、叙利亚和朝鲜等国家和地区。

梨火疫病菌的寄主范围很广，能危害 40 多属 220 多种植物。除风、雨、鸟类和人为因素外，昆虫对梨火疫病的传播扩散也起一定的作用。据记载，传病昆虫有 77 属 100 多种，一般情况下，梨火疫病菌的自然传播速率约为 6km/年。在传病影响因子中，雨水是果园短距离传播的主要影响因子，从越冬或新鲜接种源至花和幼枝，经常在溃疡斑下面枝条上观察到圆锥形侵染类型；风也是中短距离传播的重要影响因子，往往沿着盛行风的方向，病原菌以单个菌丝、菌脓或菌丝束被风携带到较远距离。梨火疫病远距离传播主要是通过染病寄主繁殖材料，包括种苗、接穗、砧木、水果，以及被污染的运输工具、候鸟和气流。

目前，世界上主要梨果产区中只有南美各国和我国尚无梨火疫病的发生报道。但近年来，随着国际贸易的发展和自由化程度的提高，以及我国林果产业的快速发展和"一带一路"建设的深入推进，林果品种引进和种苗等繁殖材料调运频繁，进口水果贸易日益增加，梨火疫病菌的人为和自然传播都已对我国构成了前所未有的巨大威胁，尤其是周边国家，如哈萨克斯坦、吉尔吉斯斯坦、俄罗斯和朝鲜等已经有梨火疫病的分布，极大地增加了该病害传入我国的风险。

7.9　木质部难养菌

（1）分类地位

木质部难养菌 *Xylella fastidiosa* Wells et al. 属细菌界 Bacteria，变形菌门 Proteobacteria，γ-变形菌纲 Gammaproteobacteria，溶杆菌目 Lysobacterales，溶杆菌科 Lysobacteraceae，木质部小菌属 *Xylella*。

（2）识别特征

木质部难养菌为革兰氏阴性菌，在 BCYE（Wells et al.，1981）和 PGW（Hill & Purcell，1995）培养基上，其菌落呈平滑或粗糙的圆形，白色或乳白色，离散生长（图 7-7）。在电镜下，菌体为杆状，单生，无鞭毛，不游动，无芽孢，（0.1 ~ 0.5）μm×（1.0 ~ 5.0）μm。

木质部难养菌在叶片上的典型症状是叶缘变黄，出现黄化斑或焦枯斑（彩图 10）。病株在生长中后期，由于维管束堵塞引起水分供应失常，叶片局部出现带状不规则灼烧状斑块，一般沿叶脉发生，包围 1 个主脉，最后，整个叶片逐渐转成褐色呈烧焦状。病原细菌在寄主植物根、茎、叶的维管束系统中繁殖和扩散。最终，木质部导管被细菌团块及植物本身形成的侵填体和树胶堵塞，水分和养分输导受阻，导致寄主植物死亡。木质部难养菌侵染葡萄属 *Vitis* 植物后，初期沿叶片边缘出现微黄色或红色病斑，后期病斑形成同心轮纹状。叶片焦灼，随后整个叶片萎缩而脱落，仅剩叶柄；发病严重的植株在夏末叶片全部脱落；病茎通常不规则成熟，在成熟的褐色树皮中呈现出斑驳的绿色。病株产生矮化褪绿枝，枝条的顶端最终枯死。症状出现后，植株状况迅速恶化，染病植株通常在 1~5 年内死亡，致使葡萄产量逐步减少，大多数果穗皱缩干枯。该病菌侵染柑橘属 *Citrus* 植物后，初期在一部分或整棵树叶的叶脉上出现萎黄斑点，后期叶片背面出现

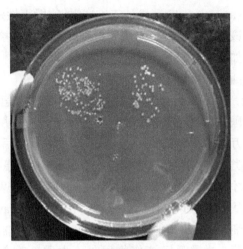

图 7-7　木质部难养菌在 PGW
培养基上的菌落形态

褐色坏死斑，与之对应的叶片正面出现萎黄区域，植株出现枯萎症状；受害柑橘的果实体积变小，果皮硬并且早熟。

（3）检验鉴定方法

该病害的寄主范围广泛，可侵染葡萄属、柑橘属、李属 *Prunus*、咖啡属 *Coffea*、白蜡树属 *Fraxinus*、栎属、油橄榄 *Olea europaea* 等多种经济和观赏林木及野生植物。通常在夏末和秋天，可根据危害症状对该病害进行初步诊断。引起该病害的病原细菌存在于寄主植物的木质部中，分离起来较为困难，其在普通细菌培养基上不生长，因此需用专用培养基（PD2、BCYE、PGW 等）进行分离培养。表现症状的叶片、叶柄是分离病原细菌的理想材料，其他表现症状的植物材料（如茎、根）和介体昆虫也是分离或检测病原细菌的重要材料。木质部难养菌生长较为缓慢，菌落呈白色或乳白色、光滑。病原菌的快速检测方法有酶联免疫吸附测定、常规 PCR 和实时荧光定量 PCR 等，具体可参考 ISPM 27/DP 25、EPPO 标准 PM 7/24 或《葡萄皮尔斯病菌检疫鉴定方法》（SN/T 3170—2012）。

（4）检疫管理和防制策略

对木质部难养菌的寄主植物进行严格检验检疫，并对国外引种的寄主植物材料实施 2 年以上的隔离试种，切实做到及时发现，及早灭除，有效阻止该病菌的传入和传播。

国外对于木质部难养菌的防制策略核心为消灭传毒媒介和寄主植物侵染源，主要措施包括：

①清洁田园。做好葡萄果园的杂草清除，及时清除染病植株和减少隐症寄主。

②用四环素或青霉素等药剂防除。

③消灭田间媒介昆虫（如叶蝉、沫蝉等），必要时使用药剂防除介体昆虫。

④物理防除。把枝条浸入 45 ℃热水中 3 h 或浸入 50 ℃热水中 20 min，可消灭病菌。

⑤选择抗病品种。

（5）风险评价

木质部难养菌又称苛养木杆菌、难养木质部小菌、葡萄皮尔斯病菌等，可侵染 300 多种植物，引起葡萄皮尔斯病（Pierce's disease of grape，PD）、柑橘杂色萎黄病（citrus variegated chlorosis，CVC）等植物毁灭性病害，是世界上重要的植物检疫性病原细菌。该病菌的近距离传播主要通过嫁接、芽接及昆虫介体，许多吸食植物汁液的昆虫，比如叶蝉、沫蝉等都是木质部难养菌的载体；远距离传播途径主要为带菌寄主植物种苗、插条和接穗等繁殖材料的调运。

　　19 世纪 80 年代，葡萄皮尔斯病由美国植物病理学家 Newton Picerce 首次发现于美国加利福尼亚州南部的圣达安娜河谷，并在美国加利福尼亚州大流行，先后毁灭了数万公顷葡萄园（Turner et al.，1959）。此后很长一段时间里，葡萄皮尔斯病被误认为病毒类病害，直到 1971 年有人用四环素处理患有皮尔斯病的葡萄时，发现症状有所减弱，这才推测该病害的病原物是细菌。后续研究发现，电镜下染病植物的木质部存在大量细菌，从而进一步证实了这一推测。1978 年，Davis 等利用人工培养基成功从葡萄上分离出病原细菌，获得其纯培养。1987 年，该病原细菌被 Wells 等定名为 *X. fastidiosa*。除了危害葡萄、柑橘等经济作物以外，木质部难养菌还是细菌性叶灼病（bacterial leaf scorch，BLS）的主要病原物。目前，木质部难养菌共有 6 个亚种，分别为 *fastidiosa*、*multiplex*、*pauca*、*sandyi*、*tashke* 和 *morus*，但只有前两个亚种被国际植物病理学会植物病原细菌学委员会所承认。其中，亚种 *X. fastidiosa* subsp. *fastidiosa* 主要是引起葡萄皮尔斯病害的菌株和一部分巴旦木 *Amygdalus communis* 叶灼病（almond leaf scorch，ALS）的菌株。

　　木质部难养菌除侵染葡萄外，还可侵染豆科、禾本科和蔷薇科等其他 30 多科植物。目前，葡萄皮尔斯病主要分布在美洲，包括美国、加拿大、墨西哥、哥斯达黎加、阿根廷、巴西、巴拉圭和委内瑞拉，近年来，意大利、法国、西班牙、葡萄牙等欧洲国家也陆续发现，伊朗、以色列、中国（台湾地区）也曾有报道。木质部难养菌被 EPPO 列入 A2 有害生物预警名单，也一直被我国列入《进境植物检疫性有害生物名录》。

7.10　李痘病毒

（1）分类地位

　　李痘病毒 *Plum pox virus*（PPV）属病毒与类病毒 viruses and viroids，核糖病毒（即 RNA 病毒）riboviria，马铃薯 Y 病毒科 Potyviridae，马铃薯 Y 病毒属 *Potyvirus*。

（2）识别特征

　　李痘病毒的粒子呈线状，大小约为 700.0 nm×11.0 nm，包含一条正单链 RNA 分子（其基因组大小为 10 kb），并由多达 2000 个亚基构成的单一衣壳蛋白包被着。依据症状特征、致病性、宿主范围、媒介蚜虫的传播方式、流行病学、基因组序列等差异，李痘病毒的分离物可分为 9 个单源株系：D（Dideron）、M（Marcus）、C（樱桃 *Cerasus*）、EA（ElAmar）、W（Winona）、Rec（重组）、T（土耳其）、CR（俄罗斯樱桃）和 An（始祖Marcus）。其中，D 株系和 M 株系是李痘病毒最主要的 2 种流行株系。

　　李痘病毒在寄主植物的叶片、花瓣、果实和果核都可能引起症状。其典型症状为（彩图 11）：受侵染的寄主植物叶片出现褪绿斑点、线纹或环斑，叶脉明显，严重时叶片畸形；一些感病品种的花瓣出现变色（粉色条斑）和花朵破裂症状；核果类果树的果实受侵染后，出现褪色斑点或环斑，果实畸形，其内的硬核出现浅色环斑或斑点。不同的发病地点和季节，不同的树木品种和侵染部位，发病的症状不同。在寒冷气候下，该病毒可潜隐数年。

（3）检验鉴定方法

该病毒可侵染多种李属栽培果树和观赏植物。另外，受侵染果树周围的许多草本和木本观赏植物也可带毒。仔细检查植株的叶片、花、果实等部位是否有变色、环斑、畸形等可疑症状，若出现李痘病毒的典型症状，可采集表现症状的植物材料利用生物学、免疫学和分子方法来进行检验、检测和鉴定。

李痘病毒的生物学检测即通过汁液摩擦或嫁接，将该病毒接种到指示植物/鉴别寄主上，根据鉴别寄主表现特征的不同，从而达到检测病毒的目的。用于检测李痘病毒的指示植物主要有紫叶李 *Prunus cerasifera* 'Pissardii' GF31、桃 *Amygdalus persica* GF305、李和山桃 *Amygdalus davidiana* 杂交后的栽培品种 Nemaguard 以及毛樱桃 *Prunus tomentosa* 等。另外，ELISA、免疫电镜和胶体金免疫层析法等免疫学方法，以及 Real-time RT-PCR、LAMP 等技术均可用于李痘病毒的检测或鉴定，具体流程可参考 ISPM 27/DP 2、EPPO 标准 PM7/032（1）或《李痘病毒检疫鉴定方法》（GB/T 31800—2015）。

（4）检疫管理和防制策略

李痘病毒主要通过带毒种苗等繁殖材料的调运进行远距离传播，因此，加强口岸检疫，防止该病毒跨境传入我国。从国外引种寄主植物材料时，必须在海关总署指定的进境口岸入境，且要根据引进目的在指定的隔离检疫圃隔离种植至少 2 个生长季，观察并检测植株是否带毒。另外，还要加强寄主苗木的国内调运检疫，严格执行产地检疫、调运检疫、种苗复检、田间监测等林业植物检疫技术法规；一旦发现李痘病毒，要及早灭除，有效阻止该病毒的传入、传播和扩散蔓延。

国外的经验表明，单一的防制方法无法在田间彻底毁除李痘病毒病，必须采用综合措施进行防制才能取得理想的效果。这些措施包括：

①新建立的种植园必须采用无病毒的繁殖材料，这是防制李痘病毒的首要步骤。

②在已发病果园，彻底销毁染病植株及其周边 500 m 内的寄主植物，对李痘病毒亦能起到明显的控制作用。

③防除蚜虫等媒介昆虫以控制病毒传播是保护苗圃、新建的李树园和发病较轻的地区的不可缺少的措施。

④培育或选育抗病或耐病品种也是控制李痘病毒的有效途径之一。

（5）风险评价

李痘病毒病是危害核果类果树最严重的病毒类病害之一。该病害最早于1914—1915 年在保加利亚的欧洲李 *Prunus domestica* 上被发现，于1932 年被描述为由李痘病毒 *Plum pox virus* 引起的病毒病（Atanasoff，1932）。此后，该病毒迅速传播至欧洲大部分地区和地中海沿岸区域。之后，又在南美洲的智利、北美洲的美国、加拿大以及亚洲和非洲的局部地区发现。目前，该病毒已在全世界近 60 个国家和地区发生，2004 年我国在湖南发现其危害杏 *Armeniaca* spp.（Navratil et al.，2005；王浩等，2020）。

李痘病毒主要侵染蔷薇科李属植物，可造成果实品质降低并导致提前落果，对核果类果树造成毁灭性危害。据估计，自 1970 年以来，世界范围内防制李痘病毒病的费用已超过 100 亿欧元（Cambra et al.，2006）。该病毒可通过介体昆虫（如豆蚜 *Aphis craccivora* 等）、嫁接和带毒种子进行近距离传播，远距离传播扩散主要是借助李属果树或花卉繁殖材料的调运。目前，李痘病毒仅在我国局部区域分布，但鉴于其对核果类果树的严重危害和潜在巨大威胁，应及时切断其传播扩散途径，坚决杜绝传染源，确保我国核果类果树和园林花卉产业的健康发展。

本章小结

本章主要介绍了 10 种我国进境植物检疫性病原物(包括 4 种真菌、1 种卵菌、2 种细菌、1 种病毒、1 种植原体和 1 种线虫)，其中，前 3 种(松材线虫、落叶松枯梢病菌和松疱锈病菌)为我国重大林业检疫性病原物，其余 7 种均为对我国林木或经济林木具有巨大威胁的重要外来入侵性病原物。通过学习这些进境植物检疫性病原物的分类地位、识别特征、检验鉴定方法、检疫管理和防制策略，以及风险评价等基础知识，要求学生了解上述检疫性病原物的学名、所属类别、分布范围、危害症状、寄主种类以及检疫重要性，掌握重要检疫性病原物的检验鉴定和识别方法以及检疫处理和防制技术，为将来从事植物检疫相关工作打下坚实基础。

思 考 题

1. 我国林业植物检疫性病原物有哪些？试述其主要寄主植物、危害症状和检疫管理措施。

2. 我国进境植物检疫性病原物中有哪些重要的疫霉菌种类？

3. 除本章介绍的种类外，试例举 1~2 种检疫性病原物并描述其引起的寄主典型症状及检验鉴定方法。

本章推荐阅读

贺伟，叶建仁，2017. 森林病理学[M]. 2 版. 北京：中国林业出版社.

严进，吴品珊，2013. 中国进境植物检疫性有害生物：菌物卷[M]. 北京：中国农业出版社.

第 **8** 章
林业检疫性昆虫

林业检疫性昆虫是指对受其威胁地区具有潜在的经济重要性，但尚未在该地区发生，或虽已发生但分布不广，并得到官方控制的林业害虫。本章主要介绍对我国森林生态系统和林业生产造成巨大损失的 10 种林业检疫性昆虫。

8.1 红脂大小蠹

（1）分类地位

红脂大小蠹 *Dendroctonus valens* LeConte 属鞘翅目 Coleoptera，象甲科 Curculionidae，小蠹亚科 Scolytinae，大小蠹属 *Dendroctonus*。

（2）识别特征（彩图 12）

成虫：雄虫体长 5.9~8.1 mm，初羽化的成虫为棕黄色，后变为红褐色，少数黑褐色。额部不规则隆起，在复眼上缘的下方至口上脊边缘的 1/3 处有一对瘤突，瘤突间凹下。口上脊边缘隆起，表面平滑有光泽，口上片突起宽，约等于两复眼间距的 2/3，末端正好在口上边缘的上方。前胸背板表面平滑有光泽，刻点很稠密，有时具隆起的中线，毛被稀少。雌虫体长 7.5~9.6 mm。与雄虫相似，但额中部在复眼上缘高度处有一明显的圈形凸起；前胸背板上的刻窝较大。

卵：卵圆形至长椭圆形，乳白色，有光泽，长 0.9~1.1 mm，宽 0.4~0.5 mm。

幼虫：蛴螬形，无足，体白色。老熟幼虫体长平均 11.8 mm，头宽 1.79 mm，腹部末端有胴痣，上下各具有一列刺钩，呈棕褐色，每列有刺钩 3 个，上列刺钩大于下列刺钩，幼虫借助于此爬行。虫体两侧除有气孔外，还具有一列肉瘤，肉瘤中心有一根刚毛，呈红褐色。

蛹：平均体长 7.82 mm，翅芽、足、触角贴于体侧。初为乳白色，之后渐变浅黄色，头胸黄白相间，翅污白色，直至红褐、暗红色，即羽化为成虫（殷惠芬，2000；张历燕等，2002；赵建兴，2006）。

（3）危害特点

在不同发生地区红脂大小蠹年生活史存在差异，如在热带危地马拉等地 1 年可发

注：本章文字部分主要参照中国林草防治网/检疫性有害生物(http://www.forestpest.cn/quarantine/pest/)。

生 3 代(潘杰等，2011)，而在较为寒冷的美国阿拉斯加地区 2~3 年发生 1 代。在我国也因发生地的纬度和海拔不同、甚至坡向(阴坡、阳坡)的不同表现较大的差异，如在山西太原 1 年 1~2 代(李奕萍，2014)，在山西晋城 1 年 1 代或 2 年 3 代(韩玉光，2017)，而在山西沁源，随着海拔变化还有 3 年 3 代和 2 年 1 代的种群(张历燕等，2002)，在河北井陉背阴的油松 *Pinus tabulaeformis* 林内 2 年发生 1 代，而在一些光照充足的松林内 1 年 1~2 代(李同利，2005)。

红脂大小蠹由雌虫首先选择合适的寄主，钻蛀坑道并释放激素吸引雄虫。通常红脂大小蠹入侵孔的位置位于寄主主干距地面 1 m 以下，偶尔超过 1 m。成虫蛀道达形成层后先向上蛀食切断树脂流动，随后向下蛀食，可达根部；幼虫背向母坑道群集取食，形成扇形坑道。受害的树干在入侵孔处可见红色漏斗状凝脂，这是野外识别红脂大小蠹危害的主要症状。

(4)检疫管理和防制策略

在红脂大小蠹发生区，林业植物检疫机构或其委托机构应对种植有红脂大小蠹寄主植物的种苗繁育地定期开展检疫调查，对经营、加工、利用红脂大小蠹寄主植物及其产品的单位和个人应登记备案，实施检疫监管，一旦发现疫情应及时进行检疫处理。在红脂大小蠹未发生区，林业植物检疫机构或其委托机构应对调运来自红脂大小蠹发生区及其毗邻地区或途经疫情发生区的寄主植物及其产品实施检疫，发现疫情时应做好详细记录，保存抽检样品和标本，进行检疫处理，并上报上级林业植物检疫机构。

红脂大小蠹的防制措施主要包括：

①营林措施。在造林设计和林分更新改造时进行科学合理的规划，营造混交林，合理搭配树种，改善林分结构，通过保护和提高生物多样性来降低害虫入侵的可能性。

②物理防制。清理虫害木，及时伐除受害严重的树木，进行剥皮处理，以消灭树皮下的幼虫和蛹，可以迅速扼制其传播蔓延的势头。

③化学防除。对虫口数量较少的受害树进行挽救，方法是采用塑料薄膜裹严树干基部受害处，然后投入熏蒸杀虫剂，可杀死树皮下的幼虫、蛹及成虫。

④生物防制。释放天敌，如红脂大小蠹的捕食性天敌——大唼蜡甲 *Rhizophagus grandis*，以及啄木鸟、拟双角斯氏线虫 *Steinernema ceratophorum*、白僵菌 *Beauveria* spp. 和绿僵菌 *Metarhizium* spp. 等。

(5)风险评价

红脂大小蠹又名强大小蠹，原产北美地区，分布于美国、加拿大、洪都拉斯等国家，危害各种松树，有时也危害云杉 *Picea* spp. 和冷杉 *Abies* spp.。1998 年，我国山西阳城、沁水首次发现该虫。截至 2004 年底，红脂大小蠹已扩散到山西、陕西、河北、河南 4 省，2005 年扩散至北京市门头沟区。红脂大小蠹在上述地区对我国的油松造成严重危害，是我国重大外来入侵害虫之一。2007 年红脂大小蠹被列入《进境植物检疫性有害生物名录》，2013 年被列入《全国林业检疫性有害生物名单》。此外，依据气象数据，通过对红脂大小蠹的适生性分布区进行分析与预测，结果显示，我国北起内蒙古牙克石—新疆阿勒泰一带、至南方所有省份，都有红脂大小蠹的适生区存在(He et al.，2015)。红脂大小蠹以成虫和幼虫在干基和根部蛀食树木韧皮部，常常表现为集群危害，因此，比较容易随寄主原木、伐桩以及疫区树木的调运而进行传播扩散。

8.2 杨干象

(1)分类地位

杨干象 *Cryptorrhynchus lapathi* (L.)属鞘翅目 Coleoptera，象虫科 Curculionidae，隐喙象属 *Cryptorrhynchus*。

(2)识别特征(图 8-1)

成虫：体长 8.0~10.0 mm，长椭圆形，黑褐色或棕褐色，无光泽。身体密被灰褐色鳞片，其间散生白色鳞片，形成若干个不规则的横带，鞘翅后端 1/3 处及腿节上的白色鳞片较密，并混杂直立的黑色鳞片簇；头管弯曲，中央具一条纵隆线，复眼圆形，触角 9 节；前胸背板宽度大于长度，两侧近圆形，中央具 1 条细纵隆线，鞘翅宽度大于前胸背板；雌虫臀板末端为尖形，雄虫为圆形。

卵：椭圆形，长 1.3 mm 左右，宽 0.8 mm左右，乳白色。

幼虫：老熟幼虫体长 9.0 mm 左右，乳白色，全体疏生黄色短毛。

蛹：乳白色，长 8.0~9.0 mm。腹部背面散生许多小刺，在前胸背板上有数个突出的刺，腹部末端具 1 对向内弯曲的褐色几丁质小钩(萧刚柔，1992)。

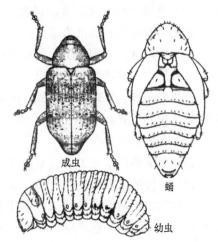

图 8-1 杨干象

(引自李孟楼，2010)

(3)危害特点

杨干象在我国北方地区 1 年发生 1 代，成虫产卵时对树龄的选择较为严格，多选择 2~6 年生的杨树 *Populus* spp. 进行产卵，产卵的幼树胸径为 2~7 cm，距地面 50 cm 以上至分枝处，以树干的向阳面居多。当树龄达 7 年以上、胸高直径达到 8 cm 以上时，杨干象对树木的危害已不影响其正常生长。春季树木被害处表皮出现水渍状斑痕，剥开表皮可见到乳白色的卵或初孵幼虫。初孵幼虫先取食木栓层，食痕呈不规则的片状，之后深入韧皮部和木质部之间绕树干蛀成圆形坑道，在坑道末端树干表皮上咬一个小孔，由孔中排出红褐色丝状排泄物，坑道外的表皮初期颜色变深，油浸状，微凹陷，后期形成一圈刀砍状裂口。严重受害的树木失水逐渐干枯或枝干受风吹而折断。老熟幼虫沿坑道末端向上蛀成圆形羽化孔道，在孔道末端做椭圆形蛹室，蛹室两端用丝状木屑封闭。成虫羽化后到嫩枝条或叶片上补充营养，在嫩枝条或叶片上留下针眼状取食孔。

(4)检疫管理和防制策略

严禁未经灭虫处理的虫害木运出疫区。对于带有杨干象幼虫或卵的苗木，可在起运前用内吸杀虫剂或熏蒸剂进行处理。经检查确认无活虫后才能出圃造林。调运新采伐的带皮原木或小径材，一旦发现有虫，用溴甲烷、磷化铝等熏蒸处理，处理合格后调运。

杨干象的防制措施包括：

①营林措施。在杨干象发生区，每100株杨树中均匀栽植5~10株高感树品种做诱饵树，对诱饵树应及时观察，如当年诱饵树感染杨干象后，应于翌年5月中旬采用药物点涂法防除。当虫口密度过大时，可在成虫羽化前伐除诱饵树，进行检疫处理。

②物理防制。发生面积不大时，可利用成虫的假死性，于早晨振动树干捕杀坠落的成虫。无公害防制方法可用于发生初期杨干象的防制，包括涂漆法、喷漆法和锤击法。锤击法：用锤子适当敲击树干上有排粪孔的被害部位，击死树皮内的幼虫；涂漆法：用小毛刷蘸醇酸调和漆后轻轻涂在树干有排粪孔的被害部位；喷漆法：将油漆轻轻喷在树干有排粪孔的被害部位。

③化学防除。可用化学药剂点涂坑道排粪处。老熟幼虫或蛹期宜采用磷化铝片剂，放入虫孔道内，并进行密封虫口。7月中旬以后用触杀剂防除成虫。

④生物防制。保护鸟类天敌，采取人工招引啄木鸟等，以保护和促进其天敌资源，抑制杨干象的危害。

(5)风险评价

杨干象又称杨干象虫、杨干象鼻虫、杨干隐喙象、杨干白尾象甲，分布十分广泛，是一种世界性的杨树检疫性害虫。杨干象主要危害杨柳科植物的幼树，是我国杨树速生丰产林和农田防护林的毁灭性蛀干害虫。幼虫在韧皮部和木质部之间蛀食危害，切断树木的输导组织，造成树木干部干枯或整株死亡，致使造林成活率、保存率低，树木难以成林成材，增加了造林成本，对林业生产危害极为严重，是一种毁灭性的蛀干害虫。该害虫的卵和幼虫隐蔽性强，防制难度较大，一旦发生，极难根除。20世纪80年代，杨干象曾在我国东北三省、内蒙古以及河北北部地区大规模发生，造成严重的灾害。1984年、1996年、2004年杨干象3次被列入《森林植物检疫对象名单》，2013年列入《全国林业检疫性有害生物名单》。

杨干象成虫飞翔能力差，自然扩散依靠成虫爬行，因此，人为调运携带有越冬卵或初孵幼虫的苗木或新采伐的带皮原木是远距离传播的主要方式。

8.3 青杨脊虎天牛

(1)分类地位

青杨脊虎天牛 *Xylotrechus rusticus* (L.)属鞘翅目 Coleoptera，天牛科 Cerambycidae，脊虎天牛属 *Xylotrechus*。

(2)识别特征(彩图13)

成虫：体黑色，长11.0~22.0 mm，宽3.1~6.2 mm；头顶有倒"V"形隆起线，雄虫触角长达鞘翅基部，雌虫触角略短，达前胸背板后缘，第1、4节等长，短于第3节，末节长大于宽，基部5节的端部无绒毛；前胸球状隆起，宽度略大于长度，密布不规则皱脊，有4个淡黄色纵纹，小盾片半圆形，鞘翅两侧近平行，内外缘末端钝圆，翅面密布细刻点，具淡黄色模糊细波纹3或4条，后足腿节较粗，胫节距2个，第1跗节长于其余节之和。体腹面密被淡黄色绒毛。

卵：乳白色，长卵形，长约 2.0 mm，宽约 0.8 mm。

幼虫：乳白色，老熟时长为 30.0~40.0 mm，体被短毛；头淡黄褐色，缩入前胸内；前胸背板上有黄褐色斑纹；腹部除最末节短小外，自第 1 节向后逐渐变窄而伸长。

蛹：乳白色，长 18.0~33.0 mm；头部下倾于前胸之下，触角由两侧卷曲于腹下，羽化前复眼、附肢及翅芽均变为黑色(萧刚柔，1992)。

(3)危害特点

青杨脊虎天牛初孵幼虫在树皮内群居危害，并通过蛀入孔向外排出纤细的粪屑。2 龄幼虫开始向木质部表层蛀害，并逐渐分散危害，形成各自的蛀道，但排泄物不排出树干外，而是堵塞在蛀道内；5~6 龄幼虫从木质部表层向木质部深处钻蛀，蛀道椭圆形、不规则、弯曲，纵横交错但互不相通。树木被害处有红褐色液体流出。受害树木枝干木质部与韧皮部分离，树皮开裂、成片脱落，叶片枯黄，出现枯枝，严重受害者树干折断或整株枯死。成虫产卵时直接把产卵器插入树皮裂缝内，几乎不在光滑的嫩枝上产卵，这也是导致主干较侧枝受害重、下部比上部受害重的原因。通常青杨脊虎天牛危害寄主的部位与寄主林龄有关，5~7 年生树木在 1 m 以下，8~12 年生树木在3 m 以下，12 年生以上树木在 4 m 以下区段受害较严重。成、过熟林被害后极易风折。

(4)检疫管理和防制策略

对疫区调出的杨树原木、板材、方材、木制包装物进行热处理或熏蒸处理；对虫口密度大、树龄长、已无挽救价值的树木，应采取伐除更新措施；对于零星发生或被害率不高，虫口密度不大的地区，可采取成虫期喷药，幼虫期树干涂胶、打孔注药等措施除治；对于未发生区，尤其是与发生区毗邻的地区，应在重要的地段设立虫情监测点，做到及时发现及时除治。对于受害严重的衰弱木、枯立木和风倒木等要及时伐除运出林区，集中堆放，使用溴甲烷或磷化铝等熏蒸剂处理。注意林区卫生，新伐的被害木不应在林地过夏。

青杨脊虎天牛防制措施主要包括：

①营林措施。一是筛选和培育抗性树种，提高免疫力；二是设置隔离带和诱饵树，阻隔或主动诱杀幼虫和成虫。

②物理防制。树干涂白、人工捕杀成虫、刮除卵和初孵幼虫等措施，可以有效减少害虫来源。

③化学防除。在成虫羽化期，喷洒农药，封杀羽化后的成虫。对虫孔数较少的被害木，虫孔部位剥皮即可消灭幼虫和蛹，已经侵入木质部的幼虫用磷化铝片放入虫孔，再以泥封口。被害严重的虫害木，应就地销毁或加工成薄板，或加工成木片用于人造板、造纸等原料。有利用价值的虫害木，采用磷化铝熏蒸处理。

④生物防制。幼虫期释放管氏肿腿蜂和花绒寄甲，并招引和保护啄木鸟等捕食性天敌。

(5)风险评价

青杨脊虎天牛又称青杨虎天牛，是杨树、柳树 *Salix* spp.、桦木 *Betula* spp.、栎树、椴树 *Tilia* spp.、榆树、水青冈 *Fagus* spp. 等多种阔叶树的毁灭性蛀干害虫，在我国主要分布于东北、华北、西北以及安徽、广东等地。在国外分布于朝鲜、日本、蒙古、伊朗、俄罗斯，以及欧洲各国。被害林木轻则生长不良，重则干折断头，林网被毁，降低防护林的成林、成材比率，而且青杨脊虎天牛生活隐蔽，防制难度大。2004 年青杨脊虎天牛被列入《森林植物检疫对象名单》，2013 年列入《全国林业检疫性有害生物名单》。

　　青杨脊虎天牛成虫活跃，善于爬行，并能作短距离飞行，但自然传播距离有限，远距离主要靠人为调运携带有幼虫、蛹、卵的木材、原木和其他木制品传播。青杨脊虎天牛在未经检疫处理的原木中有较高的生存率，必须严格禁止寄主原木调出疫区。

8.4　双钩异翅长蠹

　　(1)分类地位

　　双钩异翅长蠹 *Heterobostrychus aequalis*（Waterhouse）属鞘翅目 Coleopetera，长蠹科 Bostrichidae，翅长蠹属 *Heterobostrychus*。

　　(2)识别特征

　　成虫：圆柱形，赤褐色。雌虫长 6.0 ~ 8.5 mm，宽 2.1 ~ 2.6 mm；雄虫长 7.0 ~ 9.2 mm，宽 2.5 ~ 3.0 mm。雌雄异型，在鞘翅斜面两侧，雄虫有 2 对钩状突起，雌虫仅微微隆起(彩图 14)。

　　卵：平均长 1.2 mm，宽 0.2 mm，米粒形，前方尖突。

　　幼虫：乳白色，体肥胖，体壁多褶皱，12 节。老熟幼虫，长 8.5 ~ 10.0 mm，宽 3.5 ~ 4.0 mm。头部着生 1 对坚硬上颚，大部分被前胸背板覆盖，背面中央有 1 条白色中线，穿越整个头背。

　　蛹：体长 7.0 ~ 10.0 mm。前蛹期：体乳白色，可见触角轮廓，锤状部 3 节明显，复眼转为暗褐色。后蛹期：体浅黄色，复眼、上颚黑色(李孟楼等，2016)。

　　(3)危害特点

　　双钩异翅长蠹为害的木材表面可明显地看到蛀孔及其附近的排泄物，里面轻则蛀成许多孔洞，重则成蜂窝状，极易折断。成虫在夜间活动，具弱趋光性和较强的飞行能力，白天常隐蔽在木材或木竹藤制品的缝隙中。雌虫喜欢在锯材、剥皮原木、木质包装材料或藤料上产卵，不作母坑道，仅钻进缝隙或孔洞中，或咬一不规则的刻窝，产卵于其中，卵较分散。幼虫的坑道大多数沿木材的纵向伸展弯曲并相互交错，长可达约 30 cm，直径约为 6 mm。坑道中充满粉状的排泄物。成虫危害时一般排泄大量的蛀屑。

　　(4)检疫管理和防制策略

　　加强对双钩异翅长蠹喜食的寄主植物和木材的检查，有条件的地方可采取水浸木材，水浸时间应不少于 1 个月。在疫情发生区，可高温烘烤染虫材料。双钩异翅长蠹的防制措施包括：木材(含原木、锯材)、竹材采用溴甲烷或磷化铝熏蒸处理；藤料原料(制作)场发现疫情的，采用磷化铝熏蒸处理；木制品(含家具、人造板等)采用热处理。对于有疫情的木质包装材料、垫木等应作销毁处理。另外，可利用斯氏线虫 *Steinernema feltiae* 感染幼虫防制双钩异翅长蠹。

　　(5)风险评价

　　双钩异翅长蠹又称细长蠹虫，是一种热带、亚热带地区严重危害木材、竹材、藤材及其制品(含人造板、包装材料、家具等)的钻蛀性害虫，因以各种虫态通过木、竹、藤料制品和包装铺垫材料传播，目前在东南亚国家和我国南方省份扩散，分布十分广泛。双钩异翅长蠹钻蛀能力强，食性杂，既可危害活立木，也可危害木材及制品，甚至可蛀穿玻璃密封胶。受该虫危害后寄主外表虫孔密布，内部蛀道交错，严重的几乎全部蛀成粉状，一触即破，完全丧失使用价值。双钩异翅长蠹危害的严重性早已引起国际上一些国家和组织的重视，1992 年被列入《中华人民共和国进境植物检疫危险性病、虫、杂草名录二类名单》，1996 年、2004 年两次被列入《森林植物检疫对象名单》，2013 年列入《全国林业检疫性有害生物名单》。

8.5 锈色棕榈象

(1)分类地位

锈色棕榈象 *Rhynchophorus ferrugineus*（Olivier）属鞘翅目 Coleoptera，象甲科 Curculionidae，棕榈象属 *Rhynchophorus*。

(2)识别特征(彩图 15)

成虫：锈色棕榈象体长 19.0~32.0 mm，宽 6.0~16.0 mm。身体红褐色，前胸具两排黑斑，前排 3 个或 5 个，中间一个较大，两侧的较小，后排 3 个，均较大。鞘翅边缘(尤其是侧缘和基缘)和接缝黑色，有时鞘翅全部暗黑褐色。身体腹面黑红相间，足基节和转节黑色，腿节末端和胫节末端黑色，跗节黑褐色。触角柄节和索节黑褐色，棒节红褐色(张润志，2003)。

卵：平均长 2.6 mm，宽 1.1 mm；乳白色，微黄，长椭圆形，表面光滑，孵化前略膨大。

幼虫：低龄幼虫乳白色，高龄幼虫乳黄色，无足，体纺锤形呈弯曲状；老熟幼虫体长 35.0~48.0 mm，头部黄褐色，体黄白，腹部末端扁平，边缘具刚毛。

蛹：离蛹，平均长 35.0 mm，宽 15.0 mm；长椭圆形，初为乳白色，后呈褐色，喙长达前足胫节，触角及复眼显著突出；蛹外被纤维构成的茧，呈长椭圆形，长70.0~80.0 mm。

(3)危害特点

被锈色棕榈象危害的棕榈植物初期并无明显的症状，后期症状主要有以下几个方面：树干或者叶柄基部有明显的钻蛀孔；钻蛀和取食的幼虫能发出"沙沙"的咀嚼声；蛀道口有棕褐色的液体流出；在蛀孔内或周围植物组织有浓厚的发酵味道；被危害的寄主组织及其周围存在大量的成虫尸体；造成寄主主干或者树冠倾倒。该虫主要以幼虫钻蛀危害为主，成虫在植物的幼嫩部分或伤口、裂痕处产卵，卵孵化后幼虫钻蛀并取食植物组织。成虫具有迁飞性、群居性、假死性，常在晨间或傍晚出来活动。幼虫钻进树干内部，取食柔软组织，使树干仅残留破碎纤维的空壳。茎干顶端渐次变细，叶色变黄，树冠缩小，生长势衰弱，受害严重的植株可导致死亡。

(4)检疫管理和防制策略

在棕榈科植物调运前，仔细检查茎干是否被锈色棕榈象蛀食，防止有虫植株出圃。有锈色棕榈象的种苗一律杜绝引进或调入。防制措施包括：

①物理防制。人工捕捉晨间或傍晚出来活动的成虫，可利用其假死性，敲击茎干

将其振落捕杀；利用成虫喜欢在植株的孔穴或伤口产卵的习性，可用沥青涂封或用泥浆涂抹，防止成虫产卵；清除被害植株，避免成虫羽化后外出扩散繁殖。

②药物防除。先用长铁钩将堵在受害植株虫孔的粪便或木屑钩出，用化学药剂进行整株淋灌，使药液浸至茎干内杀死害虫（灌药时如有成虫或幼虫从虫孔爬出，立即捕捉集中烧毁），每 7 d 进行一次；然后在其叶鞘和心芽处放置触杀剂，防止害虫从生长点侵入。在 4 月至 10 月的虫害盛期，定期喷药，杀死虫卵。对于在茎干中危害的成虫，用农药原液从虫孔注入，然后用泥密封。平时可结合根部施肥以达到预防作用。

（5）风险评价

锈色棕榈象又称红棕象甲、椰子隐喙象、椰子甲虫、亚洲棕榈象甲、印度红棕象甲等，主要危害树龄在 20 年以下的棕榈科植物。该虫危害幼树时，从树干的受伤部位或裂缝侵入，也可从根际处侵入；危害老树时一般从树冠受伤部位侵入，造成生长点迅速坏死，产生极大危害。寄主受害后，叶片发黄，后期从基部折下，严重时叶片脱落仅剩树干，直至死亡。据调查，严重发生时，椰子 Cocos spp. 受害株率可高达 84%。目前除海南省锈色棕榈象分布较广外，广东、广西、福建、云南、上海、西藏等省（自治区、直辖市）均为局部发生危害。在海南省，椰子遍布全岛，椰果和槟榔 Areca catechu 的收入占当地农民收入的 80% 以上，由于锈色棕榈象的危害，对地方经济发展造成了很大的影响。此外，锈色棕榈象的许多寄主同时也是城市绿化的名贵树种，加强对该虫的检疫管理对保护绿化成果、减轻经济和生态损失意义重大。1997 年，在我国广东省棕榈苗圃场首次发现该害虫，目前已对我国南方的棕榈科植物造成严重危害。2004 年锈色棕榈象被列入《森林植物检疫对象名单》，2007 年列入《进境植物检疫性有害生物名录》，2013 年列入《全国林业检疫性有害生物名单》。

8.6　美国白蛾

（1）分类地位

美国白蛾 Hyphantria cunea（Drury）属鳞翅目 Lepidoptera，灯蛾科 Arctiidae，白蛾属 Hyphantria。

（2）识别特征（彩图 16）

成虫：雌蛾体长 9.5～15.0 mm，翅展 30.0～45.0 mm；雄蛾体长 9.0～13.5 mm，翅展 23.0～36.5 mm。雄蛾触角腹面黑褐色，双栉齿状，其中内侧栉齿长度约为外侧栉齿的 2/3，下唇须外侧黑色，内侧白色。雌蛾触角锯齿状，褐色，复眼黑褐色，无光泽，半球形，大而突出。雄蛾复眼稍大于雌蛾。体白色，喙不发达，短而细，下唇须小，侧面和端部黑褐色。翅底色纯白，雌蛾前翅常无斑，雄蛾前翅从无斑到有浓密的褐色斑，雌蛾前翅常无斑，越冬代明显多于越夏代。前足胫节末端有 1 对短齿，一个长而弯，另一个短而直；后足胫节中距缺如，仅有 1 对端距。

卵：近球形，直径约 0.4～0.5 mm，表面具许多规则的小刻点，初产的卵淡绿色或黄绿色，有光泽，后变成灰绿色，近孵化时呈灰褐色，顶部呈黑褐色。卵块大小为 2.0～3.0 cm²，表面覆盖有雌蛾腹部脱落的毛和鳞片，呈白色。卵近球形，直径 0.5～0.53 mm，淡绿或黄绿色。

老熟幼虫：头部黑色，有光泽，宽 2.4~2.7 mm，体长 22.0~37.0 mm，腹面黄褐色或浅灰色。长 9.0~12.0 mm，宽 3.3~4.5 mm。

蛹：初淡黄色，后变橙色、褐色、暗红褐色，中胸背部稍凹，前翅侧方稍缢。

(3)危害特点

美国白蛾以幼虫取食树叶，常群集于叶片吐丝做网巢，在其内取食，网巢可长达 1.0 m 以上，形如天幕，故得名天幕毛虫。北美洲 1 年 1~4 代，欧洲和亚洲 1 年 2 代。以茧内蛹越冬。每雌可产 500~900 粒卵，产卵于叶背，呈块状，上覆盖白色鳞毛。幼虫 7 龄，1~4 龄取食量小，5~7 龄暴食。老熟幼虫下行，寻找隐蔽处化蛹，蛹主要集中在树干老皮下及树周围的表土下和瓦砾中。美国白蛾的发育起始温度是 10 ℃，完成 1 个世代需要 800 d·℃。短光周期和低温是美国白蛾越冬滞育的主要诱因。

(4)检疫管理和防制策略

加强虫情监测和预测预报，准确掌握发生动态。严格检疫检查，防止人为传播。

防制美国白蛾的主要措施包括：

①物理防制。在幼虫期，人工剪除网幕；老熟幼虫下树越冬前，在树干上缠绕草(绳)，待其在草下化蛹至羽化前拆下烧毁；使用黑光灯来诱捕成虫或使用具有诱捕电击功能的诱虫灯进行大量诱杀。

②生物防制。人工繁殖释放白蛾周氏啮小蜂；使用 Bt 生物杀虫剂进行喷洒；在 2~3 龄幼虫期，使用美国白蛾核型多角体病毒进行防制。

③喷洒化学药剂进行防除。

(5)风险评价

美国白蛾又称美国白灯蛾、秋幕毛虫、秋毛虫、秋幕蛾，是一种食性杂、繁殖量大、适应性强、传播途径广、危害严重的世界性检疫害虫。美国白蛾幼虫可危害 200 多种树木和作物。该虫原产于北美洲，20 世纪 40 年代传入欧洲和亚洲，在欧洲大陆已扩散到大部分国家，传播和扩散的速度很快。该虫 1979 年传入我国辽宁丹东后，迅速扩散蔓延，并暴发成灾，目前已扩散至我国北方大部分省份以及江苏、安徽等地。该虫常以幼龄幼虫群集寄主叶上吐丝结网幕，在网幕内取食寄主的叶肉，受害叶片仅留叶脉呈白膜状而枯黄；老龄幼虫食叶呈缺刻和孔洞，严重时树木叶片被取食殆尽，林相残破，被害木树势衰弱，易遭其他有害生物的侵袭，削弱了树木的抗寒、抗逆能力，连续受害可导致被害树死亡，直接制约了城镇环境绿化和美化，给林业生产造成重大损失，对当地的经济、生态和人文景观影响极大。1984 年、1996 年、2004 年美国白蛾 3 次被列入《森林植物检疫对象名单》。2013 年列入《全国林业检疫性有害生物名单》。

美国白蛾自然传播主要靠成虫飞翔和老熟幼虫爬行，成虫一次飞翔距离在 100m 以内。远距离传播主要是 5 龄以后幼虫和蛹随寄主植物、交通工具、包装材料等进行传播。

8.7 苹果蠹蛾

(1)分类地位

苹果蠹蛾 *Cydia pomonella* (L.) 属鳞翅目 Lepidoptera，卷蛾科 Tortricidae，小卷蛾属 *Cydia*。

（2）识别特征（彩图 17）

成虫：体长约 8.0 mm，翅展 18.0~22.0 mm。体呈灰褐色而略带紫色光泽，雄蛾体色较深。前翅臀角处有深褐色椭圆形大斑，内有 3 条青铜色条纹，这是苹果蠹蛾的显著识别特征。翅基部褐色，其外缘突出略呈三角形，有较深的斜行波状纹；翅中部浅褐色较浅。雄蛾前翅腹面沿中室后缘有一黑褐色条斑；后翅褐色，基部颜色较淡；雌虫翅缰 4 根，雄虫 1 根。

卵：椭圆形，长约 1.1 mm，宽约 0.9 mm，扁平，中央略凸起，卵壳上有皱纹，但不甚明显。

幼虫：初龄黄白色。老熟后一般呈红色，背面色深，腹面色浅。体长 14.0~18.0 mm。前胸侧毛组（L）有 3 根毛；腹部第 9 节背毛组 D1、D2 与亚背毛组的 SD1 共 3 根毛排列成三角形。

蛹：长 7.0~10.0 mm，黄褐色。肛门两侧各有 2 根钩状臀棘，末端还有 6 根较短的臀棘。

（3）危害特点

苹果蠹蛾在俄罗斯北方地区 1 年 1~2 代，南高加索及黑海沿岸 2~3 代，美国北方 2 代，南方 4 代；我国新疆库尔勒 3 代，石河子完整 2 代和部分 3 代。老熟幼虫在开裂的老树皮下，树干的分枝处，树干或树根附近的树洞里，支撑树干的支柱，以及其他有缝隙的地方吐丝做茧越冬。卵多产于叶片，部分也可产在果实和枝条上，尤以树冠上层的叶片和果实着卵量最多。刚孵化的幼虫，先在果面上四处爬行，寻找适当部位蛀入果内，蛀入时不吞食果皮碎屑，而将其排出蛀孔外。幼虫能蛀入果心，并食害种子。幼虫在苹果花和果实内蛀食，所排出的粪便和碎屑呈褐色，堆积于蛀孔外。由于虫粪缠以虫丝，危害严重时常见其串挂在果实上。幼虫早期蛀果能使幼果脱落。

（4）检疫管理和防制策略

禁止从疫区输入苹果、梨等鲜果。溴甲烷熏蒸，或熏蒸结合冷藏，以及 γ 射线处理可杀死苹果蠹蛾各个虫态。防制措施包括：

①果园管理。消灭落果中幼虫及越冬幼虫。

②诱集幼虫。在主分枝下束草，诱集老熟幼虫入内化蛹；信息素诱集雄蛾。

③生物防制。利用广赤眼蜂 Trichogramma evanescens 等天敌进行防制。

④药剂防除。第 1 代卵孵化时用化学农药进行防除。

（5）风险评价

苹果蠹蛾原产于欧亚大陆南部，属古北、新北、新热带、澳洲、非洲区系共有种。现已广泛分布于世界六大洲几乎所有的苹果产区，是世界上仁果类果树的毁灭性蛀果害虫。该虫以幼虫蛀食苹果、梨、杏等的果实，导致果实成熟前脱落和腐烂，蛀果率普遍在 50% 以上，严重的可达 70%~100%，严重影响了国内外水果的生产和销售。在美国的部分地区，曾经由于该虫的危害迫使农民放弃了苹果生产。苹果蠹蛾的广布性和危害的严重性已引起世界各国的高度重视，许多国家将其列为重要的检疫性害虫，进行防范和除治。1992 年，苹果蠹蛾被列入《中华人民共和国进境植物检疫危险性病、虫、杂草名录》一类有害生物名单，1996 年、2004 年两次被列入《森林植物检疫对象名单》，2013 年列入《全国林业检疫性有害生物名单》。

苹果蠹蛾为小蛾类害虫，在田间最大飞行距离只有 500 m 左右，自身扩散能力较差，主要以幼虫随果品、果制品、包装物及运输工具远距离传播。

8.8 枣实蝇

（1）分类地位

枣实蝇 *Carpomya vesuviana* Costa 属双翅目 Diptera，实蝇科 Tephritidae，咔实蝇属 *Carpomya*。

（2）识别特征（彩图 18）

成虫：淡黄至黄褐色。额表面平坦，两侧近于平行，约与复眼等宽。颜侧面观平直，触角沟浅而宽，中间具明显的颜脊。触角全长较颜短或约与颜等长，第 3 节的背端尖锐；触角芒裸或具短毛。喙短，呈头状。胸部盾片黄色或红黄色，中间具 3 个细窄黑褐色条纹，向后终止于横缝略后；两侧各有 4 个黑色斑点，横缝后亚中部有 2 个近似椭圆形黑色大斑点，近后缘的中央于两小盾前鬃之间有一褐色圆形大斑点；横缝后另有 2 个近似叉形的白黄色斑纹。小盾片背面平坦或轻微拱起；白黄色，具 5 个黑色斑点，其中 2 个位于端部，基部的 3 个分别与盾片后缘的黑色斑点连接。胸部侧面大部分淡黄至黄褐色，中侧片后缘中间布一黑色小斑点；侧背片部分黑褐色；后小盾片大部分黑色，中间黄色。翅透明，具 4 个黄色至黄褐色横带，横带的部分边缘带有灰褐色；基带和中带彼此隔离，较短，均不达翅后缘。

幼虫：体长 7.0～9.0 mm，白色或黄色，长圆筒形，体壁柔软，尾脊缺失；头裂片发达，骨化的气门盖存在，基部有 20～23 个气门孔。

蛹：体节 11 节，初蛹黄白色，后变黄褐色。

（3）危害特点

枣实蝇繁殖能力强，世代重叠，年发生代数因地区不同存在差异，6～10 代不等。以蛹在地下 3～6 cm 的土层中越冬。成虫白天交配产卵，夜晚潜伏，其卵产于枣果的表皮下，单产，平均每雌可产卵 19～22 粒，每果产卵 1～4 粒，最多 8 粒，幼虫孵化后蛀食果肉。1～2 龄幼虫是危害枣果的主要龄期。果实大且重、果肉多、可溶性固体物质和总糖高且酸度、维生素 C 和苯酚含量低的品种，易遭受枣实蝇的危害。幼虫老熟后，脱离枣果落地，在 6～15 cm 深的土壤中化蛹，尔后成虫羽化出土。

成虫产卵器刺透果皮将卵产于皮下，产卵处表皮组织颜色发生变化，形成斑点，幼虫孵化后，蛀食果肉，引起落果，果实早熟和腐烂。幼虫化蛹前钻出果实进入地下越冬，在果实表面形成蛀孔，降低枣的品质与产量，造成重大经济损失。

（4）检疫管理和防制策略

限制从国内枣实蝇发生区调运寄主材料（主要是枣果）及从国外疫区进口枣属 *Ziziphus* 植物与枣果。发现来自疫区的枣及运载工具要进行销毁或检疫处理（熏蒸等）。加强对疫区毗邻地区的虫情监测与防制，加强发生区疫情除治。对疫区枣园尚存的果实及落果集中收集销毁，冬季松土，地面喷洒触杀剂，消灭越冬蛹，尽量减少虫口密度，从而达到彻底除治的目的。防制枣实蝇的主要措施包括：

①物理防制。在果树结果期间，应及时捡拾落果，摘除树上虫害果，并定点集中

销毁；定期翻晒树下及周围的土壤，消灭土壤中的幼虫和蛹。

②化学防除。在枣实蝇下地化蛹时期，也可采用地面灌药防除，在成虫期使用引诱剂诱杀。

③生物防制。开发和利用枣实蝇寄生性天敌，如幼虫—蛹寄生性天敌：前裂长管茧蜂 Diachasmimorpha longicaudata 和方头泥蜂 Gastrosericus electus；卵—幼虫寄生性天敌：切割潜蝇茧蜂 Opius incisi 和潜蝇茧蜂 Opius makii；幼虫寄生性天敌：费氏小茧蜂 Microbracon fletcheri、李氏小茧蜂 Microbracon lefroyi 和枣食蝇茧蜂 Fopius carpomyie（何善勇等，2010）。

（5）风险评价

枣实蝇原产于印度，是枣属植物的重要蛀果害虫，曾对印度及伊朗等西亚国家的枣业造成严重的危害。2007 年，我国首次在新疆吐鲁番地区发现枣实蝇，发生面积大于 1000 hm²，对该地区的枣果业造成了毁灭性的危害。枣树原产我国黄河中下游地区，是我国最古老的树种之一，在我国分布广泛，家喻户晓，除黑龙江外，我国其他各省份均有分布，由于其具有极高的经济价值，是千万农民的致富法宝和众多地区的支柱性产业，在退耕还林、农业结构调整、农民增收和新农村建设中发挥着十分重要的作用。枣实蝇为蛀果性害虫，危害初期外表较难发现，隐蔽性强，极大地增加了监测与防控的难度。因此，一旦在我国的枣树种植区传播扩散，必将严重损害我国枣农的利益，影响枣产品的出口贸易，给枣农带来巨大损失，同时也将直接威胁到全国枣产品的安全和整个枣业的健康发展。2007 年，我国农业部将枣实蝇增补入《进境植物检疫性有害生物名录》，2008 年，国家林业局发布公告，将枣实蝇增列为全国林业检疫性有害生物，2013 年将其列入《全国林业检疫性有害生物名单》。

8.9　红火蚁

（1）分类地位

红火蚁 Solenopsis invicta Buren 属膜翅目 Hymenoptera，蚁科 Formicidae，火蚁属 Solenopsis。

（2）识别特征

成虫：个体小，头部的宽度均小于其腹部的宽度，复眼明显，由数十个小眼构成；触角成弯曲状，共 10 节，末端两节比其他节长、明显膨大，并形成锤节；头部具有明显的头檐中齿，兵蚁亚阶段后头部平顺无凹陷。胸部有 3 对足，生殖时期婚飞的繁殖蚁（雌蚁和雄蚁）有两对膜质的翅膀；体中躯与腹锤间有明显腰节 2 节（腹柄节与后腹柄节），无前伸腹节齿，腹部末端有刺。小型工蚁（工蚁）体长 2.5~4.0 mm（彩图 19）。头、胸、触角及各足均棕红色，腹部常棕褐色，腹节间色略淡，腹部第 2、3 节腹背面中央常具有近圆形的淡色斑纹。前胸背板前端隆起，前、中胸背板的节间缝不明显；中、后胸背板的节间缝则明显，胸腹连接处有两个结节，第 1 结节呈扁锥状，第 2 结节呈圆锥状。腹部卵圆形，可见第 4 节，腹部末端有螯刺伸出。大型工蚁（兵蚁）体长 6.0~7.0 mm。形态与小型工蚁相似，体橘红色，腹部背板色略深，上颚发达，黑褐色，体表略有光泽，体毛较短小，螯刺常不外露。卵、幼虫及蛹均为乳白色，成虫呈红褐色或黑褐色(黄可辉, 2011)。

卵：圆形至椭圆形, 直径为 0.2~0.3 mm。

幼虫：虫体柔软, 没有足, 不能移动。

蛹：形态与成虫的形态极为相似(曾玲等, 2005)。

(3)危害特点

红火蚁是杂食性土栖蚁类, 可寄生于草皮、苗木、盆景、植株等植物及其产品的土壤中, 取食农林植物的种子、果实、幼芽、嫩茎与根系。红火蚁的蚁巢除了在农田、果园、荒地、公园和高尔夫球场广为发生之外(其中撂荒地的蚁巢密度更高, 蚁巢也更大), 在街道边、房屋、学校、树根下、花盘上、墙角、围墙和篱笆墙根下也较为常见, 并在电线旁和电源开关处偶有发生。

(4)检疫管理和防制策略

在入侵红火蚁觅食区散布含低毒药剂或生长调节剂的饵剂, 约 10~14 d 后再以触杀性的水剂或粉剂、粒剂直接处理可见的独立蚁丘, 一般每年的 4~5 月和 9~10 月处理 2 次。用 4~8 L 滚烫的热水浇灌 1 个蚁巢(有效性大约为 60%), 每天进行处理, 共需要 5~10 d; 还可用铁锹把蚁巢挖掘出来并用肥皂水进行浸泡。另外保护和利用自然界的蜻蜓、蜘蛛类、甲虫和鱼类等生物, 开展生物防制。

(5)风险评价

红火蚁是一种危害面广、危害程度严重的外来入侵物种, 严重影响农林植物的生长; 捕食土栖动物, 破坏土壤微生态; 损坏灌溉系统, 破坏户外和居家附近的电讯设施, 对农林业和公共设施造成危害。在我国南部沿海和西南地区, 以及南美洲、大洋洲等地区有分布。红火蚁具有很强的攻击性, 除了危害植物之外, 还会以螯针叮蛰和口器咬伤的方式危害动物和人体。红火蚁原产于南美洲, 20 世纪三四十年代随从南美运载农产品船只上的压仓沙土入侵美国, 造成了严重危害。随后于 1975—1984 年期间入侵波多黎各, 2001 年成功地跨越太平洋, 于大洋洲建立新的族群。红火蚁自 1999 年入侵我国台湾地区以来, 目前已扩散至广东、广西、湖南, 以及香港和澳门等地, 直接威协当地生态环境、居民生命安全以及农田和电网等基础设施和城市建筑物等公共财产。2013 年列入《全国林业检疫性有害生物名单》。

红火蚁靠迁飞作自然传播, 也可形成漂浮的蚁团随水流扩散; 远距离传播主要通过受蚁巢污染的草皮、苗木、盆景等带有土壤的园艺产品和栽培介质人为运输传播。集装箱箱体或货物包装中黏附含有蚁后的蚁巢也是其传播的重要途径。

8.10 扶桑绵粉蚧

(1)分类地位

扶桑绵粉蚧 *Phenacoccus solenopsis* Tinsley 属半翅目 Hemiptera, 粉蚧科 Pseudococcidae, 绵粉蚧属 *Phenacoccus*。

(2)识别特征(彩图 20)

扶桑绵粉蚧的识别主要依靠雌成虫形态。

雌成虫：卵圆形, 浅黄色; 足红色, 腹脐黑色; 被有薄蜡粉, 在胸部可见 0~2

对，腹部可见 3 对黑色斑点；体缘有蜡突，均短粗，腹部末端 4~5 对较长；除去蜡粉后，在前、中胸背面亚中区可见 2 条黑斑，腹部 1~4 节背面亚中区有 2 条黑斑。

雄成虫：体微小，红褐色，长 1.4~1.5 mm；触角 10 节，长约为体长的 2/3；足细长，发达；腹部末端具有 2 对白色长蜡丝；前翅正常发达，平衡棒顶端有 1 根钩状毛。

（3）危害特点

扶桑绵粉蚧多营孤雌生殖，卵产于卵囊内，每卵囊有卵 150~600 粒；卵经 3~9 d 孵化为若虫；若虫期 22~25 d；正常情况下，25~30 d 发生 1 代；1 年发生 12~15 代，在温度较低地区，以卵或其他虫态在植物上或土壤中越冬；热带地区终年繁殖。主要危害作物的幼嫩部位，包括嫩枝、叶片、花芽和叶柄，种群数量较大时，也可寄生在老枝和主茎上。以雌成虫和若虫吸食汁液危害。受害植株生长势衰弱，生长缓慢或停止，失水干枯，亦可造成棉 Gossypium spp. 的花蕾、花、幼铃脱落，分泌的蜜露诱发的煤污病可导致叶片脱落，严重时可造成棉花成片死亡。

（4）检疫管理和防制策略

严禁从疫区调运带虫植物及其产品。对检查出的带虫植物及其产品，要立即销毁或以溴甲烷熏蒸，进行彻底检疫处理，防止其蔓延扩散。加强虫情监测，园林花卉植物种植后，要及时做好虫情预测预报，及时发现，及早防制。

防制扶桑绵粉蚧的主要措施包括：

①物理防制。适当调节播种期，避开该虫暴发高峰，减轻扶桑绵粉蚧的危害程度；加强苗圃管理，苗圃做到精耕细作，及时清沟排渍，铲除田边、田埂的杂草，破坏害虫的栖息环境；清洁田园，将苗圃、果园和林地周边有扶桑绵粉蚧的杂草铲除并烧毁，将有扶桑绵粉蚧的花卉植物落叶或枯枝清理烧毁；冬耕冬灌，特别是深耕冬灌，可以消灭越冬虫蛹，降低和减少翌年害虫发生基数，减轻危害发生面积。

②化学防除。可以使用如吡虫啉等化学药剂进行防除。此外，由于扶桑绵粉蚧寄主种类较多，在对众多园林靶标植物进行喷药的同时，也要对周边的其他植被施药。

③生物防制。目前已发现扶桑绵粉蚧天敌有 8 种。其中，捕食性天敌如孟氏隐唇瓢虫 Cryptolaemus montrouzieri、四斑弯叶毛瓢虫 Nephus quadrimaculatus、双带盘瓢虫 Coelophora biplagiata 和六斑月瓢虫 Menochilus sexmaculatus 等；寄生蜂如松粉蚧抑虱跳小蜂 Acerophagus coccois、班氏跳小蜂 Aenasius bambawalei、长崎原长缘跳小蜂 Prochiloneurus nagasakiensis、广腹细蜂 Allotropa sp. 等。

（5）风险评价

扶桑绵粉蚧是一种危害园林、水果、大田作物的害虫，寄主范围较广，已知的有 57 科 149 属 207 种，不仅危害棉花，还危害其他多种观赏植物，尤其嗜好取食菊科、葫芦科、茄科、锦葵科、马齿苋科、马鞭草科、报春花科、石蒜科等植物。其危害部位主要为植物茎、叶，导致受害植物长势衰弱，生长缓慢或停止，最后失水干枯死亡，严重时可造成花圃成片死亡。由于扶桑绵粉蚧寄主广泛，种群增长迅速，极易随人为活动迅速扩散。一个世纪以来，该虫从北美扩散到南美洲、欧洲，再扩散到亚洲的印度和巴基斯坦，对巴基斯坦和印度当地棉花生产造成了严重危害。该虫自 2008 年在我国的广州首次发现以来，已扩散至我国东部沿海地区和南方多个省份，并于 2011 年也曾在我国新疆维吾尔自治区的乌鲁木齐、昌吉和喀什三地发现扶桑绵粉蚧。

　　依据气候数据分析预测，我国华中、华东、华南、西南的大部分区域以及华北、西北的部分地区都是扶桑绵粉蚧的适生区，特别是长江中下游和黄河中下游危险性最大，并且扶桑绵粉蚧的寄主植物在我国南北大部分地区广泛存在，因此，扶桑绵粉蚧对我国农作物和园林产业造成严重威胁。2009 年扶桑绵粉蚧被列入《进境植物检疫性有害生物名录》，2013 年列入《全国林业检疫性有害生物名单》。

　　扶桑绵粉蚧若虫可从染虫的植株转移到健康植株。1 龄若虫行动活泼，成虫具有一定的飞翔能力。低龄若虫可随风、雨、鸟类、覆盖物、机械等传播到健康植株，也可随灌溉水流动而扩散。扶桑绵粉蚧人为传播主要以卵、雌性若虫或成虫随寄主植株、枝茎、叶等远距离调运蔓延扩散，并且因具蜡质，虫体常被黏附于田间使用的机械、设备、工具、动物或人体上，从而传播开来。

本章小结

　　本章主要介绍了 10 种我国重大林业检疫性害虫，除了杨干象和青杨脊虎天牛外，其余 8 种均为 20 世纪末或 21 世纪初传入我国的外来入侵性害虫，对我国森林生态系统和林业生产造成巨大损失。通过学习我国林业检疫性害虫的分类地位、识别特征、危害特点、检疫管理和防制措施，以及风险评价等基础知识，认清我国重要林业检疫性害虫的基本类别和检疫重要性，掌握重要检疫性害虫的检验鉴定和识别技术，以及检疫处理和防制技术，为将来从事林业检疫相关工作夯实基础。

思 考 题

1. 试述本章所述 10 种重要林业检疫性害虫的共同特点。
2. 检疫性害虫的检疫处理和防制方法主要包括哪些方面？
3. 检疫性害虫防控最重要的手段是什么？

本章推荐阅读

萧刚柔，1992. 中国森林昆虫［M］. 2 版 . 北京：中国林业出版社 .

李孟楼，张立钦，2016. 森林动植物检疫学［M］. 2 版 . 北京：中国农业出版社 .

第9章
检疫性杂草和林业入侵植物

外来入侵物种除软体动物、昆虫、线虫、真菌、原核生物、病毒及类病毒外，还包含一个重要的生物类别——植物。由于植物多固着生长，反应能力和运动能力相对于动物更为缓慢，种群建立的过程，即入侵的潜伏期可能更加漫长。但作为初级生产者，植物的入侵过程造成的危害对整个生态系统的影响更加深远，与人类的生产经营活动关系也更加密切。

危害特别严重的入侵植物通常会被列入检疫名单进行官方防制，称为检疫性杂草。然而，一些危害特别严重的非检疫性入侵植物也应当受到重视。本节选取介绍 3 种检疫性杂草和 4 种在林业上有较大危害的非检疫性入侵植物。

9.1 检疫性杂草

9.1.1 微甘菊①

（1）分类地位

微甘菊 *Mikania micrantha* Kunth 属菊科 Asteraceae，假泽兰属 *Mikania*。

（2）识别特征

微甘菊为多年生草质或稍木质藤本；茎细长，被白柔毛，多分枝，匍匐或攀缘；茎中部叶三角状卵形至卵形，长 4.0~13.0 cm，宽 2.0~9.0 cm，基部多为心形（偶见戟形），先端渐尖，边缘具数个粗齿或浅波状圆锯齿，两面无毛；头状花序多数，在枝端常排成复伞房花序状，顶部的头状花序先开放，依次向下逐渐开放，含小花 4 朵，全为结实的两性花（彩图 21a）；总苞片 4 枚，基部有一线状椭圆形的小苞叶（外苞片）；花有香气，花冠白色，管状，长 3.0~3.5（~4.0）mm，檐部钟状，5 齿裂。瘦果长 1.5~2.0 mm，黑色，被毛；冠毛由 32.0~38.0（~40.0）条刺毛组成，白色，长 2.0~3.5（~4.0）mm（孔国辉等，2000b）。

---

① 注：微甘菊的属名 "*Mikania*" 是为了纪念捷克植物学教授 Joseph. G. Mikan（1743—1844），其种加词 "*micrantha*" 意为 "小花的"，而 "薇" 在我国传统文化中所指代的植物都与微甘菊的形态相去甚远，因此，"微甘菊" 这一译名结合了 "*Mikan*" 的音译（"微甘"）和 "*micr-*" 的意译（"微小的"），是比 "薇甘菊" 更合适的译法。综上，本书采用 "微甘菊"，但在引用文献资料时保留其原本的写法。

微甘菊与其近缘种——假泽兰 *M. cordata* 形态较为相似，两者可以从茎的被毛情况、叶的形状、花序的长度、总苞片的形状，以及花冠、冠毛、瘦果等的形态加以区分。

微甘菊的花果期 8~11 月，兼具有性生殖和无性生殖两种繁殖方式。每年初春至初秋为生长旺盛期，年底开花，次年年初结实。生活周期很短，从现蕾至盛花期约 5 d，开花数量巨大，0.25 m² 面积内，头状花序约 2 万~5 万个，包含小花 8 万~20 万朵（昝启杰等，2002）。开花后十余天种子成熟，种子小而轻，千粒重仅 0.089 29 g（李鸣光等，2012）。无性生殖方式为：茎节和节间都可以生根，每个节的叶腋均可长出一对新枝，发育成新植株。

（3）检验鉴定方法

对于微甘菊的疑似植株，应尽量拍摄清晰的图像资料，并采集完整的标本，尤其是具有关键鉴别部位的标本，如茎、叶、花序和瘦果等。通过肉眼观察微甘菊的植株，或借助放大镜、体视镜等观察标本的被毛、种子等细部结构，对照形态特征描述进行识别和鉴定。

对于混杂了微甘菊种子的样品，可以用过筛法检验，具体操作办法参考国家标准《薇甘菊检疫鉴定方法》（GB/T 28109—2011）。

（4）检疫管理和防制策略[①]

加强对入境口岸通关可能携带微甘菊的载体进行检查，对停车场和货物堆放场地进行排查；加强对甘蔗 *Saccharum* spp.、花卉、林苗基地监测及农林产品的外销调运检疫，防止微甘菊扩散。在苗木及繁殖材料的调运过程中，检查调运的植物或载体上有无粘附微甘菊的种子、藤茎或介质土中有无微甘菊的植株活体和瘦果。对于微甘菊的发生区，每年于营养生长初期（4~6 月）和生殖生长期（10~12 月）调查两次，潜在发生区每年于生殖生长期调查一次。调查单位若发现微甘菊发生，应及时向上级主管部门和本级人民政府报告。近年来，随着技术的发展，一些信息化手段被应用于微甘菊的监控和预警。例如，付小勇等（2015a，2015b）利用生态位模拟，分析了影响微甘菊分布的主要环境因子，构建了云南省林地微甘菊监测预警技术体系，研发了基于 GIS 的云南省林地微甘菊监测预警信息系统。孙中宇等（2019）利用基于无人机的遥感技术，对盛花期微甘菊的暴发点和暴发面积进行识别，为局域尺度上的微甘菊扩散机制研究提供了基础。

微甘菊的防制策略主要包括物理防制、化学防除、生物防制、群落改造和替代控制，以及不同措施结合的综合防制策略等。

①物理防制。物理防制主要是在开花前进行人工铲除。不过，人工防除费时费力，且效果比较有限。人工防除几个月以后，微甘菊的恢复率极高，需要反复清除。利用不同的遮光材料对微甘菊进行人工模拟郁闭、遮阴控制试验，通过降低透光率来影响微甘菊植株的生长发育，也可以达到控制目的。

②化学防除。对微甘菊的化学防除研究较多，大多数化学试剂在田间小区试验中的效果都较好。但值得注意的是，化学防除微甘菊必须评估除草剂对环境的影响，包括对人、动物、水源和土壤环境的影响等，尤其是要先识别对药物敏感的植物，避免

---

① 注：更多检疫管理和防控措施可参考《薇甘菊防治技术规程》（LY/T 2422—2015）、《薇甘菊检疫技术规程》（LY/T 2779—2016）和《薇甘菊防控技术规范》（SZDB/Z 191—2016）等标准。

对这些植物施药，应当注意发生药害的可能性。在同一地区长期使用相同的化学试剂还应当警惕微甘菊耐药性的发生。

③生物防制。微甘菊的生物防制研究多集中于寄生植物和本土天敌昆虫。例如，田野菟丝子 *Cuscuta campestris* 对微甘菊的生长、气体交换、光合作用等都有显著影响，可以使微甘菊的盖度大幅度下降，且对其他本土植物的影响较小。紫红短须螨 *Brevipalpus phoenicis* 的取食行为会造成微甘菊的茎叶衰竭枯死，并从中心枯死区向四周扩散。而微甘菊颈盲蝽 *Pachypeltis* sp. 能影响微甘菊的茎生长和花序分化，抑制其无性繁殖和开花结实量。

④群落改造和替代控制。林缘、林窗、林间空地和林木生长势较弱的林分通常受微甘菊侵害较为严重，针对这些受害林分进行群落改造，选择气候条件适应、更新能力强的地带性树种和本地树种，可以有效修复森林生态系统，遏制微甘菊危害，实现持续控制。

（5）风险评价

微甘菊原产中南美洲，其微小的种子可借风力、水流扩散，或经动物携带，以及人类活动而远距离传播，现已广泛分布于美国南部、印度、孟加拉国、斯里兰卡、泰国、菲律宾、马来西亚、印度尼西亚、毛里求斯、澳大利亚、巴布亚新几内亚和太平洋诸岛屿等。早在 19 世纪末，微甘菊便被引种栽培于香港动植物公园，并有 1884 年栽培植株的采集记录。1919 年在距香港动植物公园附近的歌赋山采集到野生标本，证实微甘菊已逃逸并归化(孔国辉等，2000a)。此后微甘菊于 20 世纪五六十年代在香港地区蔓延开来。80 年代初大陆开始出现微甘菊的标本记录：1983 年在云南，1984 年在深圳先后采集到野生微甘菊标本，因此，推测微甘菊应该是在 20 世纪 80 年代以前就已传入我国大陆。至 20 世纪 90 年代末，微甘菊已经广泛分布于香港、台湾、广东、海南、云南等地，并持续向内陆蔓延。

微甘菊发育周期短，生长期长，繁殖量大，植株覆盖密度大，由于其喜光特性，在适生地定殖后能迅速攀缘、缠绕于其他植物之上形成厚覆盖层(彩图 21b)，阻碍光合作用而致其覆盖下的植物死亡。微甘菊有时与其他藤本植物，如五爪金龙 *Ipomoea cairica*、鸡矢藤 *Paederia foetida*、葛 *Pueraria montana* 等伴生，共同危害乔木和灌木。同时，微甘菊分泌的化感物质可随雨水淋溶、枯枝叶分解等而作用于其他植物，抑制其他植物生长。与伴生植物相比，微甘菊表现出极强的种间竞争力，可能是其成功入侵的关键因素。

微甘菊已被列为世界上最有害的 100 种入侵物种之一，2003 年被国家环境保护总局列入首批 16 种外来入侵生物名录，2004 年被列入《森林植物检疫对象名单》。在我国，微甘菊主要入侵天然次生林、风景林、水源保护林、特种用途林(经济林、果林)，以及城市绿地、公路绿地、弃耕地、丢荒地、海岸滩涂等，对这些林地群落中的小乔木和高灌木造成严重危害。

9.1.2 紫茎泽兰

（1）分类地位

紫茎泽兰 *Ageratina adenophora* （Sprengel）R. M. King & H. Robinson 属菊科

Asteraceae，紫茎泽兰属 *Ageratina*。

（2）识别特征

紫茎泽兰为多年生直立草本或亚灌木；茎暗紫色，高 30.0~200.0 cm，分枝对生，被暗紫或锈色短柔毛；叶对生，卵状三角形、菱形或菱状卵形，基部平截，顶端急尖，基出三脉，边缘有粗锯齿；头状花序小，在枝端排列成伞房或复伞房花序；总苞宽钟形，长 3.0 mm，宽 4.0~5.0 mm，含 40~50 朵小花；管状花两性，淡紫色，长约 3.5 mm；瘦果灰褐色至黑色，长条状五棱形，略弯曲，长 1.7~2.1 mm，宽和厚 0.18~0.25 mm；瘦果表面细颗粒状粗糙，顶端平截，具明显的淡黄白色衣领状环，环中央具外突的、黄色的宿存花柱残基，超出衣领状环；冠毛白色，一层，长约 3.0 mm，细长芒状，被短柔毛，纤细易脱落（彩图 22a）。种子 1 粒，胚直立，黄褐色，无胚乳（黄振等，2017）。

紫茎泽兰与另外两种菊科的入侵杂草——飞机草 *Chromolaena odorata* 和假臭草 *Praxelis clematidea* 形态较为相似，可从茎、叶、花序、瘦果的形态以及繁殖方式等方面加以区分。

紫茎泽兰有两种繁殖方式：一是靠带冠毛的瘦果进行有性繁殖；二是靠茎产生不定根进行营养繁殖。据估计，4~5 年生的紫茎泽兰植株通常有 15~20 个生殖枝，每个枝条平均有 1252 个花序，每个花序平均包含 71.2 朵小花；1 亩紫茎泽兰 1 年可以产生 4.63 亿个瘦果，1000 个瘦果仅重 0.05 g（李振宇等，2002）。

（3）检验鉴定方法

紫茎泽兰的鉴定主要依靠目测观察和镜检，通过收集的图像、标本资料和其他采集信息进行识别。也可以用过筛法检验紫茎泽兰的种子。

（4）检疫管理和防制策略

紫茎泽兰的监测方法可参考农业行业标准《外来入侵植物监测技术规程 紫茎泽兰》（NY/T 1864—2010）。例如，在紫茎泽兰的适生区，对其是否发生、发生面积、分布扩散趋势、生态影响、经济危害等进行监测和调查。

紫茎泽兰的防制策略主要包括物理防制、化学防除、生物防制、替代种植与生态修复，以及几种防制方法结合的综合防制策略。

①物理防制。对于发生面积小、密度高且根层浅的农田、果园等地，可进行物理防制。例如，在紫茎泽兰休眠期（冬季、春季）将整株挖除，然后集中晾晒、焚烧、深埋。物理防制所需成本较低、短期内控制效果较好，但并不能彻底除去残根，再度复发的可能性较大，还可能导致水土流失等问题，因此适用范围有限。

②化学防除。化学防除是控制紫茎泽兰的主要措施之一。有些化学试剂能抑制紫茎泽兰的营养生长，有些能抑制紫茎泽兰的花苞数和种子数，大多数药剂在营养生长期施药的效果优于生殖生长期。也有利用敏感性植物生长抑制剂来防除紫茎泽兰的报道。

③生物防制。生物防制主要聚焦于紫茎泽兰天敌昆虫的开发。我国曾于 20 世纪 80 年代引入紫茎泽兰的专食性天敌——泽兰实蝇 *Procecidochares utilis*，此后该虫在西南地区建立了稳定的自然种群，虽然后来有研究发现，泽兰实蝇在国内并不能有效地抑制紫茎泽兰的生长与繁殖，也未能控制其危害和扩散（李爱芳等，2006）。此外，还有一

些我国本土昆虫是紫茎泽兰的广食性天敌，可能具有一定的开发潜力，如东方行军蚁 *Dorylus orientalis*、昆明旌蚧 *Orthezia quadrua* 和斜纹夜蛾 *Spodoptera litura* 等。

④替代种植与生态修复。近年来，许多学者尝试利用替代种植来实现紫茎泽兰的无污染控制，即通过种间竞争，利用本土植物来抑制紫茎泽兰的繁殖和扩散，并实现入侵地的植被恢复。此外，郁闭度高的群落通常对紫茎泽兰这样的入侵杂草有较好的控制作用，可以通过进行群落改造来增加群落的郁闭度，进而有效地控制紫茎泽兰生长和扩散。

(5) 风险评价

紫茎泽兰又称破坏草，原产中美洲，19 世纪时作为一种观赏植物被引入欧洲，再引种到澳大利亚和亚洲，随后广泛分布到热带和亚热带的 30 多个国家和地区，成为全球性的恶性外来入侵物种之一。1935 年，紫茎泽兰的身影首先出现在我国云南，可能是经缅甸传入。此后，其迅速在云南蔓延，并相继传入周边省份。

与本地近缘种相比，紫茎泽兰的植株更高，瘦果更小更轻、冠毛更短，种子数量更多，在密闭空间中种子的自由沉降速度更小，幼苗更易定殖，这些特征使紫茎泽兰具有极强的种间竞争力和扩散能力，排挤本地植物，形成单优群落(彩图 22b)。此外，不同地理种群的紫茎泽兰在自然形态结构上表现出明显的可塑性，其耐旱和耐高、低温的能力也呈现出显著差异，以适应不同的入侵地环境，还可以通过改变入侵地土壤微生物群落结构，创造对自身生长有利的土壤环境等。

紫茎泽兰的入侵不仅会抑制松、杉等森林生态系统中建群树种的幼苗萌发和生长，也能明显抑制不同林分类型下地表节肢动物的丰富度，进而不可逆地降低本地物种的多样性，造成生态恶化。同时，紫茎泽兰的竞争排挤和化感作用会严重危害农作物和经济作物的生长，牧草和饲草的缺乏进一步导致牛、羊等家畜存栏量急剧下降。家畜取食紫茎泽兰以后还会发生中毒，出现腹泻、脱毛等症状；紫茎泽兰的花粉易引起动物哮喘；种子飞入家畜眼睛时，带刺的冠毛会损伤动物的角膜，严重时造成失明；吸入气管和肺部后会引起组织坏死，导致家畜死亡等。紫茎泽兰的蔓延对种植、畜牧、养殖、采集、狩猎、经济林木等方面都有巨大危害，会造成当地传统农业文化生态全方位解构(李相兴，2015)。此外，紫茎泽兰枯死的植株非常易燃，着火后可形成水平、垂直过火通道，加速火灾蔓延，因此，紫茎泽兰的大面积生长可能会加剧森林火灾的剧烈程度。

2003 年 3 月，紫茎泽兰被国家环境保护总局列入《中国外来入侵物种名单》。2007 年，紫茎泽兰被列入《进境植物检疫性有害生物名录》，是其中的 41 种检疫性杂草之一。根据第三次全国林业有害生物普查的结果，紫茎泽兰是 58 种发生面积超过 100 万亩的林业有害生物之一，也是其中唯一的外来入侵植物。

9.1.3　黄花刺茄

(1) 分类地位

黄花刺茄 *Solanum rostratum* Dunal. 属茄科 Solanaceae，茄属 *Solanum*。

(2) 识别特征

黄花刺茄为一年生直立草本，多分枝，茎基部稍木质化；全株密被粗硬的黄色锥状刺；单叶互生，具叶柄，叶片卵形或椭圆形，羽状深裂，裂片不规则；花两性，多排列成总状花序，每个花序含小花 10~20 朵；花萼 5；花冠黄色，5 裂，辐射对称；雄蕊 5，花药二型，雌蕊细长，尖端向内弯曲(彩图 23a)；浆果球状，被宿存的花萼包被，幼时为绿色，成熟后变为黄褐色或黑色；种子多数，暗褐色或黑色，呈不规则肾形或三角形，表面多凹坑，纹饰蜂窝状。

黄花刺茄与我国本土的其他茄属植物，可以从植株是否具刺、被毛，叶片的形状和开裂程度，花序的类型、花冠的颜色、种子的形态和表面纹饰等方面加以区分。

黄花刺茄 4~5 月发芽，花期 6~9 月，果期 7~10 月，植株在入冬时枯萎，全年生长期约为 5 个月。黄花刺茄喜生长在开阔、阳光充足的地方，主要依靠种子进行繁殖，单株种子数平均可达上万粒，种子可以越冬休眠。果实具刺，可以通过动物携带传播；果实成熟时，植株主茎断裂，随风滚动，也可以将种子传播到很远的地方。

(3)检验鉴定方法

黄花刺茄植株的鉴定主要依据其刺、叶、花等主要鉴别性状。而在进境检疫的过程中，口岸对于黄花刺茄的检测则主要依靠其种子的形态特征。对于混杂了黄花刺茄种子的样品，也可以用回旋法过筛检验，具体操作方法可参考国家标准《刺萼龙葵检疫鉴定方法》(GB/T 28088—2011)。但由于黄花刺茄与其他一些茄科植物的种子较为相似，且磨损以后外部形态特征容易丢失，导致其夹杂在粮食、羊毛等货品中，有时难以用形态鉴定方法识别。因此，近年来，DNA 条形码等分子技术开始被用于黄花刺茄的检验检疫，一些分子片段(如 ITS 序列等)在茄属植物中表现出了较好的种间分辨率，可以作为黄花刺茄的检验鉴定条码(刘勇等，2011；张伟等，2013；田旭飞等，2017)。

(4)检疫管理和防制策略

对黄花刺茄的发生情况开展地区性调查和风险评估，建立预警和长期监测机制，完善应急预案。对进口的和国内疫区调运的植物种子、种苗、羊毛等动植物产品及其运载工具加强检疫，发现疑似黄花刺茄的植株和种子时，应妥善采集和保存标本或样品，并及时送检。发现疫情以后应立即报告给当地的检疫部门，并采取相应的检疫措施，防止疫情扩散。

黄花刺茄的防制措施主要包括物理防制、化学防除、植被替代以及多种方法相结合的综合治理措施。

①物理防制。物理防制指采用人工或机械的方式铲除和清理，植株残体集中进行焚烧或深埋。物理防制需要连续进行数年，每年实施数次，例如，在出苗期、开花前或种子成熟前铲除。物理防制较为费时费力，需要与化学防除或替代种植相结合才能达到较好的防除效果。

②化学防除。化学防除主要是在黄花刺茄幼苗生长初期或开花前施用除草剂，或跟机械铲除配合使用除草剂。化学防除需要注意不同药剂的最佳使用时期、混合药剂的比例、黄花刺茄对除草剂的抗性，以及除草剂对环境的不良影响。

③植被替代。筛选并混合种植本土多年生草本植物，利用其越冬优势，通过种间竞争来排挤一年生的黄花刺茄，可以在一定程度上抑制黄花刺茄对天然草原的入侵。此外，研究表明，密植高秆作物可以抑制黄花刺茄的个体大小，而覆盖地膜可以减少黄花刺茄的种群密度，两者结合是一种较为环保的、减少黄花刺茄入侵农田的替代控

制措施(李霄峰, 2018)。

(5) 风险评价

黄花刺茄又名刺萼龙葵, 原产北美洲, 目前已传入欧洲、非洲、大洋洲、亚洲的十几个国家和地区, 被多个国家列为入侵杂草或检疫性有害生物。1982 年, 黄花刺茄首先在我国辽宁省朝阳县发生, 此后 30 多年, 吉林、河北、北京、内蒙古、新疆等地也相继出现, 且分布范围有不断扩大的趋势。生态位模型研究显示, 黄花刺茄在我国的潜在分布区极广, 尤其是在华中、华北、华东地区的适生性很高, 应当警惕其快速扩散的可能性(钟艮平等, 2009)。

黄花刺茄的繁殖能力极强, 生长速度极快, 其种子具有休眠机制, 坚实的种皮可以抵御不良环境, 使种子长久保持活性, 待条件适宜即可萌发。黄花刺茄的适应性极强, 耐贫瘠、干旱、盐碱、水淹等, 能够适应多种类型的土壤, 并能在不同的生长阶段改变土壤的理化性质和微生物群落的构成, 从而创造对自身生长有利的土壤环境。同时, 黄花刺茄具有丰富的遗传多样性, 在不同环境下产生的快速遗传分化是其成功入侵的关键因素之一。

在开阔和受干扰较多的生境中, 黄花刺茄凭借极强的抗逆性和竞争力, 争夺资源, 排挤本地物种, 降低本地的生物多样性, 破坏生态平衡。黄花刺茄含有数种具有神经毒性的茄碱, 对牲畜等食草动物有毒害作用, 牲畜误食后会导致中毒甚至死亡, 满布植株的尖刺也容易刺伤人类和牲畜的皮肤。此外, 黄花刺茄还是多种有害生物的中间寄主, 这些有害生物随黄花刺茄传播, 共同危害本地的寄主植物。黄花刺茄先后被列入《进境植物检疫性有害生物名录》和《国家重点管理外来入侵物种名录(第一批)》, 是一种严重危害草原、牧场、农田等生态系统的恶性入侵杂草(彩图 23b)。

9.2　非检疫性入侵植物

目前, 难以精确统计我国境内外来植物的具体数目。有些植物引种历史不清晰, 有些归化时间较长, 并与当地的近缘类群产生基因交流, 遗传背景复杂, 增加了追溯其传入史的难度。据《中国外来入侵植物名录》(马金双等, 2018)统计, 基于文献、学名考证与标本记录等资料, 我国共有 48 科 142 属 239 种入侵植物, 其中被划分为 1 类(恶性入侵类)的有 37 种。国家林业和草原局发布的《全国林业有害生物普查情况公告》(第三次普查)列出了 239 种可对林木、种苗等林业植物及其产品造成危害的林业有害植物。其中, 危害特别严重的微甘菊、凤眼莲、紫茎泽兰、加拿大一枝黄花、大米草等被纳入我国《主要外来林业有害生物名单》。

9.2.1　凤眼莲

(1) 分类地位

凤眼莲 *Eichhornia crassipes* (Mart.) Solms 属雨久花科 Pontederiaceae, 凤眼蓝属 *Eichhornia*。

(2) 识别特征

凤眼莲为多年生浮水草本, 高 30.0 ~ 60.0 cm; 须根发达, 茎极短, 具长匍匐枝;

叶在基部丛生，莲座状排列；叶片圆形，宽卵形或宽菱形，顶端钝圆或微尖，基部宽楔形或在幼时为浅心形，全缘，具弧形脉，表面深绿色，光亮，质地厚实，两边微向上卷，顶部略向下翻卷；叶柄长短不等，中部膨大成囊状或纺锤形；叶柄基部有黄绿色鞘状苞片，薄而半透明；花葶从叶柄基部的鞘状苞片腋内伸出，长 34.0~46.0 cm，多棱；穗状花序长 17.0~20.0 cm，通常具 9~12 朵花；花被裂片 6 枚，花瓣状，卵形、长圆形或倒卵形，紫蓝色，上方 1 枚裂片较大，3 色(四周淡紫红色，中间蓝色，在蓝色的中央有 1 黄色圆斑)(彩图 24a)；花被片基部合生成筒，外面近基部有腺毛；雄蕊 6 枚，花药箭形，基着，蓝灰色；蒴果卵形(吴国芳，1997)。

（3）检验鉴定方法

凤眼蓝属非我国原产，目前仅有凤眼莲一种引入栽培，因此，可以根据其较为独特的形态性状以及生境信息进行识别和鉴定。

（4）防制策略

①物理防制。在被凤眼莲入侵的许多地区，人工或机械打捞仍是目前主要的防制手段。物理防制短期见效快、安全便捷，对环境友好，不会引起二次污染。相比之下，人工打捞更费时费工，清理成本较高，而利用割草船、挖掘机、粉碎机等机械设备进行清除，效率较高，总体成本却较低。不过物理防制难以彻底清除凤眼莲的种子和残存的植株，之后容易复发，需要加强监测，反复清理。

②化学防除。可用于凤眼莲化学防除的药剂较多，有研究显示不同除草剂和细土的混合物也对凤眼莲的生长有抑制作用。总体而言，化学试剂见效快，比机械打捞的成本低，但要注意药剂的毒性，以及施药对环境的影响。

③生物防制。20 世纪 60 年代起，凤眼莲的原产地南美洲以及北美的一些国家开始开展其天敌生物的调查，发现有 70 多种节肢动物、少数几种螨虫、鱼类和真菌取食凤眼莲。一些螟科、螟蛾科、蝗总科的昆虫寄主范围狭窄，对凤眼莲的控制效果较好，安全性在国外也已得到认可。例如，美国和澳大利亚释放的水葫芦象甲 *Neochetina eichhorniae* 和"V"形水葫芦象甲 *N. bruchi* 在减少凤眼莲的数量和面积方面取得了明显成效。我国于 1995 年引入水葫芦象甲，在部分地区曾取得较好的控制效果，但由于饲养成本高、种群不稳定、释放工作繁琐，适用范围受限，并未进行大规模应用。秦红杰等(2016)报道了一种我国本土的凤眼莲天敌——小地老虎 *Agrotis ipsilon*，可以啃食凤眼莲的茎叶，且破坏程度较严重，有潜力成为新的生防昆虫。此外，国内外还有不少利用病原菌和植物的化感作用来控制凤眼莲的报道，这些研究为凤眼莲的综合防制提供了多种思路。

（5）风险评价

凤眼莲俗称水葫芦、水浮莲等，原产南美洲的热带和亚热带地区，目前已分布到其他几大洲的 60 多个国家和地区。1901 年，凤眼莲作为一种观赏花卉从日本引入我国台湾地区，20 世纪 50 年代，在我国大陆作为猪饲料及水体净化植物推广后大量逸生，现已入侵至华东地区及南方多个省(自治区、直辖市)的水域，包括长江、闽江、珠江等流域和云南滇池等湖泊。

凤眼莲具有极强的富集氮、磷、重金属的能力，广泛的生态适应性，以及极高的表型可塑性，并兼具有性繁殖和无性繁殖两种生殖方式。其以无性繁殖为主，通过匍匍枝与母株分离，植株数量可在 5 d 内增加一倍。腋芽能够存活越冬，来年春季开始萌发，夏末至年终形成暴发期。在暴发期内，成熟母株平均 3~5 d 就可以产生一代幼苗，而幼苗仅需 3~5 d 即可成熟壮大，又可以产生新的分株。当无性繁殖达到最大数量后，有 3%~8% 的凤眼莲植株开始进行有性繁殖，平均每朵花可产生 300 粒种子；种子小，成熟后可随水漂流或沉入淤泥，次年在温度和湿度适宜的条件下萌发。

凤眼莲的繁殖能力极强，繁殖速度极快，会在较短时间内大面积覆盖水面，形成单优群落（彩图 24b），降低水体的氧浓度和透光度，造成水生动植物死亡，导致本地水生物种的多样性下降，生态系统退化。其大量繁殖还会堵塞河道，影响航运、排灌、水产品养殖、水电生产、生活用水以及传统的水上活动，造成巨大的经济损失，并威胁到水库船闸和升船机的生产安全。同时，凤眼莲的聚集为蚊、蝇、动植物病原体和人的有害病原体提供了繁殖场所，易诱发其他有害生物发生，对当地居民的健康构成潜在威胁。

9.2.2　加拿大一枝黄花

（1）分类地位

加拿大一枝黄花 *Solidago canadensis* L. 菊科 Asteraceae，一枝黄花属 *Solidago*。

（2）识别特征

加拿大一枝黄花为多年生草本，有长根状茎；茎直立，高达 2.5 m；叶披针形或线状披针形，长 5.0~12.0 cm；头状花序很小，长 4.0~6.0 mm，在花序分枝上单面着生，多数弯曲的花序分枝与单面着生的头状花序，形成开展的圆锥状花序；总苞片线状披针形，长 3.0~4.0 mm；边缘舌状花很短（彩图 25a）。

加拿大一枝黄花与我国原产的一枝黄花属的其他物种形态较为相似，可以从叶的形态、头状花序的大小和形态等方面加以区分。

加拿大一枝黄花以种子和地下根茎繁殖，每年 3 月开始萌发，4~9 月为营养生长期，10 月中下旬开花，11 月底到 12 月中旬果实成熟。平均每株有近 1500 个头状花序，平均每个头状花序又能长出 14 枚种子（瘦果），种子具有较高的发芽率。每个植株地下有 4~15 条根状茎，以根茎为中心向四周辐射状伸展生长，最长的根茎长达 1 m，储有大量的养分，其上长有 2~3 个或多个分枝；第 2 年每个根状茎顶端的芽萌发成独立的植株，1 个植株在第 2 年就能形成一丛或一片植株（陈芳，2006）。

（3）鉴定方法

加拿大一枝黄花的鉴定主要依靠形态学鉴定，即对其营养器官和生殖器官的主要鉴别性状进行观察和识别。

（4）防制策略

①物理防制。物理防制主要包括拔除、割除、耕翻、复种等方法。人工拔除或割除加拿大一枝黄花植株，主要作用是消灭种子传播源，但由于加拿大一枝黄花的根状茎十分发达，这种方法很难将其除尽。可以在秋季对已开花或难以拔除的植株进行"焚烧"铲除，包括剪去花穗、拔除地上部分和块状茎，然后集中焚烧，以防止种子、根状茎和拔出部分再次传播扩散。人工防除为综合治理技术中的重要环节之一，独立实施的效果有限，需与春季化学防除结合起来实施。

②化学防除。用于加拿大一枝黄花防除试验的化学试剂很多，单一药剂和不同药剂的组合都能对加拿大一枝黄花起到防除作用，不过，研究发现，增施有机硅或将触杀型除草剂与内吸型除草剂组合分别施用，防除效果明显优于单一药剂（金红玉等，2018）。化学防除见效快、成本低、实用性强，比较适用于荒地和被征用土地上大面积成片发生的加拿大一枝黄花的防制，但除草剂的残留效应对本土群落和生态环境的影响不可忽视。

③生物防制和生态控制。病原菌、天敌昆虫、寄生植物等都曾被用于加拿大一枝黄花的天敌筛选和生防产品的开发。例如，可以引起加拿大一枝黄花白绢病的齐整小核菌 *Sclerotium rolfsii*、本土天敌昆虫白条银纹夜蛾 *Argyrogramma albostriata*，以及可以寄生加拿大一枝黄花的菟丝子属植物等。此外，研究发现，芦苇 *Phragmites australis*、白茅 *Imperata cylindrica*、荻 *Miscanthus sacchariflorus* 等本土草本植物能够通过种间竞争或化感作用不同程度地抑制加拿大一枝黄花的生长。而对于本土木本植物而言，群落的郁闭度越大，加拿大一枝黄花的入侵程度越小。通过研究与加拿大一枝黄花混生的本土植物群落的生长情况，可以筛选出加拿大一枝黄花的替代植物，实现生态控制。

（5）风险评价

加拿大一枝黄花又称北美一枝黄花、金棒草、霸王花等，是一种原产北美的菊科植物，现已在北半球温带广泛栽培和归化。1935 年，加拿大一枝黄花作为观赏植物引入上海、南京等地，经过长期潜伏，适应了我国的气候环境，到 20 世纪 80 年代，已经在长三角地区 10 多个省份扩散蔓延，入侵福建、广东、江西、浙江、江苏等华南至华东地区，成为一种恶性杂草，被称为"植物杀手"。

加拿大一枝黄花的远距离传播主要是通过人为携带，例如，作为鲜切花和观赏花卉有意引种等；在入侵地的近距离传播则是依靠种子、块茎等繁殖器官随风、水流、动物等媒介扩散。

加拿大一枝黄花耐阴、耐寒、耐贫瘠，具有广泛的生态适应性，也具有极强的繁殖能力。其入侵方式是典型的分层传播模型（孙晓方，2020），即先进行远距离传播，形成多个"卫星式"种群，然后再以地下茎营养繁殖等方式填充空隙，并通过化感作用抑制其他植物生长，最终形成单优群落（彩图 25b），降低本地生物多样性，对生态环境造成巨大破坏。同时，加拿大一枝黄花的蔓延会影响园林景观、农田和果园，造成农产品数量和质量下降，其大量散播的花粉还会造成人类的过敏症状等。

9.2.3 大米草

（1）分类地位

大米草 *Spartina anglica* Hubb. 属禾本科 Gramineae，米草属 *Spartina*。

（2）识别特征

大米草为多年生直立草本，株高可达 1 m，秆分蘖多而密聚成丛。叶鞘大多长于节间，无毛，基部叶鞘常撕裂成纤维状而宿存；叶片线形，先端渐尖，基部圆形，两面无毛，长约 20.0 cm，宽 8.0~10.0 mm，中脉在上面不显著；穗状花序，先端常延伸成芒刺状，穗轴具3棱，无毛，2~6枚总状着生于主轴上；小穗单生，长卵状披针形，疏生短柔毛，无柄，成熟时整个脱落；第1颖草质，先端长渐尖，具1脉；第2颖先端略钝，具1~3脉；外稃草质，具1脉，脊上微粗糙；内稃膜质，具2脉；花药黄色，柱头白色羽毛状；子房无毛；颖果圆柱形，光滑无毛（孙必兴等，1990）。

大米草8~10月开花，10~12月结实，种子量大，无休眠期，成熟后即脱落，随水流远距离扩散。此外，大米草也可以依靠地下茎进行无性繁殖。其地下茎和根系发达，分布可达1.0 m以上，并会向四周延伸，节上的胚芽可以伸出地面长成新的植株。

米草属非我国原产，目前国内有分布的几种米草属植物均为引种栽培，形态较为相似，可以从植株的生长状态、叶鞘和叶舌的形态、花序的类型、种子的形态等方面加以区分。

（3）检验鉴定方法

大米草的检验鉴定主要依靠其形态学特征。

（4）防制策略

大米草的防制包括物理防制、化学防除、生物防制等各种措施。不过，由于大米草生长于滩地，加上海潮涨退，既难于人工和机械收割，施用的除草剂也容易被水流冲入大海，因此，物理防除和化学防除都较为受限。尤其是化学防除要求尽量减少除草剂残留，且药剂不应对水生生物和海洋环境有影响。天敌控制和植被替代控制是较为安全的两种防制途径。不过，在我国，目前尚未筛选出有应用前景的天敌生物用于大米草的生物防制。替代控制可以与物理防制相结合，在已进行人工或机械清除的区域，通过混合种植具有竞争力的本地植物（如红树植物），利用其生长和冠层郁闭，来阻止大米草蔓延[①]。在广东等地，也有研究者通过引入原产东南亚的无瓣海桑 Sonneratia apetala 来实现大米草和互花米草的生态控制。但应当注意，在引入生长速度较快的外来植物时，同样需要评估其入侵风险，避免其成为新的入侵物种。

（5）风险评价

大米草原产英国南部，是欧洲米草和美洲的互花米草自然杂交形成的异源多倍体物种。自20世纪初，大米草便在德国、丹麦、澳大利亚、美国等许多国家的沿海地区种植。我国于20世纪60年代初从英国和丹麦引进大米草，在海岸湿地进行栽培。经过几十多年的扩张，大米草、互花米草等外来米草属植物现已经遍布北起辽宁、南至广西的我国东部沿海滩涂（彩图26）。

尽管在引入初期，米草属植物在保滩护堤、促淤造陆、改良盐土、饲草利用等方面发挥了重要作用，然而，由于缺乏天然的生态制约因素，大米草在我国迅速扩张且难以控制，近年来已经转变成一种危害极大的入侵杂草。大米草抗逆性强，适应性广，耐盐、耐淹、耐高温，能够在多种类型的土壤中生存；分蘖能力极强，繁殖速度极快，单株1年内便能发展出几十个甚至上百个新植株，种群密度高，生物量大，能迅速霸占滩涂，堵塞航道，阻碍红树林生长，破坏近海生物的栖息环境，造成本地生物多样性降低，海产资源减少。大米草严重威胁许多国家的海岸生态系统，目前已成为一种世界性的恶性杂草。

---

① 注：操作方法见林业行业标准《红树林控制米草属植物技术规程》（LY/T 2130—2013）。

9.2.4 落葵薯

（1）分类地位

落葵薯 Anredera cordifolia（Ten.）Steenis 属落葵科 Basellaceae，落葵薯属 Anredera。

（2）识别特征

落葵薯为多年生草质缠绕藤本，长可达数米；根状茎粗壮；叶具短柄，叶片卵形至近圆形，长 2.0~6.0 cm，宽 1.5~5.5 cm，顶端急尖，基部圆形或心形，稍肉质，腋生小块茎（珠芽）；总状花序具多花，花序轴纤细，下垂，长 7.0~25.0 cm；苞片狭，不超过花梗长度，宿存；花梗长 2.0~3.0 mm，花托顶端杯状，花常由此脱落；下面 1 对小苞片宿存，宽三角形，急尖，透明，上面 1 对小苞片淡绿色，比花被短，宽椭圆形至近圆形；花直径约 5.0 mm；花被片白色，渐变黑，开花时张开，卵形、长圆形至椭圆形，顶端钝圆，长约 3.0 mm，宽约 2.0 mm；雄蕊白色，花丝顶端在芽中反折，开花时伸出花外；花柱白色，分裂成 3 个柱头臂，每臂具 1 棍棒状或宽椭圆形柱头（鲁德全，1996）。

落葵薯虽然能够开花，但花基本不育，主要依靠块茎、块根等进行营养繁殖。1 m² 的落葵薯植株样方内约有块根 210 个左右，单个块根鲜重 1~10 g，根系重 1.1 kg；地上部分约有珠芽 580 个，单个珠芽鲜重 0.045~1.50 g（王玉林等，2008）（彩图 27a）。

（3）检验鉴定方法

落葵科非我国原产，目前我国栽培 3 种，因此，可以直接依据其形态特征进行识别和鉴定。

（4）防制策略

关于落葵薯防制的研究较少，目前主要的防除手段仍是物理防制，即人工清理。例如，可以将其地上部分割除并暴晒。但地上部分的大量珠芽落地后可保持长久活性，并形成新植株。落葵薯的根系与绿篱灌木根系及树木根系交混，很难将落葵薯块根及根系清除干净，且清除时也易损伤其他植物。落葵薯的大多数地下生物量集中在地表下 0~40 cm 的土层中，因此人工清除落葵薯的根系需要深挖，并注意仔细清理落下的小珠芽、断枝，危害严重的地段需要数年连续清除。此外，土壤深度和晾晒时间对落葵薯珠芽的出苗率和成活率也有很大影响，可以通过深翻将珠芽埋入较深的土层中抑制珠芽出苗，从而达到防除目的。随着晾晒时间延长，珠芽成活率呈下降趋势，因此，适当延长晒田时间能在一定程度上减少落葵薯新植株的发生。

（5）风险评价

落葵薯又名藤三七、洋落葵、川七等，原产南美洲热带地区，因其珠芽和叶片可食，叶片维生素 A 含量较高，且有一定的药用价值，最初作为蔬菜和药用植物引入我国人工栽培。1955 年出版的《经济植物手册》首次记载了这种外来植物。普遍看法是落葵薯在 20 世纪 70 年代从巴西引入我国台湾地区，从东南亚引入我国广西、广东、贵州、重庆、四川、云南、湖北、湖南、福建、香港等地，作为保健蔬菜、药用植物、庭院绿化和绿篱观赏植物栽培后逸生为害，常生于沟谷、河岸、荒地、灌丛中。

落葵薯生长极快，繁殖能力极强。腋生珠芽滚落后可长成新植株，且抗逆性极强，被机械切开的珠芽绝大多数能存活。分枝主要由部分珠芽萌发而成，珠芽成活率达

95%～100%。此外，落葵薯对其他植物有化感作用，能抑制临近植物生长。落葵薯适应性极强，逸生后能迅速扩张蔓延，并彼此交织铺展地面，或攀缘覆盖小乔木、灌木和草本植物，形成密不透风的覆盖层（彩图 27b），导致其覆盖下的植物光合作用受阻，生长发育不良而死亡。由于化感作用及缺乏其他有害生物制约，落葵薯主要入侵旱地、荒地、自然草地、草坪、果园、林地及公路两旁，单优群落面积从几平方米到几十平方米，局部覆盖度达 100%，造成当地生物多样性丧失，对当地生态系统造成极大危害，现在的研究者已普遍将落葵薯列为我国危害最严重的恶性入侵植物之一。

本章小结

　　植物的入侵通常有较长的潜伏期，较难在其入侵早期就及时发现。但作为初级生产者，植物的入侵过程造成的危害对整个生态系统的影响更加深远，与人类的生产经营活动关系也更加密切。本章围绕检疫性植物和入侵植物，选取具有代表性的 3 种检疫性杂草（微甘菊、紫茎泽兰、黄花刺茄）和 4 种危害特别严重的非检疫性入侵植物（凤眼莲、加拿大一枝黄花、大米草、落葵薯），分别介绍了它们的形态学和生物学特征、检疫管理或防制办法，并对各种的入侵风险进行了简要评价，包括其分布范围、传入历史、传播途径、危害性等。

思 考 题

1. 入侵植物通常具有哪些特点，使其能够成功入侵？
2. 什么样的生态环境容易被外来植物入侵？植物入侵以后通常会造成哪些危害？
3. 对入侵植物而言，不同的防制措施各有哪些利弊？

本章推荐阅读

李振宇，解焱，2002. 中国外来入侵种[M]. 北京：中国林业出版社.

万方浩，刘全儒，谢明，等，2012. 生物入侵：中国外来入侵植物图鉴[M]. 北京：科学出版社.

马金双，李惠茹，2018. 中国外来入侵植物名录[M]. 北京：高等教育出版社.

马金双，2014. 中国外来入侵植物调研报告[M]. 北京：高等教育出版社.

第**10**章
外来有害生物预警

根据《辞海》的解释，"预"是指事先，"防"最初本意是堤岸，后引"以防止水"的意思，意为防御。预防是现代词汇，指预先防备。外来有害生物预防指：在外来有害生物传入之前，或者在外来有害生物已传入但未定殖之前，国家相关部门预先做好应对预案和应对措施，防止外来有害生物传入，或采取措施使其无法定殖的一系列活动。外来有害生物预防包含预警、早期监测和快速反应两个阶段3个部分。本章介绍外来有害生物预警部分。

外来有害生物预警（exotic pest early warning）是指林业外来有害生物传入之前，植物检疫机构或行政主管部门根据风险评估结果，制定风险管理预案或向社会发布生物入侵警报的过程。传入是指林业外来有害生物通过人类活动、自然媒介或自然扩散进入某个行政管理区域的过程。要做到精准预警，防止外来有害生物传入国门：一是需要构建全球植物有害生物动态信息数据库，分析国际有害生物传播、扩散和危害的趋势；二是参与国际植物检疫措施标准的制定，遏制重要检疫性有害生物在国际间的传播速度；三是遵守《SPS协定》，制定与贸易伙伴的植物检疫双边协定，防止外来有害生物通过贸易传入我国；四是对重要国际性有害生物及贸易伙伴国家的有害生物进行风险分析，制定防止有害生物传入风险预案；五是对口岸和国内调运植物进行检验，精准发现和及时灭除外来有害生物；六是维持森林、湿地、草原和荒漠生态系统健康，培育健康林产品，减少有害生物传播风险，提高生态系统抗生物入侵的能力。

10.1 有害生物信息数据库数据来源

信息通常以文字、声音或图像的形式来表现，是数据按有意义的关联排列的结果。数据库是建立在计算机存储设备上，按照数据结构来组织、存储和管理的数据仓库。有害生物信息数据库的来源为国际组织和公约的网站、各国植物保护机构和生物多样性管理机构的网站、国际交流信息、国际会议信息、国际植物保护和生物多样性保护学科期刊等。我国植物检疫和入侵物种的管理部门主要有海关总署、农业农村部、自然资源部、国家林业和草原局、生态环境部和国家市场监督管理总局等。

10.1.1 主要的国际和区域性组织、机构和公约

（1）《国际植物保护公约》

《国际植物保护公约》（http://www.ippc.int）采用英语、法语、西班牙语、俄语、阿拉伯语和汉语6种语言。主页由8部分内容组成：《国际植物保护公约》及其秘书处的介绍和联系方式、新闻、主要活动、专题（包括食品安全、贸易标签、环境保护、能力建设、植物健康和植物保护重大活动等）、信息（包括战略规划、标准、植物检疫措施委员会的推荐和《国际植物保护公约》项目等）、资源（包括植物资源、统计数据、图书馆、多媒体资源等）、签约国家、日历。林业植物检疫和外来有害生物防制需要重点关注的是国际植物检疫措施标准。

（2）世界贸易组织

世界贸易组织（http://www.wto.org）采用英语、法语和西班牙语3种语言。关于贸易的主题主要有货物、服务、智力资源、争端解决、多哈发展议程、贸易能力建设和贸易监测等。货物问题包括农业、反倾销、贸易顺逆差平衡、海关价值、关贸协定和货物委员会、货物计划、进口许可、信息技术协定、市场准入、非关税措施、原产国规则、运输前检验、安保措施、SPS措施、进出口贸易商、补贴和补偿措施、关税、技术贸易壁垒、纺织品、贸易标签和与贸易相关的投资措施协定。林业外来有害生物防制需要关注《SPS协定》及《国际贸易年度报告》，预判林业外来有害生物入侵的风险。

（3）联合国粮食及农业组织

联合国粮食及农业组织成立于1945年10月16日，是联合国常设专门机构之一，是各成员国讨论粮食及农业问题的国际组织。网站（http://www.fao.org）采用英语、法语、西班牙语、俄语、阿拉伯语和汉语6种语言。主页有7部分内容组成，联合国粮食及农业组织的介绍和联系方式、目前的活动（包括项目、标准和政策）、多媒体（包括录像、照片、录音和网媒等）、主要主题、资源（包括数据、电子报告、信息表和出版物等）、成员国家介绍、联合国粮食及农业组织公开信息。联合国粮食及农业组织是《国际植物保护公约》的批准单位。

（4）《生物多样性公约》

1992年6月5日，在巴西里约热内卢举行的联合国环境与发展大会上，签约国签署了《生物多样性公约》。该公约于1993年12月29日正式生效，旨在保护生物多样性，促进全球的可持续发展。联合国《生物多样性公约》缔约国大会是全球履行该公约的最高决策机构。网站（http://www.cbd.int）采用英语、法语、西班牙语、俄语、阿拉伯语和汉语6种语言。主页有5部分内容组成：第1部分为《生物多样性公约》简介，主要介绍公约的内容和目标、缔约国、公约机构、议定书和公约战略规划等内容；第2部分介绍《卡塔赫纳生物安全议定书》；第3部分介绍《名古屋议定书》；第4部分介绍缔约国情况；第5部分介绍《生物多样性公约》开展的一些国际项目。《生物多样性公约》关注生物入侵和基因修饰生物的安全问题。

（5）《鹿特丹公约》

《关于在国际贸易中对某些危险化学品和农药采用事先知情同意程序的鹿特丹公

约》(*Convention on International Prior Informed Consent Procedure for Certain Trade Hazardous Chemicals and Pesticides in International Trade Rotterdam*),简称《鹿特丹公约》(*The Rotterdam Convention*)或《PIC 公约》。公约由联合国环境规划署和联合国粮食及农业组织于 1998 年 9 月 10 日在鹿特丹制定,经各缔约国签约,于 2004 年 2 月 24 日生效,其宗旨是保护人类健康和环境免受国际贸易中某些危险化学品和农药的潜在危害。《鹿特丹公约》网站(http://www.pic.int)采用英语、西班牙语和法语 3 种语言。主页由 7 部分组成:公约介绍、公约程序、公约的执行、签约国、秘书处及合作机构。该公约所指的化学品和农药是指自然或人工生产的物质,不包括生物体。

(6)联合国

联合国(United Nations,UN)是一个由主权国家组成的国际组织,成立于 1945 年 10 月 24 日,目标是促进各成员国在国际法、国际安全、经济发展、社会进步、人权及实现世界和平方面的合作。网站(http://www.un.org)采用英语、法语、西班牙语、俄语、阿拉伯语和汉语 6 种语言。主页由 8 部分组成:联合国概览、联合国使命、联合国组织区域分布、新闻和媒体、文件、纪念活动、资源服务、最近关注的热点问题。可以从该网站上查阅联合国所有的公约与宣言。除《生物多样性公约》外,《禁止细菌(生物)和毒素武器的发展、生产及储存以及销毁这类武器的公约》(简称《禁止生物武器公约》)也与林业植物检疫密切相关。

(7)世界自然保护联盟

世界自然保护联盟(International Union for Conservation of Nature,IUCN)成立于 1948 年,是政府和非政府机构都能参加的全球性非营利国际环境保护组织,世界自然遗产的唯一评估机构。其会员组织分为主权国家和非营利机构,而各专家委员会则接受个人作为志愿成员加入。网站(http://www.iucn.org)采用英语、法语和西班牙语。主页由 4 部分组成:主题、地区、资源和支持系统。有 15 个主题:商业与生物多样性、气候变化、生态系统管理、环境法、森林、性别、全球政策、社会治理和权力、海洋和极地、基于自然的解决方案、自然保护地、科学和经济、物种、水和世界遗产。与林业植物检疫和外来有害生物防制相关的主要是森林和物种两个主题。

(8)区域植物保护组织

《国际植物保护公约》在全世界拥有 10 个区域组织。亚太区域植物保护委员会成立于 1955 年,现有包括我国在内共 25 个成员国,网址为 http://www.fao.org/asiapacific(英语);加勒比农业健康和食品安全组织(Caribbean Agricultural Health and Food Safety Agency,CAHFSA)成立于 2010 年,由加勒比共同体成员国组成,网址为 https://www.cahfsa.org(英语);安第斯共同体(Comunidad Andina,CAN)成立于 1969 年,由南美洲 4 个成员国组成——玻利维亚、哥伦比亚、秘鲁和厄瓜多尔,网址为 http://www.comunidadandina.org(西班牙语);南锥体区域植物保护组织(Comite de Sanidad Vegetal del Cono Sur,COSAVE)成立于 1980 年,由阿根廷、玻利维亚、巴西、智利、巴拉圭、秘鲁和乌拉圭 7 国组成,网址为 http://www.cosave.org(英语和西班牙语);欧洲和地中海植物保护组织(European and Mediterranean Plant Protection Organization,EPPO)成立于 1951 年,由欧洲 50 多个国家组成,网址为 http://www.eppo.int 和 http://www.euphresco.net(均为英语);泛非洲植物检疫委员会(Inter-African Phytosanitary

Council，IAPSC）成立于 1954 年，网址为 https://www.ippc.int/interafricanphytosanitar ycouncil（英语）；近东植物保护组织（Near East Plant Protection Organization，NEPPO）成立于 2009 年，由非洲东北部和亚洲西南部 11 个国家组成，包括阿尔及利亚、埃及、伊拉克、约旦、利比里亚、马耳他、摩洛哥、巴基斯坦、苏丹、叙利亚和突尼斯，网址为 http://www.neppo.org（法语）；北美植物保护组织（North American Plant Protection Organization，NAPPO）成立于 1976 年，由加拿大、墨西哥和美国组成，网址为 http://www.nappo.org（英语和西班牙语）；中美洲区域农牧业植物检疫组织（Organismo Internacional Regional de sanidad Agropecuaria，OIRSA）成立于 1960 年，由伯利兹、哥斯达黎加、多米尼加共和国、萨尔瓦多、危地马拉、洪都拉斯、墨西哥、尼加拉瓜和巴拿马 9 个国家组成，网址为 http://www.oirsa.org（英语）；太平洋植物保护组织（Pacific Plant Protection Organization，PPPO）成立于 1994 年，由澳大利亚、法国、新西兰和美国 4 个发起国及太平洋岛屿其他 22 个国家和地区组成，网址为 https://www.ippc.int/pacificplantprotectionorganisation（英语）。

（9）欧洲联盟

欧洲联盟（简称欧盟，European Union，EU）网址为 http://www.europa.eu。欧洲联盟成立于 1993 年，是经济、政治、外交和安全等多种职能兼备的欧洲国家联合体，现有 27 个成员国。欧洲理事会是欧盟的最高决策机构，由成员国国家元首或政府首脑与欧洲理事会主席和欧盟委员会主席共同组成。欧盟委员会是欧盟立法建议与执行机构，由每个成员国的 1 名代表组成。网站有 24 种语言，主页由 6 部分组成：欧盟概览、主题、欧盟法律、生活工作旅游、文件和出版物、联系方式。与林业植物检疫和外来有害生物相关的主题有农业、环境、食品安全和贸易等。

10.1.2 我国主要植物检疫和入侵物种管理部门

（1）海关总署

海关总署负责出入境卫生和动植物及其产品检验检疫。网站（http://www.customs.gov.cn）的新闻发布、政务公开、互联网+海关、互动交流、专题专栏等栏目均可查到与进出境动植物检疫的相关信息。

（2）农业农村部

农业农村部负责农业防灾减灾、农作物重大病虫害防制工作；指导动植物防疫检疫体系建设，组织、监督国内动植物防疫检疫工作，发布疫情并组织扑灭。网站（http://www.moa.gov.cn）的新闻、政务公开、政务服务、专题、互动、数据、业务管理等栏目均可查到与农业植物检疫相关的信息。从全国农技推广网（https://www.natesc.org.cn）可以获得农业植物检疫和外来有害生物技术推广方面的信息。

（3）国家林业和草原局

国家林业和草原局负责森林、草原、湿地资源的监督管理；陆生野生动植物资源监督管理；监督管理各类自然保护地；指导全国林业和草原有害生物防制、检疫工作。网站（http://www.forestry.gov.cn）的政府信息公开、绿化网、国家公园、京津冀图片库等栏目均可查到与林业植物检疫和外来有害生物防制相关信息。从中国林草防治网

（https://www.forestpest.org）可以获得林业植物检疫和外来有害生物管理和技术推广方面的信息。

（4）生态环境部

生态环境部负责监督野生动植物保护、湿地生态环境保护、荒漠化防治等工作；指导协调和监督农村生态环境保护，监督生物技术环境安全，牵头生物物种（含遗传资源）工作，组织协调生物多样性保护工作，参与生态保护补偿工作。从网站（https://www.mee.gov.cn）可获得生物多样性保护和入侵物种的相关信息。

将收集到的林业外来有害生物数据按有害生物名称、分类地位、分布范围的地理特征、空间分布特征、形态学特征、生物学特征和生态学特性、诊断技术和方法、分子鉴定特征、危害特征、寄主谱、经济影响案例、社会影响案例、生态影响案例、传播途径、入侵时间和入侵地区关联特征、检疫管理案例、检疫管理和防制法律法规、防制技术标准、防制措施案例、国家和国际行动案例、适生性预测模型和预测区域分布、参考文献等文字、图片和视频数据按数据库的格式有序排列，构建全球有害生物动态管理信息数据库。

林业外来有害生物信息数据库（Exotic Pest Information Database）是林业外来有害生物防制的基础数据库。可依托地理信息系统、专家系统、智能图像识别技术、现代网络技术、大数据和云计算技术（汤欣，2018）、区块链和人工智能等技术（董强，2020），实现数据库的查询、表格生成、有害生物鉴定、有害生物时空动态可视化、有害生物风险评估及风险管理方案的选择等功能。

10.2　国际标准的制定与执行

林业外来有害生物的传入主要由种子、种苗及其他林业植物繁殖材料，原木、木质包装材料和其他木质品，培养基等植物材料生长介质在国际间的运输、加工和利用导致，因此，制定和执行植物繁殖材料、木材及其产品、植物生长介质相关的国际植物检疫措施标准是控制林业外来有害生物传入的关键。目前已发布的与种子、种苗及其他林业繁殖材料、原木、和木质包装材料运输、加工和利用相关的国际植物检疫措施标准包括：ISPM 3《生物防治物和其他有益生物的出口、运输、进口和释放准则》、ISPM 15《国际贸易中木质包装材料管理规范》、ISPM 36《种植用植物综合措施》、ISPM 38《种子的国际运输》、ISPM 39《木材的国际运输》、ISPM 40《植物与其生长介质的国际运输》和 ISPM 41《使用过的运载工具、机械和装备的国际运输》。

10.2.1　生物防制物的进出口管理

ISPM 3 最初于 1995 年由联合国粮食及农业组织 28 届会议批准，题目为《进口和释放外来生物防制物的行为准则》，2005 年，修订为《生物防制物和其他有益生物的出口、运输、进口和释放准则》，规定了各缔约方、国家植物保护机构、引进和输出者的责任。出口缔约方应指定具有适当能力的部门负责输出认证，进口缔约方应对生物防制物和其他有益生物的输入或释放进行管理。国家植物保护机构应对生物防制物和其他有益生物的出口、运输、进口和释放的具体检疫程序和检疫措施负责。进口企业或单位应向进口缔约方植物保护机构提供拟引进的生物防制物或有益生物信息文件以及适当的科学资料，出口企业或单位应保证生物防制物和其他有益生物在运输过程中不发生逃逸。

10.2.2 植物繁殖材料的进出口管理

植物繁殖材料是农林业生产、人居环境绿化和美化的基础，植物繁殖材料调运是有害生物在国际间传播的重要途径之一。为减少植物繁殖材料携带有害生物的风险，ISPM 36《种植用植物综合措施》和 ISPM 38《种子的国际运输》提出了国际贸易中植物繁殖材料生产和运输规范。ISPM 36 发布于 2012 年，该标准中种植用植物是指已种植、待种植或再种植的活植物及其器官，包括种质，但不包括种子。ISPM 36 提出了种植用植物产地检疫的要求，出口国建立产地许可证制度，由国家植物保护机构批准建立符合进口国检疫要求的植物生产产地，并颁发产地证书，对已获得审批的产地进行监督，对违规的产地进行处罚。出口国建立产地许可证制度后，植物繁殖材料出口时，植物保护机构仍需签署植物检疫证书。

ISPM 38 发布于 2017 年，标准规定种子在运输前要进行风险分析，提出了生产和调运过程中的植物检疫和处理措施、种子检验检测方法。由于种子贸易全球化的复杂性，如多次转口、长期储存、多批种子混合调制等，该标准对签署植物检疫证书进行了原则性的要求。但仅此两项有关植物繁殖材料的国际植物检疫措施标准远远不能满足实际需求，未来需要对国际贸易中频次较高的商品类别制定产地检疫和国际运输标准，如械树种苗、葡萄苗木、草坪草种子等。

10.2.3 植物产品和其他应施检疫物品的进出口管理

10.2.3.1 木质包装材料

木质包装材料广泛应用于货物运输，但其可携带小蠹虫、松材线虫等重要的木栖有害生物，是一类重要的应施检疫物品。2002 年，经原植物检疫措施临时委员会批准，ISPM 15 首次发布，名称为《国际贸易中木质包装材料管理准则》，后于 2009 年和 2018 年进行了两次修订。准则确认木质包装材料用热处理和溴甲烷熏蒸处理两种处理方法和技术指标；输出国经检疫处理后加施 IPPC 专用标识，代替植物检疫证书；输出国应建立相应的监控体系，保证达到输出要求；输入国对违规的木质包装材料除可拒绝入境外，也可采取焚烧、埋藏、加工等检疫处理措施。2009 年修订版主要有 3 方面的变化：一是删除了题目中的"准则"一词，形成了目前的名称——《国际贸易中木质包装材料管理规范》；二是对处理过的木质包装材料再利用、修理及再制造的内容进行了规定；三是对溴甲烷熏蒸的具体指标进行了完善，使熏蒸效果更容易实现，溴甲烷熏蒸标准指标对比见表 10-1 和表 10-2。2018 年，再次修订的 ISPM 15 增加了介电热处理和硫酰氟熏蒸处理两种处理方法和指标。介电热处理要求的最低处理温度为 60 ℃，处理时长应连续保持 1 min。硫酰氟熏蒸处理具体指标见表 10-3。

表 10-1　2002 年溴甲烷熏蒸标准指标

温度(℃)	剂量(g/m³)	最低浓度(g/m³)			
		0. 5 h	2 h	4 h	16 h
≥21	48	36	24	17	14
≥16	56	42	28	20	17
≥11	64	48	32	22	19

注：最低温度不应低于 10 ℃，最低熏蒸时间为 16 h。

表 10-2　2009 年溴甲烷熏蒸标准指标

温度(℃)	剂量(g/m³)	最低浓度(g/m³)		
		2 h	4 h	24 h
≥21	48	36	31	24
≥16	56	42	36	28
≥10	64	48	42	32

注：最低温度不应低于 10 ℃，最低熏蒸时间为 24 h。

表 10-3　2018 年硫酰氟熏蒸标准指标

温度(℃)	要求的最低 CT 值 [(g·h)m³]	剂量(g/m³)	最低浓度(g/m³)						
			0. 5 h	2 h	4 h	12 h	24 h	36 h	48 h
≥30	1400	82	87	78	73	58	41	不适用	不适用
≥20	3000	120	124	112	104	82	58	41	28

10. 2. 3. 2　木材

木材，特别是未加工过的原木可携带有害生物在国际间传播。ISPM 39《木材的国际运输》发布于 2017 年，只针对原木和经机械加工处理过的木材，包括圆木、锯材、木片、木废料、锯屑和木丝。植物检疫措施包括去皮、削片、物理和化学处理措施。该标准还包括检验与检测、建立非疫区(产地)和有害生物低度流行区、系统措施等。该标准提供的植物检疫措施没有约束作用，只为木材有害生物风险评估提供技术指导。

10. 2. 3. 3　植物生长介质

一些种植用植物必须与它的生长介质一起运输才能保证其存活。除植物本身有传带有害生物风险外，与其一起运输的生长介质也存在传播有害生物的可能性。ISPM 40《植物与其生长介质的国际运输》就是专门针对这样的生长介质而制定的。该标准发布于 2017 年，不作为制约性标准，只为评估与植物生长介质相关的有害生物风险提供指导。

10. 2. 3. 4　运输工具

应施检疫物品除包括植物及其产品、包装材料外，还包括运输工具、铺垫材料、植物及其产品储存地等。ISPM 41《使用过的运载工具、机械和装备的国际运输》规定了相关的植物检疫措施和查验程序。该标准发布于 2017 年，不包括未使用过的运载工具、机械和设备，也不包括使用过的客运和无人驾驶车辆。

10.3　双边植物保护或植物检疫协定

双边植物保护协定（Bilateral Agreements on Plant Protection）或植物检疫协定（Bilateral Agreements on Phytosanitary Measurements）是指我国与其他任何一个国家或地区之间签订的植物保护或植物检疫协议和条款。在双边协定的基础上，可就某一种（类）植物或植物产品的植物检疫要求签订植物检疫议定书。我国是世界贸易组织的缔约国，双边协定遵守《SPS 协定》，往往针对双边特殊贸易或双边特有有害生物或国际植物检疫措施标准无法满足的植物检疫要求和措施而签订。双边植物检疫协定内容一般包括：应施检疫物品出口要求、进口缔约方的权利、缔约双方的共同责任和义务、双方分歧解决方案、双边协定所用术语的解释、双边协定的执行单位、双边协定的生效日期及有效期、双边协定的签约时间和地点、双边协定使用的语言、双边协定签约人等内容。

（1）应施检疫物品

应施检疫物品是指运输过程中，任何能藏带或传播有害生物并认为需要采取植物检疫措施的植物、植物产品、包装和铺垫材料、运输工具、土壤和其他生物、物品或材料。对应施检疫物品的出口要求一般包括但不限于以下几个方面：①出口缔约方对应施检疫物品进行严格检疫，确保不带有进口缔约方关注的检疫性有害生物和限定的非检疫性有害生物，并附有出口缔约方植物检疫证书；②出口缔约方不得使用易被有害生物侵染的植物材料做包装和铺垫材料，运输工具、包装、铺垫材料要经过适当的检疫处理；③不得出口土壤；④在应施检疫物品的生产、加工、运输和储存期间进行监测和检验检疫。

（2）进口缔约方的权利

进口缔约方（importing contracting party）的权利包括：①当有害生物特别是限定性有害生物对进口方造成威胁时，一是对植物和植物产品的进口实行限制或采取额外的措施，二是禁止植物和植物产品的进口；②对入境的应施检疫物品进行检验检疫，有权对受感染的物品进行检疫处理。

（3）双方共同责任和义务

双方共同责任和义务（both party responsibility and obligation）包括：①缔约双方交换植物保护和植物检疫方面的法律法规；②缔约双方加强在植物保护和植物检疫方面的科技合作与交流，相互支持植物保护和植物检疫专家在对等条件下的技术交流；③缔约双方相互通报各自有关限定性有害生物的传入、传播情况和植物保护概况；④缔约双方确定其境内负责对应施检疫物品进行检疫和进出境的边境口岸，以防止检疫性有害生物及限定的非检疫性有害生物的传播。

（4）植物检疫要求议定书

植物检疫要求议定书（protocol on phytosanitary requirements）的内容一般包括：缔约双方检验检疫依据、允许出口产品、进口方关注的检疫性有害生物、重要检疫性有害生物监控方案、监控报告、出口缔约方批准的产地和包装商、出口前要求、不符合植物检疫要求的处理、符合性审查及预检、回顾性审查等。

（5）缔约双方检验检疫依据

缔约双方检验检疫依据缔约双方国家植物检疫法律法规、规章和规定。出口产品应注明植物的拉丁学名、中文名称、英文名称和另一缔约方的语言名称。进口缔约方关注的限定性有害生物名单要注明有害生物的学名、中文名称、英文名称和另一缔约方的语言名称。重要检疫性有害生物监控方案包括对主要检疫性有害生物的监控基本要求、监控标准操作规范、检测或捕获阈值、超出阈值后的检疫措施、记录和保存有害生物发生等内容。监控方案至少在植物产品采收前6个月前实施，连续监控至采收季节结束。出口缔约方批准的产地和包装商须由出口缔约方审核批准注册，并向进口缔约方植物检疫机构提供注册产地和包装商名单。

（6）出口前要求

出口前要求（requirements before exporting）包括以下内容：

①注册产地管理。应在出口缔约方植物检疫机构监管下建立出口植物产品质量生产和管理体系，制定出口产品生产和管理规范，对进口缔约方关注的限定性有害生物制定监测和防控方案，并实际实施。

②注册包装商管理。应在出口缔约方植物检疫机构监管下进行加工、包装、储藏和运输。被加工的植物产品应为健康产品，未受有害生物侵染；加工、包装和储藏地点应配备防止有害生物再感染的设施；包装箱上应注明注册产地、注册包装商等溯源信息，标签尺寸要能清晰展示上述信息；包装好的植物产品应独立存放。

③检疫处理。按进口缔约方要求的检疫处理方法进行检疫处理，并在植物检疫证书处理栏中注明。若出口前尚未完成检疫处理，也可约定在进口缔约方指定进口口岸进行检疫处理。

④检疫和出证。由出口方植物检疫机构对出口货物进行检验检疫，检疫合格后，出具植物检疫证书。

⑤装运要求。装运前和装运过程均保证集装箱干净，无污染，密封良好；使用木质包装材料，应按ISPM 15进行处理和标记；避免晚上装运，以免灯光引诱昆虫。

（7）不符合植物检疫要求的处理

不符合植物检疫要求（non-compliance）的处理时，议定书应载明不符合植物检疫要求的几种处理情况：

①对未有效执行议定书植物检疫要求的产地或包装商，可撤销其注册登记。

②在出口前发现了限定性有害生物，可暂停出口，查明原因后，或采取补救措施后，缔约双方共同确认有害生物风险得到控制后，恢复出口。

③在入境时发现限定性有害生物，如可以通过检疫处理灭杀，则使用检疫处理措施后允许入境；如无有效的检疫处理或其他降低风险措施，则进口方植物检疫机构拒绝该批货物入境。

（8）符合性审查

符合性审查（compliance review）是指进口缔约方植物检疫机构在议定书实施前或实施之始，植物检疫官员赴出口国对议定书规定的检疫程序和措施进行审查，以确定实际情况是否与议定书规定的内容相符。预检也称提前检疫，是指进口缔约方植物检疫机构派专家在出口季开始或期间赴出口国生产地和包装地点进行检验检疫，以确定拟出口的植物产品是否存在进口缔约方关注的限定性有害生物。

(9) 回顾性审查

回顾性审查(retrospective review)是指议定书执行期间，根据产地和包装地出口植物产品限定性有害生物发生动态和进口缔约植物检疫机构截获有害生物的情况，进口缔约植物检疫机构对已进口的植物产品做进一步的风险分析，以调整限定性有害生物名单及相关的植物检疫措施的过程。

10.4　风险分析

进境植物风险分析(pest risk analysis for importing plants)、进境限定性有害生物风险分析(risk analysis for regulated pests)是外来有害生物预警的前提和基础。风险分析包括风险评估和风险管理两部分内容。

进境植物风险评估主要评价进境植物的入侵性，包括植物的繁殖能力、扩散能力、适应能力和危害能力。植物繁殖能力包括有性繁殖频率、单株种子产量、种子寿命、存活能力和萌发力、无性繁殖能力等性状；植物扩散能力包括种子的大小、形态、结构、颜色，存活能力、萌发力、种子寿命等植物性状，动物和其他媒介对植物种子的传播能力等环境因素；植物适应能力包括植物对气候、环境深度和广度变化的可塑性，植物在传入地定殖的能力等；植物危害能力评估主要评价植物对自然、人类和环境是否有负面影响，包括植物对人类及动物是否有负面影响，是否能与其他植物物种进行杂交，是否具有较强的生存空间竞争力，对自然生态系统和自然景观是否有负面影响，对人工生态系统的经营目标是否有干扰等。进境植物风险管理方案有三种选择：不引进，有条件引进，引进。对于入侵性强、且无控制措施的植物，应当采取不引进方案；植物具有一定的入侵性，但通过监测、限制栽植地、植物管理等措施，可以降低植物入侵的风险，在这种情景下，可制定植物检疫管理方案，有条件引进植物；当拟引进植物不具有入侵性，一旦引入，不存在不可接受的风险，则可引进。由于引进植物、引进过程和风险分析过程均存在不确定性因素，因此，植物检疫管理方案中均应包括监测和追溯活动。

有害生物风险分析包括检疫性有害生物风险分析和限定的非检疫性有害生物风险分析。检疫性有害生物风险评估是检疫性有害生物风险识别、风险度量和风险损失的综合评价。风险识别从传入、定殖、适应、扩散和成灾等各个入侵阶段入手，综合采用因果树分析法、流程图分析法、头脑风暴法和德尔菲法等定性方法，寻找检疫性有害生物风险源。风险度量是指对风险源的定量分析和描述，需要借助数理统计工具来完成，常用的概率分布主要有正态分布、二项分布和泊松分布，常用的方法为中心趋势测量法和变异程度测量法(Megill, 1984)，国内外专家学者利用蒙特卡罗统计模拟方法(Monte Carlo simulation method)和贝叶斯理论(Bayes' theory)与入侵生物-环境-生态系统的关键因子相结合(李百炼等, 2013)，开发了许多生物入侵和检疫性有害生物风险评估和风险预测模型，例如，@Risk 风险预测模型，生态气候适应性预测模型 CLIMEX、生态位模型 BIOCLIM、域模型 DOMAIN、生境模型 HABITAT、GARP 生态位模型、最大熵模型 MaxEnt、FLORAMAP 分布预测模型等适生性分析模型(张国良等，2018)、有害生物种群扩散模型等。风险损失评估包括直接损失和间接损失评估，直接损失是指检疫性有害生物危害可能直接导致的植物及其产品的生长量、生物量、材积和产量等减少，林产品品质下降造成的损失，间接损失是指由直接损失引起的其他损失，包括由植物个体损失引起的生态系统服务功能损失、政府预防和控制检疫性有害生物的投入等(赵文霞，2008)。风险管理以风险可接受水平为标准，风险管理原则是将不可接受的风险降至可接受水平。限定的非检疫性有害生物风险评估的风险识别从以下几个方面入手：①寄主植物可携带的有害生物及有害生物特性；②有害生物在拟输出国家和地区的分布范围；③有害生物危害哪些植物器官；④有害生物的寄主范围。风险度量主要测定有害生物的繁殖压力，繁殖压力等于有害生物传入的数量与存活率的乘积。风险损失评估主要评价有害生物对种植用植物原定用途的影响。风险管理方案首先应确定对有害生物繁殖压力的允许水平，其次，应重点关注产地检疫合格率，通过在产地培育健康林产品、应用隔离和无疫产地等植物检疫措施减少有害生物的繁殖压力。

10.5 口岸检验和调运检验

口岸检验(entry inspection)也称入境检验，是防止外来有害生物入境的重要措施。口岸检验是指口岸植物检疫人员依法对国际贸易进口货物、国际邮寄物品及旅客携带进境的应施检疫物品进行的有害生物检验，包括现场检验、实验室检验和隔离检疫检验。口岸检验是防止有害生物进入国门的最后一道防线，口岸检验截获的有害生物数据是有害生物风险分析的基础数据之一，是国家对外发布检疫性有害生物名单的重要参考，也是国家制定和调整双边贸易检疫政策的重要依据。口岸检验的发现率和准确率决定口岸检验的质量。口岸检验发现率和准确率取决于以下几方面的因素：①入境货物有害生物风险评估；②货物抽样方法和抽样比例；③有害生物诊断、检测、鉴定技术和检验检测标准；④隔离设施、隔离种植条件和隔离种植水平；⑤检验人员的经验、责任心和业务能力。

调运检验(transportation inspection)是防止外来有害生物在国内扩散的重要措施之一。调运检验是指在国内调运应施检疫的林业植物及其产品时，林业植物检疫人员依法对应施检疫物品进行的现场和实验室检验，包括调出地林业植物检疫人员的检验、调入地林业植物检疫人员的复检、调入地或调运途中林业植物检疫人员的补检。调运检疫程序和方法见《林业植物及其产品调运检疫规程》(GB/T 23473—2009)，具体抽样和检验方法见《森林植物检疫技术规程》(DB23/T 1246—2008)。

10.6 维持森林健康和培育健康林产品

根据多样性阻抗假说、空余生态位假说和资源机遇假说等生物入侵理论，维持健康的森林、湿地和草原生态系统，是预防生物入侵的关键，保护、可持续经营和管理、生态修复等措施是维持森林、湿地和草原生态系统健康的重要手段。森林生态系统是陆地生态系统中面积最大、结构最复杂、生物量最高的生态系统，是陆地生态系统的主体组成部分。湿地生态系统是介于陆地生态系统和水域生态系统之间的生态系统，具有净化水质、蓄洪抗旱、调节小气候、保护生物多样性、为人类提供物质和文化资源等多种功能。草原生态系统以多年生草本植物为主要生产者，不仅为人类提供物质和文化资源，也是重要的生态和地理屏障。根据《大辞海·农业科学卷》，森林可持续经营指通过行政、经济、法律、社会、科技等手段，有计划地采用各种对环境无害、技术与经济可行、社会可接受的方式经营和管理森林及林地，以持续地保护森林的生物多样性、生产力、更新能力、活力和自我恢复能力，在地区、国家和全球不同尺度上维持其生态、经济和社会功能，同时不损害其他生态系统。可持续经营的理念也可应用于湿地和草原的保护与管理，提高湿地和草原生态系统的生产力、活力、自我恢复能力和抗生物入侵能力。

培育健康林产品（healthy forest products production）是减少有害生物通过贸易传播的基础，是出口国或生产者的责任和义务。培育健康林产品的理念应贯穿于选种、育种、选择造林地、确定恰当的造林树种和造林密度、合理的树种配置、培育壮苗、精细的经营管理等森林培育、采伐和利用的林业生产各个环节。预防有害生物传播和扩散的重点关注地有苗圃、人工林、天然次生林、采伐迹地、木材加工厂、林产品运输工具、储存和销售地点等。

（1）林木种植前管理

在规划、选址和准备阶段考虑诸如土壤、植被、生物多样性、有害生物历史等情况，选择符合植物生长特点又远离重要检疫性有害生物发生地的地点作为苗木生产基地或造林地；使用无病虫和杂草种子的土壤及惰性生长介质培育苗木；选择林木良种或优良遗传材料进行种植，选择有抗性或非易感植物物种或品种进行种植，选择健康的植物种植材料进行种植，选择适合种植地区气候特点的树种进行种植；可在苗圃内安装防虫网，防止害虫的传播扩散；在造林地，选择非单一树种、非单一无性系的混交种植方式；对种植材料的生产者和经营商进行登记，确保一旦发现疫情，可追溯侵染源。

（2）林木种植期间管理

选择合适的种植和造林时间，保证种植植物存活率；保留一定的株行距，使植物可得到充足的阳光、水分和营养；选择适当的栽培方式，保证植物根系的正常发育和生长；定期检查有无病害病症、害虫及有害植物，一旦发现新发生的有害生物，应及时进行检验鉴定，确定其种类，报告当地林业植物检疫机构或林业主管部门；一旦发现有害生物危害林木，应利用物理、生物、栽培及营林技术等综合措施进行防制，降低有害生物种群密度，并销毁危害严重的植物材料；清除杂草，减少有害生物侵染源；选择合适的时间进行整枝和疏伐，并合理管理留在林间的植物废料，减少有害生物侵染；建立有害生物监测系统，持续开展必要的调查，确认有害生物发生率在较低水平。

（3）采收季节管理

在特定生长阶段或一年中的特定时间进行采收或采伐，以防止有害生物扩散；检查并清除被感染的立木；采用卫生消毒法，清除可能成为有害生物培养基的任何废料；采用可最大限度减少对树木和土壤破坏的采收、采伐或装卸技术；及时移走已砍伐木材，避免有害生物聚集；尽早去除已砍伐树木的树皮，以减少小蠹虫等蛀干害虫扩散风险；及时清除树桩或进行表面处理，以减少根腐病或其他有害生物问题。

（4）采收后管理

对原木、其他木制品和非木质林产品进行处理，利用加热、熏蒸、辐照、化学处理或去皮等办法来灭杀、消毒或去除有害生物；采用可减少有害生物聚集的方式储存原木和非木质林产品，如水下储存、低温和干燥保藏等；在储存区安装防虫网，保证林产品在储存期间不被有害生物侵染。

（5）运输环节管理

运输前对林产品进行处理以灭杀有害生物；采用适当的运输方法，如使用封闭式或有遮盖的装置进行运输，预防运输过程中有害生物侵袭或有害生物意外逃逸；对船舶、集装箱和卡车等运输设备采用良好的卫生消毒措施。

本章小结

外来有害生物预警是指林业外来有害生物传入之前，植物检疫机构或行政主管部门根据有害生物风险评估结果，制定风险管理预案或向社会发布生物入侵警报的过程，有害生物风险分析是外来有害生物预警的前提和基础。本章介绍了影响外来有害生物预警的关键因素。这些因素包括全球和区域有害生物信息库构建、有害生物风险评估和风险管理、国际标准的制定与执行、植物检疫或植物保护双边协定的内容与实施方式、口岸检验和调运检验、维持森林健康和培育健康林产品等。

思 考 题

1. 新媒体和自媒体在外来有害生物预警方面如何发挥作用？
2. 除本章介绍的内容外，试述影响外来有害生物预警的其他因素。
3. 预警对外来有害生物防制有什么作用和意义？

本章推荐阅读

赵彩云，李俊生，柳晓燕，2016. 中国主要外来入侵物种风险预警与管理[M]. 北京：中国环境出版社.

万方浩，彭德良，王瑞，等，2010. 生物入侵：预警篇[M]. 北京：科学出版社.

第**11**章
早期监(检)测与快速反应

早期监(检)测是与快速反应(suveillance and quick response)是发现和灭除未定殖入侵物种或已定殖入侵物种孤立种群的最有效的组合措施,可以阻止传入的入侵物种定殖,或阻止少数定殖的入侵物种孤立种群扩散。早期监(检)测与快速反应是阻断生物入侵的重要环节之一。

11.1 早期监(检)测

早期监(检)测是指林业外来有害生物传入之后,但未定殖之前,林业植物检疫部门或其委托机构开展的调查、检验、鉴定等一系列活动,以期发现传入的外来有害生物。早期监(检)测包括早期调查(survey)、快速检验和检测、快速鉴定和外来有害生物溯源等一系列理论和技术。

早期调查可分为林业有害生物普查(general survey)和林业外来有害生物专项调查(specific survey)两大类。

11.1.1 林业有害生物普查

林业有害生物普查是国家规定的、每隔一定时间进行的,旨在查明全国林业有害生物种类、分布等信息而开展的基本调查。普查每 5 年进行一次,调查对象包括森林、湿地、草原、散生树木、种苗繁育基地、花卉生产和加工基地、种子库、贮木场、木材加工厂等与林业植物及其产品生长、生产、加工、包装、储存和运输相关的地点和场所,普查目标是林业有害生物。植物及其产品生产地的普查方法一般有访问调查法(interview survey)、踏查法(line transect survey)、标准地或样方调查法(sample plot survey or quadrat survey)。

(1)访问调查法

访问调查法是指通过口头交谈等方式直接向受访者了解某种(类)有害生物的有无、发生时间、危害程度和危害范围等情况的调查方法。访谈对象通常包括护林员、森林及湿地附近农户、林业科研工作者、林业工人等。

(2)踏查法

踏查法也称概查法,是指对调查地区或区域进行全面概括了解的过程,目的在于发现是否存在林业有害生物。踏查路线可以根据访谈结果或历史记载设定，也可以根据调查对象类型和特点而定。踏查时间和次数一般根据有害生物及其寄主的生物气候学、有害生物生活周期和生物生态学特点而定。

(3)标准地或样方调查法

标准地调查法是调查有害生物的分布模式和危害程度的一种调查取样方法。根据踏查结果选择期望代表预定总体林分有害生物分布和危害的典型样地作为标准地，在标准地内开展每木调查，逐株调查有害生物的危害特征和危害程度，最终统计得出被调查林分有害生物的发生和危害情况。标准地调查一般用于森林，根据标准地设置目的和保留时间，标准地可分为临时标准地(temporary sample plot)和固定标准地(permanent sample plot)。

样方指按照随机抽样原则设计的具有一定面积的实测调查地块，样方调查法是指以若干个样方的调查结果来代表整个群落的一种调查方法，一般用于苗圃地、草原、花卉生产基地、种子库等植物及其产品生产和储存地的有害生物调查。植物及其产品加工、包装、储藏和运输环节的普查方法一般采用抽样调查法，按照随机原则，从总体中抽取样本。抽样调查法又可分为简单随机抽样法、等距抽样法和分层抽样法等，具体抽样方法和抽样数量依调查对象而定。

11.1.2　林业外来有害生物专项调查

林业外来有害生物专项调查可分为发现调查(detection survey)、定界调查(deliminating survey)和监测调查(monitoring survey)3类。为确定某一地区是否存在某种林业外来有害生物的调查称为发现调查。对于大面积森林、草原和湿地有害生物调查通常运用卫星、航空和地面遥感技术进行调查，对于种苗繁育基地、花卉生产和加工基地、种子库、贮木场、木材加工厂等通常用人工步行或驱车踏查法进行调查。为确定林业外来有害生物分布范围的调查称为定界调查。当一个地区已发现某种林业外来有害生物，为了制定根除和控制计划，需要确定外来有害生物的分布边界，确定疫点，划定疫区。定界调查以林业外来有害生物发现点为原点，以一定距离为半径，划定同心圆，在圆周上以十字线划定四个调查地点，统计调查结果，判定外来有害生物分布边界。为证实已发现的外来有害生物种群特性而进行的持续性调查称监测调查。监测调查需要设置固定标准地或固定样地(方)，系统地长期重复多次调查，以获得统一的、连续性的监测数据。

11.1.3　调查技术

(1)遥感技术

利用航空和航天平台的多光谱和高光谱遥感监测技术相结合，可以监测林分和区域尺度的有害生物发生范围和危害程度变化(黄文江等，2019)。例如，利用飞机和无人机载成像多光谱仪和热红外成像仪，可以监测种苗繁育基地、花卉生产和加工基地、林分尺度的森林、小面积湿地和草原的有害生物发生情况(Yuan et al.，2016；Coleman et al.，2018)；利用多光谱卫星、高光谱卫星和热红外卫星可监测区域尺度的森林、草原、湿地有害生物发生情况。遥感技术可用于普查和专项调查。

（2）昆虫诱捕技术

光波范围较宽的光源诱集的昆虫多样性丰富，可用于普查；光波范围较窄或单一光波的光源可用于林业外来有害生物专项调查。对于温室和苗圃中的半翅目、缨翅目、膜翅目、双翅目和鞘翅目中小型昆虫的调查，可用昆虫最敏感的黄、绿和蓝色诱虫色板，诱虫色板规格通常为 25 cm×(20~30) cm，板厚 0.28~0.33 mm，双面涂胶，单边胶体层厚度 0.03~0.08 mm，可粘附昆虫。诱虫板材料应当选择可降解材料；诱虫色板可与昆虫引诱剂组合使用。信息素和诱捕器技术可用于发现调查和监测调查。马氏捕虫网可用于普查和监测调查。

（3）基于深度学习的植物病害自动检测技术

植物病害的调查时间根据病害流行特点和流行规律而定。病害始发期有利于采集样本进行病原分离和纯化，获得纯菌(毒)株；病害盛发期有利于调查多循环植物病害（polycyclic plant disease）的发生和危害程度；病害衰退期有利于调查单循环植物病害（monocyclic plant disease）的发生和危害程度及采集多循环植物病害的子实体。单循环植物病害是指在病害循环中，只有初侵染或虽有再侵染，但再侵染作用很小的植物病害。多循环植物病害是指在病害循环中，重复发生多次再侵染的植物病害。单循环病害的病程较长，多循环病害的病程较短。

目标检测技术（objective detection algorithms）是一种计算机视觉技术，通过算法模型，识别和分析一个图像中的多个物体，并给出每个物体的边界框（曹燕等，2020）。深度学习（deep learning）使用非线性模型，将原始输入的文字、图像、声音等样本数据逐层转化为代表数据内在规律的抽象特征，并自动分类、检测和识别目标特征（Lecun et al.，2015）。深度学习可解决很多模糊识别难题，是人工智能在计算机视觉系统中的应用。最常用的深度学习模型有卷积神经网络（convolutional neural network，CNN）和深度信念网络（deep belief network，DBN）。卷积神经网络仿造生物视知觉（visual perception）系统构建，可以以最小的运算量对格点化特征（grid-like topology），如像素（pixel）和音频（audio frequency）进行监督学习和训练，通过卷积和池化对图像特征进行提取和分类。卷积（convolution）是指两个变量在一定范围内相乘后求和的结果，可提高神经网络训练效率；池化（pooling）原意是指选取水池中的代表性特征，在卷积神经网络中指提取检测目标特征，以减少运算量。第一个卷积神经网络由德国学者 Alexander Waibel 构建，以后的研究者不断创新，构建了功能更加完备的卷积神经网络系统。卷积神经网络现已广泛应用于图像识别、物体识别、行为认知等计算机视觉领域。深度信念网络是一种贝叶斯概率生成模型，由多层随机隐变量组成，上面的两层具有无向对称连接，下面的层得到来自上一层的自顶向下的有向连接，通过训练神经元间的权重生成神经网络系统的训练数据（曾向阳等，2016）。基于深度学习的目标检测算法主要分为两类：基于分类的 2 步目标检测算法和基于回归的 1 步目标检测算法。2 步目标检测算法先生成一系列作为样本的候选框，再通过卷积神经网络进行样本分类；1 步目标检测算法直接将目标边框定位转化为回归模型（曹燕等，2020）。

植物病害类型多、症状复杂、识别困难，因此，借助基于深度学习的目标自动检测技术可快速、准确地诊断和识别植物病害。检测植物病害一般包含 4 个步骤：①拍摄不同发病时期的病害症状照片，建立病害症状分类数据库。照片越多，检测准确率越高；②利用深度学习建立神经网络模型，对病害数据库进行信息提取和分类；③选择合适的病害种类图像对神经网络模型进行学习训练；④实际测试训练结果（Patil et al.，2020）。许多研究者建立了植物病害图像和照片分类数据库，涉及苹果、蓝莓、葡萄、桃、樱桃、柑橘、橡胶等多种木本植物病害（Rauf et al.，2019；Geetharamani et al.，2019）。卷积神经网络、胶囊神经网络（capsule network，CN）已广泛应用于植物病害检测（Barbedo，2013；Geetharamani et al.，2019；Patrick et al.，2020）。例如，用卷积神经网络检测橡胶黑团孢菌 *Periconia heveae*，用胶囊神经网络检测柑橘座腔菌 *Guignardia citricarpa*、柑橘痂囊腔菌 *Elsinoe fawcettii*、柑橘黄单胞杆菌柑橘亚种 *Xanthomonas citri* subsp. *citri*、亚洲韧皮杆菌 *Liberbacter asianticum* 和柑橘间座壳菌 *Diaporthe citri*，检测准确率达 95.29%。若将 Gabor 滤波器与胶囊神经网络相结合，则检测准确率可提高至 98.12%（Patrick et al.，2020）。相对于针对图像特征标量检测的卷积神经网络，胶囊神经网络是一种矢量检测，可包含方向信息，对不同角度和位置拍摄的图像均可有效地进行目标物体检测；Gabor 滤波器对光照信息不敏感，可有效降低强光和阴天、阴影对图像的影响，提高了目标物体的识别效率（王笑冬等，2020）。

11.1.4 调查记录、数据分析和调查报告

普查和专项调查均应详细做好调查记录。调查记录包括纸质调查表、利用 App 实现的电子调查表、采集的标本和拍摄的影像等。可利用电子地图勾绘踏查线路，利用飞机、无人机、车辆和人工步行等方法开展踏查，踏查记录内容主要包括踏查路线及编号、踏查时间、踏查小组成员组成，发现有害生物的地点名称、地理坐标、寄主植物名称、林分类型、有害生物名称、危害部位、危害症状，是否需要设置标准地等，并留存标本和拍摄相关照片。标准地设置应有充分的代表性，不跨越林分或小班，不跨越道路和河流，距林缘和林内小路应有一定的距离（一般 20 m 以上），标准地至少设置 3 个重复。标准地调查记录包括标准地所在地点（林班、小班或小地名）、地理坐标、标准地面积、标准地拟代表面积、有害生物名称、有害生物危害部位、有害生物危害症状、有害生物危害程度、寄主植物名称、寄主植物年龄或林龄、树高、胸径、林分组成、调查时间、调查人等，并留存标本和相关影像资料。标本和采集样品应标注采集地点、采集时间、采集人、寄主植物等内容。影像数据包括有害生物的生物学、生态学、危害症状、危害程度、寄主植物等数据，并标注拍摄地点、拍摄时间、拍摄人等信息。

数据分析包括样品检测和分析、标本制作、有害生物鉴定、调查数据汇总整理和统计分析等。样品检测和分析包括病原微生物的分离、培养、DNA 序列测定等，标本制作包括植物病害的病症和病状标本的制作，昆虫成虫、生活史、危害状标本的制作，有害动物和植物标本制作。有害生物鉴定包括已知种和新种的鉴定，国内已知种的鉴定由省级林业有害生物检验鉴定机构复核鉴定结果，国内新记录种和新种的鉴定由国家级林业有害生物检验鉴定机构复核鉴定结果。调查数据统计包括调查面积、调查树种、有害生物种类、分布、危害率、危害程度、危害寄主范围等。

调查报告的内容和格式根据调查目的而定。主要包括有害生物名称（学名、中文名称，俗名等）、分类地位、寄主范围、分布范围、危害部位、危害程度、危害症状、鉴

定特征、近缘种描述、与原有调查数据对比分析、扩散范围预测、有害生物管理建议等内容。

11.1.5　林业外来有害生物快速检验和检测技术

快速检验和检测技术主要针对肉眼无法看见和识别的病原微生物。在第 5 章植物检疫技术的基础上，以下仅介绍几种常用的病原微生物快速检验和检测技术。

11.1.5.1　核酸恒温扩增检测技术

核酸恒温扩增技术是指在恒定温度下，通过一些特殊的蛋白酶使 DNA 双链解旋，并促使特异性 DNA 片段扩增，以达到快速指数级扩增核酸的技术。

（1）环介导等温扩增技术

环介导等温扩增是一种恒温核酸扩增技术，该技术在 60~65 ℃处于动态平衡时对核酸进行扩增，有效避免了对温度和仪器的要求，其灵敏度高、特异性强，实验步骤简单、不需要专业的技术人员，扩增在恒温水浴锅中即可完成，不需要 PCR 仪，且 1h 即可完成核酸扩增，适用于病原微生物的快速检测。但用 LAMP 方法得到的扩增产物是一些大小不等的片段，无法直接克隆和测序，难于实现多重检测，只能用于判断目的基因的存在。LAMP 引物是决定结果特异性和灵敏性的关键因素，引物设计较复杂，对靶标基因序列要求高。

（2）重组酶聚合酶扩增技术（重组酶介导等温扩增技术）（recombinase polymerase amplification，RPA）

RPA 技术是一种由重组酶、单链 DNA 结合蛋白和链置换聚合酶参与的恒温扩增技术。其原理为，引物与重组酶形成的复合物与 DNA 结合并沿 DNA 链寻找引物的同源序列，完成定位后发生链交换反应，单链 DNA 结合蛋白（SSB）与单链 DNA 链结合，阻止形成双链，聚合酶从发生链交换反应的位置开始复制 DNA，循环往复，完成对目标 DNA 片段的扩增（吕蓓等，2010）。与其他扩增技术相比，RPA 可以在恒温条件下，在较短的时间和较低的温度（37~42 ℃）将核酸分子扩增到可检测水平，操作简便，特异性强，灵敏度高，成本低，适合现场快速检测。RPA 方法一般在 15~20 min 内完成核酸扩增，并且可以通过琼脂糖凝胶电泳、实时荧光信号检测或侧流层析试纸条（LFS）等不同方式的监测（高建欣等，2019）。在 RPA 反应体系中加入 RNA 逆转录酶体系，可实现对 RNA 的检测（RT-RPA），加入 DNA 损伤修复酶和相应的荧光探针，可建立荧光定量 RPA 和荧光定量反转录 RPA。将 RPA 与免疫层板技术相结合，通过双重免疫反应在侧向流试纸条上检测抗原抗体反应，实现对微生物直观检测，具有速度快、过程简便、肉眼可见、无须使用仪器等优势。RPA 方法的核心是引物设计，引物长度在 45 bp 以内，不宜太短或太长，引物太短影响扩增速度，引物太长容易出现连续重复序列；扩增长度为 80~400 bp 才有较高的敏感性和特异性。

11.1.5.2　核酸适配子检测技术

核酸适配子（adaptorprotein）也称适配子、适配体、核酸适配体、配体蛋白，是指利用指数富集的配基系统进化技术（system evolution of ligands by exponential enrichment，SELEX）筛选、能与非核苷酸靶目标物质进行高亲和力和高特异性结合、人工合成的单链寡核苷酸（DNA 或 RNA），其功能类似抗体和分子探针（黄思敏等，2008）。核酸适配子具有易筛选获得、合成成本低、易修饰、稳定性强、识别结合靶物质的特异性高等诸多优点。通过筛选获得已知病原微生物的高特异性核酸适配子，可建立多种病原微生物的检测技术，例如，核酸适配子纳米金检测技术、核酸适配子免疫吸附测定技术(enzyme linked apta-sorbent assay，ELASA)和核酸适配子荧光分子探针检测技术等。

11.1.5.3 纳米免疫分析技术

纳米免疫分析法(nano-immunoassay)是指应用纳米材料、纳米器件等纳米技术，利用抗原抗体特异性结合的免疫学反应检测各种物质(如药物、激素、蛋白质、微生物等)的方法(第二届生物物理学名词审定委员会，2018)。

(1) 免疫磁分离(immuno-magnetic separation，IMS)技术

磁珠是一种纳米级的磁性颗粒，其内部含有磁性金属氧化物的超细粉末，表面经化学修饰后，带有多种具有生物活性的功能基团(氨基、羧基、醛基等)，可以选择性的与抗原、抗体、生物素和亲和素等通过选择适合的交联剂和交联方式进行结合。将磁珠与抗体结合，制成免疫磁珠(immuno-magnetic beads，IMBs)，免疫磁珠上的抗体与植物组织中的抗原发生特异性结合，在磁力的吸附下，分离、浓缩植物组织中的目标微生物(曹潇等，2019)。免疫磁分离技术是一种利用免疫磁珠快速有效的捕获、分离和富集目标微生物活体的前处理技术。磁珠直径、表面功能基团、磁珠与抗体的投料比是影响目标微生物捕获率的关键因子。磁珠直径一般以纳米计，投料比根据具体情况而定。该技术与酶联免疫吸附测定技术、聚合酶链式反应、环介导等温扩增等技术相结合，可实现病原微生物的快速检测。

(2) 纳米金适配子检测技术

胶体金是指微小的金纳米粒子(AuNPs)分散在水中形成的水溶胶。因其表面具有电荷特性，可与蛋白或核酸吸附结合。AuNPs表面既可与氨基发生共价键的静电吸附，也可与巯基通过共价结合。将适配子的巯基修饰后，AuNPs能与其通过共价结合形成稳定的复合物，称为金纳米适配子。因有单链核酸的相互排斥作用，适配子可在高盐溶液中稳定存在、不发生团聚。利用核酸的互补配对破坏这种稳定的因素，AuNPs将会发生聚集而导致颜色的变化。由于AuNPs具有良好的稳定性、表面效应、光学效应、小尺寸效应及特殊的生物亲和效应，当这些适配子被加入样本中时，就可带着胶体金颗粒结合到其对应的结合位点，从而被检测到(姚静等，2019)。与单克隆技术相比，适配子技术不需要动物免疫。

11.2　快速反应

快速反应(emergence response)是指当早期监(检)测发现外来有害生物时，政府或责任管理部门能在极短时间范围内组织专家判断外来有害生物可能产生的后果，协调相关机构和配置相关资源，根除外来有害生物或控制外来有害生物种群扩散的一系列活动的总和。快速反应包括有害生物根除和应急管理两部分内容。

11.2.1　有害生物根除

根除(eradication)是指应用植物检疫措施，将一种有害生物从一个地区彻底消灭的

一项官方活动。当生物入侵发生在传入之后、定殖之前时，应用根除措施是有效的。怎样判断入侵生物是否未定殖或仅为定殖后的少量种群呢？如何确定少量种群的阈值（threshold）？少量种群阈值指传入后的入侵物种种群最小适合度（population with minimum fitness，MFP），可以用公式 $F(n)=\sum_{i=1}^{n}\lambda\,GiS$ 来计算。其中，F 代表种群最小适合度，G 表示种群某个基因型个体繁殖力，S 表示种群某个基因型个体存活率，n 表示种群的所有基因型，λ 表示影响个体繁殖力的所有遗传和环境因素综合影响力。但在现实调查中，很难计算和确定入侵物种传入种群的最小适合度。

根据岛屿生物地理学理论，某一区域的物种数量随面积幂函数增加（MacArthur et al.，1967），我们姑且认为，入侵物种在入侵地传入种群数量随面积成幂函数增加，因此，当定界调查后发现，入侵生物呈点状分布，每个点的最大分布面积不超过森林小班面积，且分布点比较分散，相邻小班尚无分布，此时，可认为入侵物种传入种群为少量种群，尚未定殖，宜采用根除措施，制定根除计划。根除是一个系统工程，涉及法律、政策、管理、技术和生产各个层面。根除包括疫区、监测区和预防区的划定和管理，根除效果评价，根除计划终止或撤销疫区等内容。

根据我国行政区划和政府管理特点，疫区、监测区和预防区以县级行政区管辖面积为单位，包括县、市辖区、县级市、自治县、旗、自治旗、林区和特区。疫区（quarantine area）是指检疫性有害生物或新传入的外来有害生物的分布区域，疫区内检疫性有害生物或新传入外来有害生物分布的林班、小班、自然村、苗木生产基地、加工厂等基层组织管辖面积称疫点（quarantine site）。监测区（monitoring area）或称缓冲区（buffer area），是指与疫区相邻、但尚未发现林业检疫性有害生物或新传入外来有害生物的区域。除疫区和监测区外，所有的区域均为预防区（prevention area）。疫区管理采取封锁（containment）、处理（treatment）、控制（control）和监测措施。封锁指政府主管部门采取植物检疫措施，防止目标有害生物向疫区外扩散的所有活动。根据目标有害生物的生物学和生态学特性、空间分布格局和扩散方式，确定封锁方式和封锁物品，封锁疫区内应施检疫物品的外运。例如，小蠹类昆虫只在树皮下危害，因此，对小蠹类昆虫的检疫封锁仅限于带皮的木材、树木，即不允许带皮的木材和树木从疫区内运出，但对种子和其他林产品的外运不受约束；松材线虫危害木材，其媒介昆虫可危害树皮和嫩枝，因此，松材线虫疫区内的木材、树木、采伐剩余物均在封锁范围内。处理是指对染疫植物及其产品的检疫处理，阻止目标有害生物传播和扩散。检疫处理措施根据有害生物的生物学、生态学特性和扩散特点而定，目标是防止被封锁的有害生物传出疫区。例如，小蠹虫疫区内带树皮的原木，只能在疫区范围内指定的锯木厂加工，锯木厂必须安装有效的剥皮设备并拥有处理树皮碎片的设施；对于松材线虫疫区，松树木材只能在疫区内植物检疫机构认定的木材加工厂加工，加工厂必须有达到国家标准的熏蒸处理、热处理设施或木材切片装置，木材切片厚度不超过松材线虫媒介昆虫一龄幼虫的长度。控制是指降低有害生物种群密度，减缓有害生物扩散速度，减轻有害生物对经济、生态和社会的危害。控制需要综合运用物理、化学和生物等技术措施和工程学的管理方法，例如，有害生物快速识别与诊断技术、以森林经营措施为主的持续控灾技术、以天敌昆虫和病原微生物为主的生物防制技术、以无人机和人工智能等为主的防控设备和技术。监测是指通过调查过程收集和记录有害生物发生和变化状况的官方活动。疫区内有害生物监测为处理措施和控制措施的制定、根除计划的修改提供基础数据。监测区管理是指林业植物检疫机关或委托机构调查和监测目标有害生物是否进入监测区，一旦发现疫情，立即启动应急管理程序。预防区管理是指林业植物检疫机构密切关注从疫区调入的一切林业植物及其产品，按程序复检，做好目标有害生物识别和防控的公众宣传教育，防止目标有害生物的进入。根据《森林法》规定，疫区、监测区和预防区由省级以上人民政府林业主管部门负责划定。

根除效果评价（assessment of eradiction）是指根据有害生物的生物学和生态学特性、植物检疫处理和防制措施，经过一定时长的调查，判定根除措施是否有效，根除是否成功的官方行动。根除措施实施后有两种结果：有害生物种群被彻底消灭；有害生物种群未被彻底消灭，但种群数量已明显减少，危害程度大大降低。当有害生物种群被彻底消灭，且在一定时间内经调查未再发现有害生物种群，则称目标有害生物被根除，省级以上人民政府林业主管部门根据相关程序向社会公开宣布目标有害生物在某个地区已根除，撤销疫区。当有害生物种群虽未被彻底消灭，但种群数量已明显减少，危害程度大大降低时，可进行根除计划可行性再评估。判断有害生物种群是否已定殖，若已定殖，则保留疫区，但实施有害生物综合控制计划，将有害生物维持在低种群密度，使其处于危害水平低、不扩散或仅自然扩散的经济和生态阈值范围之内，最终实现从疫区向低度流行区的转变。

11.2.2　应急管理

应急管理（emergency management）是指政府或林业主管部门在生物入侵或突发检疫性有害生物发生时，迅速启动应急机制，作出应急响应，阻止有害生物扩散，最大限度地减轻其对经济、生态和社会危害的一系列活动。

11.2.2.1　应急管理原则

应急管理原则（emergency management principle）可用24个字概括：快速反应，紧急处置；分级联动，各司其职；依法行政，联防联控。"快速反应，紧急处置"是指当出现以下情况时，均应快速反应，启动应急管理程序：当出现对人类健康构成威胁，可引起人类疾病的林业有害生物时；当首次发现可直接造成林木死亡的林业有害生物，已发生一定面积，且有扩散趋势时；当首次发现林业入侵生物，已危害一定面积，且有扩散趋势时；经科学论证判定林业外来有害生物入侵可能暴发重大危害事件时。"分级联动，各司其职"是指从中央到地方上下纵向层面来讲，应有从中央到地方相应的组织机构体系负责应急管理的组织、协调、实施和保障，各层级组织机构分工负责，管理有序。《生物安全法》规定了从中央到地方的生物安全风险防控机制，国家生物安全工作协调机制成员单位和国务院其他有关部门负责国家生物安全相关工作，地方各级人民政府对本行政区域内生物安全负责，基层群众性自治组织应当协助地方人民政府以及有关部门做好生物安全风险防控、应急处置和宣传教育等工作，有关单位和个人应当配合做好生物安全风险防控和应急处置等工作。"依法行政，联防联控"是指应急管理以法律为依据，建立中央各部门间、各省级人民政府间、各地市级人民政府间、各县级人民政府间横向联动机制，全方位、无死角地防制外来有害生物。《生物安全法》规定，国家建立统一领导、协同联动、有序高效的生物安全应急制度和重大新发突发传染病、动植物疫情联防联控机制。当发现重大林业和草原外来有害生物疫情时，林业和草原主管部门的职责是立即组织疫情会商研判，将会商研判结论向中央国家安全领导机构和国务院报告，并通报国家生物安全工作协调机制其他成员单位和国务院其他有关部门，制定应急预案，统一部署开展应急处置、应急救援和事后恢复等工作。地方各级人民政府统一履行本行政区域内疫情防控职责，《森林法》第三十五条明确规定，重大林业有害生物灾害防治实行地方人民政府负责制，地方政府负责协调交通、公安、邮电、铁路、航空、海关、工商等林业主管部门以外的机构参与应急管理，保障应急管理所需人员、物资、通讯和其他保障；地方林业主管部门组织制定和实施应急管理操作规程，包括封锁疫区，跟踪调查监测，实施根除和防治措施等。国务院林业主管部门配合地方政府组织开展物资、专家队伍、技术、国际交流合作等协调配置。

11.2.2.2　应急响应

应急响应也称快速反应，包括信息响应（information response）、决策响应（policy response）和应急能力建设（emergence capacity building）。

信息响应是指各级林业植物检疫机构和林业主管部门收到林业外来有害生物传入的信息后做出应急信息处理的过程。有害生物应急管理信息响应包括有害生物信息报告、通报和公布。狭义的有害生物报告（reporting）是指当林业植物检疫机构或林业主管部门确认辖区内出现入侵生物或检疫性有害生物时，按规定程序、时限和方式向上级主管部门或政府所作的书面正式陈述；广义的有害生物报告还包括个人或单位发现林业外来有害生物时，向当地林业植物检疫机构或林业主管部门的口头报告，各级林业有害生物测报机构的定期监测报告。通报（informing）是指林业植物检疫部门或林业主管部门与林业外来有害生物相关的主管机构相互交流、报告有害生物预警、监测和防控的相关信息。发生林业外来有害生物的地方林业行政主管部门，应及时向相邻行政区域林业行政主管部门通报有害生物发生、监测和防控情况；口岸、农业植物检疫及其他政府相关部门发现林业外来有害生物时，应及时向政府林业主管部门通报林业外来有害生物发生情况；上级林业主管部门及时向下级林业主管部门通报已收到的通报信息。有害生物信息公布（information publication）是指国务院林业行政主管部门或省级林业行政主管部门以法定形式和程序主动将林业外来有害生物发生、监测和防控情况向社会公众公开的官方行动。《生物安全法》规定，国家建立生物安全信息发布制度，"重大生物安全事件及其调查处理信息等重大生物安全信息，由国家生物安全工作协调机制成员单位根据职责分工发布；其他生物安全信息由国务院有关部门和县级以上地方人民政府及其有关部门根据职责权限发布"。

决策响应是指林业植物检疫机构或林业主管部门发现林业外来有害生物后，在有限时间内利用已有的知识、技术、管理经验、应急预案、风险评估结果等信息，调查、收集、分析、报告外来有害生物的分布和危害现状，组织专家会商研判外来有害生物扩散、危害趋势，制定有害生物应急管理行动方案、组织防制行动的过程。决策响应一般包括组织外来有害生物风险评估、定界和分布调查、风险再评估、将外来有害生物列入检疫性有害生物或危害性有害生物名单、制定根除或防制行动方案、组织根除或防制行动等。

应急能力建设是指应对林业外来有害生物入侵的组织能力和资源能力建设。我国建设了国家、省、市、县四级林业植物检疫机构，初步构成了应急管理组织的网络系统。应急资源能力建设包括应急人力资源、物质资源、技术资源和信息资源建设。应急人力资源包括专兼职监测队伍、检疫队伍、防制队伍、咨询专家队伍。国家应组织建立相关大学、研究团体、生产和管理部门共同参与的产学研应急管理人力资源平台。物质资源能力建设包括基础设施、药剂、药械、检验检测仪器设备、运输车辆、通信设备、检疫处理设备及其他物资的调运、租用和临时购置能力。技术资源能力建设包括单项技术储备、单项技术引进、技术改革与革新和技术组装整合能力建设。信息资源能力建设包括外来有害生物基础数据库平台、应急处理资源信息库平台、专家知识库和技术信息数据库平台、森林和草原资源信息库平台、政府管理信息库平台、相关利益者及人力资源信息数据库平台、大数据平台建设等。

本章小结

早期监(检)测是指林业外来有害生物传入之后、但未定殖之前，林业植物检疫部门或其委托机构开展的调查、检验、鉴定等一系列活动。快速反应是指当早期监(检)测发现外来有害生物时，政府或责任管理部门能在极短时间范围内组织专家判断外来有害生物可能产生的后果，协调相关机构和配置相关资源，根除外来有害生物或控制外来有害生物种群扩散的一系列活动的总和。早期监(检)测与快速反应是发现和灭除未定殖入侵物种或已定殖入侵物种孤立种群的最有效的组合措施，是阻断生物入侵的重要环节之一。

思 考 题

1. 外来有害生物早期监(检)测涉及哪些理论和技术？
2. 快速反应在外来有害生物防制方面有什么作用和意义？
3. 外来有害生物应急管理有哪些法律依据？

本章推荐阅读

麦克莫夫，2013. 亚太地区植物有害生物监控指南[M]. 北京：科学出版社.
朱水芳，等，2019. 植物检疫学[M]. 北京：科学出版社.

第12章
外来有害生物控制和管理

当外来有害生物传入新的生境，形成稳定的种群，并逐步适应侵入地的环境后，入侵成功，在侵入地彻底消灭成功入侵的物种极其困难，根除措施很难奏效。因此，对于适应、扩散和成灾阶段的入侵物种管理策略为"控制和管理"，即控制入侵物种种群密度、阻止其扩散速度和减轻其引起的灾害损失。外来有害生物控制和管理技术包括生物防制技术、抗入侵育种技术、检疫管理技术、检疫处理技术和入侵生物综合管理技术。

12.1 生物防制技术

狭义的生物防制技术(bio-control technology)是指以一种(或一类)生物抑制另一种(或一类)生物生长、发育和繁殖，或以一种(或一类)生物杀灭另一种(或一类)生物的技术，起抑制或杀灭作用的生物是被抑制或杀灭生物的天敌。天敌跟随假说是经典的生物入侵理论，是入侵生物控制和管理的基础理论之一。广义的生物防制技术是指利用有益生物及其产物防制有害生物的所有技术。

12.1.1 从原产地引入天敌技术

基于天敌跟随理论，在入侵物种的原产地寻找和筛选优势天敌，引入一种或几种优势天敌进行野外释放，使天敌与有害生物在入侵地重新达到一种捕(取)食与被捕(取)食、寄生与被寄生的平衡状态，最终达到入侵物种在入侵地存在，但不成灾的目标。优势天敌(dominant natural enemy species)是指天敌的优势种，即天敌群落中优势度指数最高的一个或几个物种，选择引入的优势天敌应具备以下两个特点：①对目标有害生物捕(取)食或寄生率高，控制有害生物效果明显；②单一食性或寡食性或专性寄生，对非目标生物无影响或影响较小。野外释放(environment release)是指将引入的天敌经实验室、饲养室或培养室继代培(饲)养后，释放到自然环境。野外释放前需进行风险评估，评估被释放的物种对非目标生物有无影响，是否可能与当地物种发生杂交、相互竞争或相互拮抗，是否会发生重寄生等。为减少对目标生物的影响，引入天敌的野外释放不宜采用淹没释放法。利用澳洲瓢虫 *Rodolia cardinalis* 防制吹绵蚧 *Icerya purchasi* 是经典的、成功的生物防制例子。1888 年，美国从澳大利亚引进其原产的澳洲瓢虫，成功防制了柑橘吹绵蚧（包建中等，1998）。我国首次从国外引进天敌的例子是我国台湾地区于 1909 年从美国加利福尼亚和夏威夷引进澳洲瓢虫，控制了当地吹绵蚧的危害（陶家驹，1993）。1986—1989 年，我国从日本原产地引进花角蚜小蜂，成功控制了松突圆蚧的危害（包建中等，1998）。2004—2005 年，海南省分别从越南和我国台湾地区引进椰心叶甲截脉姬小蜂 *Asecodes hispinarum* 和椰心叶甲啮小蜂 *Tetrastichus brontispae*，成功地控制了椰心叶甲的危害（金涛等，2012）。原产地成功引入天敌的技术瓶颈存在于：天敌在原产地和入侵地的生物学、遗传学和生态学习性变化，人工繁殖和野外释放技术，对生物多样性的安全评价技术，野外种群繁衍的人工促进技术等。

12.1.2　保护和利用本地天敌技术

根据易感性假说，入侵瓶颈降低了入侵物种多态性防御的遗传多样性，可能更易受到入侵地当地天敌的攻击。此外，在生境拓展过程中，入侵物种与本地天敌逐步建立生态适应和协同关系，随着时间推移，这种关系越来越稳定（Lankaur et al.，2004；Niu et al.，2010）。因此，保护和利用本地天敌是控制林业外来有害生物成灾的关键技术之一。保护本地天敌（natural enemy protection）是指通过保护天敌栖息地，减少杀菌剂、杀虫剂和除草剂等化学农药的使用，提高本地天敌群落对林业外来有害生物的综合控制效能。利用本地天敌（natural enemy utilization）是指通过天敌调查、优势天敌筛选、优势天敌繁殖和规模化生产、野外释放等一系列的研究过程，人工增加野外优势天敌的数量，控制入侵物种种群数量，防止其暴发。利用本地天敌防制入侵物种最成功的例子是利用周氏啮小蜂防制美国白蛾。美国白蛾原产北美，1979 年传入我国（辽宁省农业局，1980）。周氏啮小蜂是在我国发现的、寄生于美国白蛾幼虫和蛹的一个优势物种（杨忠岐，1989）。研究表明，周氏啮小蜂对美国白蛾自然寄生率可达 83.2%（杨忠岐，1990）。用柞蚕 *Antherea pernyi* 蛹繁育周氏啮小蜂时，每个柞蚕蛹中的出蜂量可达 16 000~18 000 头。经过数年研究，我国已筛选出简单、方便、有效的野外释放技术：将蜂茧钉于树枝或树干，使周氏啮小蜂自然羽化，自主寻找寄主。在美国白蛾老熟幼虫期和化蛹初期分别释放周氏啮小蜂蜂种 1 次，放蜂量为 5∶1，经过连续 5 年的防制，美国白蛾的有虫株率保持在 0.1% 以下，周氏啮小蜂寄生率达 92.67%（杨忠岐等，2005），防制效果显著。

12.1.3　外来栽培植物保护技术

栽培植物（cultivated plants）是指野生植物经过人工驯化和培育后，具有一定生产价值或经济性状，遗传性稳定，适合人类需要的植物。外来栽培植物（exotic cultivated plants）是指非本地培育的栽培植物，外来栽培植物一般通过植物引种技术从驯化地或栽培地引入。多项研究表明，本地有害生物群落是限制外来栽培植物生存、生长和生产的主要因素（赵同海等，2007）。保护外来栽培植物的策略和技术有以下几个方面：

（1）引种策略

引种前对拟引种植物进行适应性评价。

第一，植物引种活动应遵循气候适应性原则和植物地理学规律，引种前应开展拟引种植物气候适应性评价。气候适应性评价综合考虑引种植物现实和历史地理分布，综合考虑气候区划、植物地理区划和植物生态型的影响，综合考虑区域分布与单个限制性气候因子的影响，如温度、湿度、降水、光照、土壤等。

第二，引种植物对当地有害生物适应性评价。有害生物适应性评价应考虑以下 3 种风险：①当本地存在引种植物近缘种时，引种植物受到本地有害生物侵袭风险较大，因本地寄主植物与有害生物在长期的协同进化过程中形成了相互适应的平衡状态，外来植物的引进干扰了这种平衡，本地有害生物更易危害干扰者；②外来植物引入后，本地有害生物的寄主谱发生了改变，原本侵害其他寄主植物物种或品种的有害生物成为外来植物物种或品种的危害者；③外来植物的引入，诱导本地有害生物生物学特性发生改变，暴发周期缩短，危害加重。

（2）害虫综合防控技术

利用物理措施、生物防制技术、引诱剂和诱捕器技术等综合防控技术措施，控制害虫危害，保护外来栽培植物。具体策略和技术与本地害虫综合管理技术相同。

（3）病害管理技术

植物种植时，控制合理的土壤 pH 值和营养元素含量，种植前对土壤进行消毒，保持土壤湿度适中，种植无伤植株；植株生长期间，及时清理染病植株和病害侵染源，利用具有拮抗、竞争、溶菌、诱导植物抗性等作用的微生物控制病害的发生和发展。

12.1.4　昆虫不育技术

昆虫不育是指利用电离辐射、化学不育剂和基因转移等技术产生大量有竞争能力的不育雄虫，野外释放后，不育雄虫与野外雌虫交配导致雌虫不能产生后代，减少下一代害虫的种群数量。通过多次、大量释放不育雄虫，达到遏制害虫种群、保护寄主植物免遭害虫危害的目的（Teem et al.，2020）。

电磁辐射波谱波长顺序从长到短的依次顺序为：无线电波、红外线、可见光、紫外线、X 射线、γ 射线和高能射线。其中，X 射线、γ 射线和高能射线波长短，频率高，能量高，穿透力强，能使受作用物质发生电离现象。电离辐射（ionizing radiation）是指直接或间接电离粒子或二者的混合组成的辐射。1895 年，德国实验物理学家 Whihelm Konrad Rontgen 发现了 X 射线，其波长在 1pm～10nm 范围内；1901 年，Rontgen 获得诺贝尔物理学奖。1927 年，美国遗传学家 Hermann Joseph Muller 在《科学》杂志上发表了《基因的人工诱变》（*Artificial Transmutation of the Gene*），发现 X 射线可诱导果蝇 *Drosophila* sp. 染色体发生改变。1946 年，Muller 获诺贝尔生理学医学奖，也开启了昆虫辐射不育技术的研究，并在控制农林害虫、特别是鳞翅目害虫上得到成功应用（钟国华等，2012；吕宝乾等，2016）。

昆虫显性致死释放（release of insects carrying a dominant lethal，RIDL）技术由英国牛津大学 Luke S. Alphey[①]研究团队发明（Thomas et al.，2000）。他们首先在实验室内利用基因工程技术构建具有显性雌致死基因（dominant female-specific lethal gene，DFLG）的昆虫纯合子（homozygous），并将这些纯合子株系（strains）释放至野外，与野外自然雌性昆虫交配后，造成雌性昆虫死亡，以减少入侵昆虫的种群密度。该方法利用简单

---

① 注：现就职于皮尔布赖特研究所 Pirbright Instititute。

的刻痕显性标记，如绿色荧光蛋白，提高了野外捕获和监测效率。该技术目前多应用于人类和动物虫媒疾病的传媒昆虫种群控制，已有专门的商业公司生产昆虫纯合子株系，但在入侵昆虫控制方面鲜有报道。

12.2 抗入侵育种技术

抗入侵育种技术的理论依据是生态适应和自然选择原理。入侵物种入侵后，本地寄主与其相互作用，随着时间推移，发生3种结果：一是随着生物入侵速度加快和侵袭力增强，本地寄主物种种群经过适应性锻炼，对入侵物种侵袭的抗性逐步增强，获得抗性性状得以遗传，入侵物种和寄主间达到一种平衡状态，入侵物种发生危害但不造成灾害。二是当生物入侵后，寄主进行防卫以适应生物入侵，优胜劣汰的自然选择结果，对入侵物种易感的寄主种群被淘汰，抗入侵物种危害的种群得以保存，且抗性性状得以遗传，入侵物种和寄主间达到平衡状态。三是生物入侵后，寄主全部被危害至死，入侵生物因没有寄主而全部死亡；或当寄主种群全部死亡时，入侵生物发生了寄主转移，寻找到新的寄主物种，与新的寄主达到一种平衡状态。

利用抗性锻炼和自然选择的原理，寄主的抗性育种主要包括以下策略和相应的技术。

12.2.1 传统遗传育种技术

12.2.1.1 群体遗传改良技术

多项研究表明，木本植物对入侵生物的抗性遗传控制多为加性效应，是由多个加性基因引起的数量性状遗传，抗(耐)性可以稳定遗传，后代呈连续性的数量变异(马常耕，1995；李怀仑等，2007)。因此，对寄主群体进行遗传改良，可提高对入侵生物的耐受性，降低入侵生物的危害水平。群体遗传改良(population genetic improvement)是指对变异群体进行周期性选择和重组，逐渐提高群体中有利基因和基因型的频率，改进群体的目标性状和综合表现的一种育种方法。一般通过混合选择法(mixing selection method)和轮回选择法(recurrent selection method)实现群体改良目标。混合选择法是指从不同种源(品种、家系或无性系)群体中，选出具有一致抗性的优良单株，下一代混合种植查看抗性变化的一种选择方式。轮回选择又称重复选择，是指对经过混合选择后的改良群体继续以同样方式再选择，形成第二轮的改良群体，循环多次，提高群体中抗性基因频率，并保持一定的遗传变异度(李彦丽等，2007)。

在全国范围内选择寄主的不同种源(品种、家系或无性系)作为选择的基础群体。将基础群体种质平均分成 N 份，分别种植在入侵物种危害最严重的 N 个不同地理区域，用 GPS 定位编号，每个寄主种源(品种、家系或无性系)设置一定数量的重复，用自然感染法进行抗性测定和筛选，筛选出表型为抗和高抗的单株，以这些单株进行重复轮回选择，经过自交，直至得到抗性稳定的寄主植株群体。这些寄主植株群体可作为抗性品种，也可作为杂交育种的亲本及培育无性系的优良个体。为了缩短育种时间，也可用接种法接种组培苗进行抗性测定和筛选。根据入侵物种的空间分布特征、寄主分布范围和气候区划确定 N 的大小。

12. 2. 1. 2　种间杂交获得抗性杂交种或杂交变种

入侵物种在原产地与寄主间长期协同进化，形成了相互适应的平衡关系，寄主具有抗性基因或抗性基因型，因此，可以将原产地的抗性寄主物种与入侵地的易感寄主物种杂交，获得具有抗性的杂交种或杂交品种。美国和欧洲进行的抗榆树荷兰病杂交榆选育计划成功地应用了抗性杂交原理。榆树荷兰病由榆蛇口壳菌引起，于 20 世纪初席卷欧洲和美国，造成了大量的榆属植物死亡。欧美开始着手当地榆树抗性品种选育，直至 20 世纪 60 年代，陆续商业化野外栽植了一些品种，具有明显的抗病特性。但 20 世纪 70 年代，欧美出现了毒力更强的新榆蛇口壳菌，欧美榆树物种及亲本为欧美的榆树杂交种均对新病原菌高度感病，而有亚洲亲本的杂交种后代均有一定的抗病性。欧美学者据此认为榆树荷兰病原产亚洲，并找到了证据（Brasier，2000）。欧洲科学家将原产亚洲的榆树荷兰病高抗寄主白榆 *Ulmus pumila* 与原产欧洲的欧洲野榆 *U. minor* 和其他欧洲榆树物种进行杂交，选育出了观赏性状好、抗榆树荷兰病的欧洲杂交品种；美国科学家将白榆和美国榆杂交，选育出了抗榆树荷兰病、适合当地环境、观赏价值高的美洲杂交品种（Smalley et al., 1993）。这些品种均为专利品种，并获得商业性野外栽培推广，如 *Ulmus* 'San Zanobi'、*Ulmus* 'Plinio'、*Ulmus* 'Arno'、*Ulmus* 'Fiorente'、*Ulmus* 'Morfeo' 等品种分别于 20 世纪 90 年代和 21 世纪初投放市场（Santini et al.,2007；2012）。

12. 2. 2　染色体易位和重组技术

利用染色体易位或重组技术，将含有抗性基因的高抗种源（品种、家系或无性系）染色体或染色体片段转移至易感寄主细胞，获得抗性基因。用群体选择法筛选出易感、敏感、抗和高抗的种源（品种、家系或无性系），利用分子标记的方法构建遗传图谱，通过抗病基因连锁分析、抗病基因精细定位、基因表达、功能验证等一系列技术，筛选、鉴定和定位抗性关键基因。尤其对寄主选择具有特异性和专化性的入侵物种，更易获得关键抗性基因。将关键抗性基因转移至易感和敏感种源（家系或无性系）染色体，改变易感和敏感种源（品种、家系或无性系）基因连锁群，增加其对入侵生物的抗性，但不会形成大规模的基因重组，保证了寄主遗传物质的稳定性（杨晓平等 2017；刘成等，2020）。

12. 2. 3　抗性基因转移技术

将广谱的抗虫或抗菌基因在体外进行酶切和联接，然后转化到基因载体，通过基因载体把抗虫和抗菌等的外源基因导入植物细胞，进行复制、转译和表达，获得抗虫或抗病的寄主植物植株。目前常用的基因转移方法有：土壤杆菌 *Agrobacterium* spp. 导入法、基因枪导入法和电击导入法。根癌土壤杆菌 *A. tumefaciens* 和发根根瘤菌 *Rhizobium rhizogenes* 细胞中分别含有 Ti 质粒和 Ri 质粒，Ti 和 Ri 质粒上的 T-DNA 可通过侵染植物插入植物基因组中，并通过减数分裂稳定地遗传给植物后代。土壤杆菌导入法是指将目的基因插入土壤杆菌 Ti 质粒或 Ri 质粒上的 T-DNA 区，将目的基因导入植物基因组的一种基因转移方法（范绍强等，2008）。基因枪导入法又称粒子轰击法，是指通过动力系统将吸附有基因的金属颗粒射进植物细胞，直达细胞核，将目的基因导入植物基因组的一种基因导入方法。电击导入法是指用高压脉冲将植物细胞膜瞬间击穿，使目的基因进入细胞内的一种基因导入方法。

12.3　检疫管理技术

植物检疫管理(phytosanitary supervision)是指植物检疫部门(机构)在植物检疫法律法规指导下，通过实施计划、组织、领导、协调、控制等职能，协调植物检疫相关责任和利益群体(个人)，实行有效的检疫决策，防止有害生物传播和扩散的一切活动。外来有害生物控制和管理目标是降低入侵物种种群密度，阻止入侵物种种群扩散速度，将入侵引起的灾害损失降低到国家和社会可接受的水平。

12.3.1　无疫产地和无疫生产点概念的应用

1990 年，联合国粮食及农业组织提出了无疫[pest(s) free from]和疫区(quarantine area)的概念，无疫是指按照植物检疫程序，从货物或田间未能检查出一定数量的多种有害生物(或某种特定有害生物)；疫区是指已经发生检疫性有害生物并进行官方控制的地区。1995 年，ISPM 2《有害生物风险分析指南》提出了非疫区(pest free area)的概念，指科学证据表明未发生某种特定有害生物并且官方能适时保持此状况的地区，非疫区是国家植物检疫机构管理的区域。ISPM 4《建立非疫区的要求》提出了建立和保持非疫区的要求。ISPM 10《建立无疫产地和无疫生产点的要求》，提出了无疫产地(pest free place of production)和无疫生产点(pest free production site)的概念。无疫产地是指科学证据表明某种特定有害生物没有发生并且官方能适时在一定时期保持此状况的产地，无疫生产点指科学证据表明不存在特定有害生物且官方能在一定时期保持此状况的生产地点。无疫产地和无疫生产点由生产单位或个人在国家植物检疫机构的监督下单独管理。

国际植物检疫措施标准规定的"无疫"是针对调运检疫和产地检疫而言。根据植物检疫程序，调运的货物、植物及其产品经现场检验和实验室检测未发现有害生物，则认为调运的货物、植物及其产品符合植物检疫要求；根据植物检疫程序，产地生产的植物及其产品经现场检验和实验室检测未发现有害生物，则认为产地检疫符合植物检疫要求，植物检疫机构签发产地检疫合格证。非疫区、无疫产地和无疫生产都是相对于植物及其产品的进口方植物检疫机构而言。非疫区可作为风险评估的要素之一，也可作为是否施用额外植物检疫措施的决策依据；无疫产地和无疫生产点仅作为是否施用额外植物检疫措施的决策依据。

我国对林业检疫性有害生物已实行疫区管理制度，制定了国家推荐性标准《建立非疫区指南》(GB/T 21761—2008)。例如，经过监测调查，国家林业主管部门每年向社会公布林业检疫性有害生物——松材线虫和美国白蛾的疫区名单，不在此名单的县级区域即为松材线虫或美国白蛾的非疫区，在非疫区内实施松材线虫或美国白蛾监测。从松材线虫或美国白蛾非疫区调运植物及其产品时，不需要实施针对松材线虫或美国白蛾的额外检疫措施。

无疫产地和无疫生产点的概念在我国的林业植物检疫法律法规中还未得到应用，

但其应用前景广阔。林业重要检疫性有害生物的控制和管理均应引入"疫区"的概念，例如，在疫区内建立或认证无疫产地和无疫生产点，即建立或认证无疫林业植物繁殖材料繁育基地、无疫林产品生产和加工基地，制定无疫林业植物繁殖材料生产技术规程、无疫林产品生产和加工技术规程，可以使疫区内林业植物繁殖材料和林产品的流动从无疫产地和无疫生产点向其他方向流动，同时阻止林业检疫性有害生物在疫区内的人为扩散。

12.3.2　有害生物低度流行区概念的应用

《SPS 协定》提到了有害生物低度流行区（areas of low pest or disease prevalence）的概念，《国际植物保护公约》97 版本正式定义了有害生物低度流行区的内涵，ISPM 22《建立有害生物低度流行区的要求》和 ISPM 29《非疫区和有害生物低度流行区的认可》提出了对有害生物低度流行区建立、管理和许可的要求。

有害生物低度流行区是指国家认定特定有害生物发生率低，并采取有效的监测、控制或根除措施的地区。在入侵物种云杉大小蠹 *Dendroctonus micans* 的控制和管理方面，英国成功地运用了低度流行区的概念。1982 年，云杉大小蠹首次在英国发现，随后在许多地区暴发成灾。为控制云杉大小蠹的危害，英国植物检疫机构采取了一系列措施：划定疫区，对疫区进行管理和控制，只允许不带树皮的木材从疫区运出，带树皮的原木只限于疫区范围内指定的锯木厂加工，锯木厂必须安装有效的剥皮设备并拥有处理树皮碎片的设施。同时，从比利时引进捕食性天敌昆虫——大唼蜡甲在林间释放。云杉大小蠹疫区管理持续至 2005 年，经过评估后发现，云杉大小蠹对欧洲云杉 *Picea abies* 的致死率从 20 世纪 80 年代的 10% 以上降至 2005 年的不足 1%，因此，英国植物检疫机构宣布根除措施结束，将云杉大小蠹疫区更改为云杉大小蠹低度流行区，低度流行区内只用生物防制措施即可将云杉大小蠹的种群密度控制在较低水平。我国还未应用有害生物低度流行区的概念，但未来可以至少应用在以下 4 个方面：①当林产品检疫处理措施比较困难，且成本较高时，综合成本效益分析，可考虑建立有害生物低度流行区，使收获后的林产品不必进行检疫处理；②当某种害虫的自然天敌种群水平较高，可有效控制害虫种群密度时，适当地增加生物防制措施，即可建立害虫的低度流行区，并长期稳定地保持害虫低发生率水平，例如，鳞翅目害虫的自然天敌种群水平较高，对美国白蛾和舞毒蛾可考虑建立低度流行区；③当实施根除计划时，其缓冲区的某些区域可考虑建立有害生物低度流行区；④对于长期实施根除计划的疫区，可考虑将疫区改变为有害生物低度流行区。

低度流行区概念的理论基础是生态学的阿利效应（Allee effect）。*Warder Clyde Allee* 是美国生态学家，他在《动物生态学原理》（*Principles of Animal Ecology*）中提出了一种理论：每个种群具有最合适的生长和生殖密度，高于或低于合适密度均对种群的生殖造成负面影响（Allee et al.，1949）。当种群密度低于某一阈值时，种群将会消亡。后人把 Allee 提出的低种群密度对个体适合度的负面影响称为阿利效应。但不是所有的物种种群均具有阿利效应（张丽娟等，2018）。对具有阿利效应的外来有害生物低度流行区，即使不采取人工措施，阿利效应亦可逐渐使孤立小种群消亡（Liebhold et al.，2003；Suckling et al.，2012）。

12.3.3 林业植物检疫苗圃的建设与管理技术

检疫苗圃(plant quarantine nursery)也称隔离苗圃,是检疫种苗繁育基地的通称,包括国外引种植物隔离(试种)圃,无检疫性有害生物种苗繁育基地。种苗(plant propagation material)是指可供种植或繁殖用的植物及其器官,包括种子、苗木和其他繁殖材料。种苗繁育基地(production sites for plant propagation material)是指繁殖、培育和生产林业植物种子、苗木和其他繁殖材料的场所,包括苗圃、种子园、母树林、采穗圃、组培室等。检疫苗圃由国家植物检疫机构建立;或国家植物检疫机构制定建设标准,由生产单位和个人按标准建立,经国家植物检疫机构认可。

12.3.3.1 引种植物隔离试种圃建设的一般要求

除常规苗圃要求的圃地选择、基础设施、人员配备和经营规范外,隔离试种圃还应满足以下要求:①圃地选择在无检疫性有害生物地区,或圃地周围一定距离范围内无检疫性有害生物发生;②预测拟引进隔离的植物种类,评估圃地周围土地类型和植被类型变化趋势,隔离试种植物与周围环境植物亲缘关系较远,且有害生物不易交叉感染;③隔离试种圃具有一定面积,圃内规划设计隔离试种区,各试种区间有自然或人工隔离带,试种区间不引起交叉感染;④隔离试种圃具有独立的排灌系统;⑤隔离试种圃为封闭式,出入口应配有消毒池和其他消毒设施;⑥隔离试种圃内设有检疫检验实验室、有害生物监测和防制器械、检疫处理设备(施);⑦隔离试种圃聘用的管理人员中须有经过岗位培训的检疫员;⑧有符合检疫标准的废水、废气和固体废弃物处理设备(施);⑨建立规范的隔离试种圃管理手册。隔离试种圃管理手册包括入圃登记、生长期管理、检疫调查、有害生物监测与防制、出圃检疫、出圃登记、出入圃溯源体系建设、资料管理、标本管理、有害生物报告、检疫处理等内容。

12.3.3.2 引种植物隔离试种圃建设的特殊要求

根据引进植物的特点、引进植物材料的性质、引进数量、引进时间和有害生物风险评估结果,对于可能携带多种有害生物的高风险植物种植材料,需要组合配置网室(screening room, screening house, screening space)、具有负压送风系统的培养室、实验室和温室。网室是一种有钢骨架,四周用防虫网围绕的密闭隔离空间。可根据昆虫的大小选择防虫网网眼的密度。网室通风透光,不影响植物生长,但可以防止昆虫和小型动物的逃逸,扩散。负压送风系统通过风机系统将室内空气经高效率微粒空气过滤器排出室外,使室内形成负压,室外空气可源源不断地通过装有筛网的进风器流入室内。建造具有负压系统的温室、培养室和实验室的目的是防止昆虫、小型动物、气传微生物的逃逸和扩散。

12.3.3.3 无检疫性有害生物种苗繁育基地建设的一般要求

除常规种苗繁育基地要求的地点选择、基础设施、人员配备、营建技术、管理规范外,无检疫性有害生物种苗繁育基地还应满足以下要求:①基地选择在无检疫性有害生物地区,或基地周围一定距离范围内无检疫性有害生物发生;②基地周围一定范围内无检疫性有害生物寄主,繁育的植物与周围植物不交叉感染;③建立规范的植物生长管理手册。

对于种子园和母树林等种子采收基地,植物生长管理手册应包括但不仅限于以下内容：①对种子园和母树林进行区划，区分基础群体（base population）、育种群体（breeding population）和生产群体（production population）；②为提高遗传增益，规划种子园和母树林的家系和无性系空间分布格局，控制杂交效率；③经营管理中的去劣疏伐；④产地检疫；⑤主要有害生物监测与防制；⑥生产和管理记录；⑦种子出园检测和检疫等。

对于采穗圃和苗圃等种苗繁育基地，植物生长管理手册应包括但不仅限于以下内容：①选择良种或国家认定的优良品种、无性系，选择健康的植株或器官，对于病毒或植原体易感种质，入圃前需进行植株脱毒处理；②种植前进行圃地土壤消毒，减少土传病害的传播和危害；③选择合适的采穗或起苗时间，以防止植株健康受损和有害生物的侵袭；④选择合适的土壤、肥料和水的管理方式和管理时间，减少有害生物对苗木的危害。例如，滴灌可减少土传病害的传播，合适的土壤 pH 值可控制土壤微生物群落等；⑤选择合适的苗木栽培和管理方式，以减少有害生物的传播和危害。例如，植株栽植密度合理，修剪时间宜选在休眠季节等；⑥有害生物监测与防制；⑦生产和管理记录；⑧植物繁殖材料入圃和出圃检疫等。

12.3.4 林业植物检疫实验室的建设与管理技术

林业植物检疫实验室（forest plant quarantine laboratory）是指从事林业检疫性有害生物、林业危险性有害生物、林业外来有害生物和新发现有害生物的检测、检验和鉴定的专业实验室，可开展病原微生物分离、培养和鉴定，昆虫和小型动物的饲养、鉴定，植物的发芽试验、组织培养和物种鉴定，检疫性和危险性有害生物生物学、生态学及与寄主植物的互作研究，检疫性和危险性有害生物控制研究等生物学实验。为防止林业植物检疫性有害生物和林业危险性有害生物扩散，林业植物检疫实验室的生物安全防护水平至少要达到 ABSL - 2 级别（animal biosafety level），一般需配备网室和隔离温室。

实验室的选址、设计、建造和建筑材料应符合防止有害生物逃逸、不危害人类健康的目标，并符合环保、消防和实验室管理部门的管理规定和要求。实验室为具有一定面积的独立建筑，可根据实验内容确定建筑规模。根据实际需要，可建立综合植物检疫实验室，包括病原微生物实验、昆虫学实验、小型动物实验和植物学实验，也可建立专业植物检疫实验室，例如，植物病原微生物检疫实验室、有害昆虫检疫实验室、杂草检疫实验室等。实验室应至少包括缓冲区、样本和标本处理区、实验区、样本和标本储存区、废气废水和废物处理区 5 个区域，每个区域应相互隔离。实验区可只包括实验室，也可包括昆虫（动物）饲养室和组培室。水源、能源、照明、隔离、温度、湿度、通风设施均应单独控制。各实验室相互隔离，避免交叉感染。实验室、饲养室和温室应设置负压排气系统，通过 HEPA 过滤排出气体。实验室应建立质量控制手册，明确规定样品和标本进入实验室、在实验室各区域间传递、调出实验室的具体操作程序，规定样品和标本溯源程序和方法，规定废弃物处理的生物安全程序和方法，规定定期对实验室消毒处理，规定试剂、药品使用和管理办法，规定实验室人员准入和培训要求等。

12. 4 检疫处理技术

林业外来有害生物控制和管理阶段主要针对种子、苗木、木材和采伐剩余物进行检疫处理及林业植物繁殖材料脱毒处理。

12. 4. 1 种子检疫处理技术

种子(seeds)是指供种植而非消费或加工用的植物籽实。常用的种子检疫处理技术包括包衣处理、热水浸泡处理、干热处理、干燥处理、辐射处理、化学药物浸泡处理等。植物检疫处理应不影响种子的发芽率。

包衣处理(seed coating)：将干燥或湿润的种子用包衣剂(seed coating agent)和包衣技术(seed coating technique)进行包被，使种子外层形成一层稳定、均匀的保护膜，防止有害生物侵入。但对包衣内的种子进行有害生物检测和处理，则需要将包衣去除后进行。

热水浸泡处理(hot water treatment)：热水浸泡处理也被称为温汤浸种。温汤浸种技术1888年发明于丹麦，20世纪初传入我国，其原理是植物种子的耐热能力优于植物病原物或种子害虫(李菁博，2014)。水温和处理时间是热水浸泡处理技术成败的关键，应根据不同植物种子及其可携带的有害生物生物学特性进行相关的试验后，选择合适的温度和处理时间。一般水温控制在50~60℃，处理时间10~20 min。水温过高、处理时间过长影响种子发芽率，但水温低、处理时间短则影响对有害生物的杀灭效果(赵武等，2014)。

干热处理(heat treatment with heating dry air)：对于耐热的种子可用干热处理杀灭种子中的真菌、细菌、病毒等病原微生物。干热处理前的种子含水量一般不高于4%，处理温度一般控制在70~80℃，处理时间3 d左右(宋顺华等，2008)。但针对不同的有害生物，其干热处理温度和时间不同。

干燥处理(desiccant treatment)：根据联合国粮食及农业组织的《基因库标准》，种子含水量干燥至3%~7%时，有利于种子储藏，不适宜有害生物的生长和繁殖。种子干燥的方法很多，例如，自然干燥法、硅胶法、热空气干燥法、真空干燥法、微波干燥法等。干燥处理技术的关键是干燥速度和干燥时间，对于长期保存的种质库种子干燥条件，联合国粮食及农业组织推荐"双15干燥法"，即干燥间的相对湿度10%~15%，温度10~15℃；美国国家种质库的干燥间相对湿度23%，温度为5℃(卢新雄等，2003)。不同的种子和其携带的有害生物耐干燥能力不同，因此，种子干燥处理应综合考虑种子携带的有害生物生物学特性，种子的结构、质地和化学成分。

化学药物浸泡处理(chemical treatment)：以一定浓度的化学农药、消毒剂或其他能杀灭种子有害生物的化学物质浸泡种子一定时间，达到杀灭种子中有害生物的目的。例如，过氧乙酸、过氧化氢、恶霉灵、二氯异氰尿酸钠等可有效杀灭部分病原真菌和细菌(万秀琴等，2017；王溪桥等，2016)。

12. 4. 2 苗木检疫处理技术

目前广泛应用的苗木(plant propagation material except seeds)检疫处理技术包括热水

浸泡处理和化学熏蒸处理。植物检疫处理应不影响苗木的存活、生长和发育。

热水浸泡处理：热水浸泡处理植物茎和根可杀死植物表面有害生物和植物内部部分有害生物。例如，39~40 ℃处理花卉种球 2 h，可杀灭种球内的昆虫卵（汪国鲜等，2010）；52~55 ℃处理块茎 15~20 min，可杀死块茎内的线虫（曹素芳等，2009）；50 ℃处理植物茎和根 2 h 可杀灭植物病原细菌（沈万宽等，2008）；40~50 ℃处理苗木和木本花卉枝干 3~15 min，可杀灭茎干表面的蚜虫、螨和蚧虫（陈寿铃等，1998）；60 ℃热水处理松材线虫病死木 2.5~3.0 h，可杀死松材线虫（徐福元等，1991）。

化学熏蒸处理（chemical fumigation treatment）：目前研究和开发的熏蒸剂主要有溴甲烷（methyl bromide）、硫酰氟（sulfuryl fluoride）、磷化铝（aluminium phosphide）、环氧乙烷（epoxyethane）、氧硫化碳（carbon oxysulphide）和氯化氢（hydrogen chloride）等 10 多种化合物，但能商业化应用于苗木处理的仅 3~4 种（林莉，2009）。熏蒸处理方式主要包括船舶熏蒸、帐幕熏蒸、集装箱熏蒸、仓库熏蒸、熏蒸室熏蒸和车载熏蒸系统熏蒸等（付昌斌，1998）。熏蒸处理不应使苗木产生药害。

12.4.3 木材检疫处理技术

木材（wood）是指带树皮或不带树皮的圆木、锯材、木片和木废料等。常用的木材检疫处理技术包括去除树皮、削片处理、干热处理、介电热处理、干燥处理、化学喷雾或浸泡处理、化学熏蒸处理、化学加压渗透处理、辐射处理、气调处理等。

去除树皮可除去小蠹虫等危害树木皮层的害虫，还可去除树皮表面的有害生物，如蚜虫、介壳虫等昆虫。削片处理是指用机械的方法将木材的尺寸降至规定的要求，一般厚度不大于 0.8 cm。

干热处理：ISPM 15 要求干热处理的木芯温度达到 56 ℃，并保持 30 min。此标准只能杀灭部分昆虫和线虫，杀灭的昆虫种类包括鞘翅目窃蠹科、长蠹科、吉丁科、天牛科、象甲科、拟天牛科 Oedemeridae、小蠹科，膜翅目树蜂科，等翅目昆虫，松材线虫。木芯温度达到 60 ℃，并持续保持 6 h 才能杀死木材中的真菌（杨翠云等，2016）。

介电热处理（heat treatment using dielectric heating）：ISPM 15 要求，介电热处理必须使木材表面加热至 60 ℃，并持续保持 1 min。从起始温度至最高温度的处理时间不少于 30 min。但介电热处理不同于传统的处理方法，其发展历史较短，因此，实验数据尚有待于进一步完善。例如，有实验表明，松材线虫需要在微波处理温度达到 65 ℃、持续保温 10 min 才能完全被杀灭（张竞文等，2017）；微波处理北美短叶松 *Pinus banksiana* 木材，冷杉枯梢病菌 *Gremmeniella abietina* 需加热至 75 ℃、处理 0.5 min 才能杀死；松根异担子菌 *Heterobasidion annosum* 需要加热至 90 ℃、处理 1 min 才能杀死（Payette et al.，2015）。

化学熏蒸处理：木材熏蒸常用的熏蒸剂为溴甲烷、硫酰氟和磷化氢。部分发达国家包括我国均建立了进境木材检疫处理大型熏蒸设施，并规定了建设标准，例如，中华人民共和国国家标准《进境木材检疫处理区建设规范》（GB/T 36827—2018）。值得注意的是，ISPM 15 要求的溴甲烷和硫酰氟的熏蒸剂量和熏蒸时间仅能去除木材中的昆虫和线虫。ISPM 28 附件 22《针对昆虫的去皮木材硫酰氟熏蒸》规定了去除木材中的昆虫需要的最佳温度-时间-最低浓度组合。ISPM 28 附件 23《针对线虫和昆虫的去皮木材硫酰氟熏蒸》规定了去除木材中的线虫和昆虫需要的最佳温度-时间-最低熏蒸剂浓度组合。有试验表明，在室温条件下，用 280 g/m^3 的硫酰氟剂量熏蒸 72 h，可杀灭红槲栎木材中的栎枯萎病菌，但对其他真菌和细菌无作用（Schmidt et al., 1997）。

辐射处理（radiation treatment）：目前，辐射处理在木材检疫方面尚未有商业化应用，但已有许多研究结果（李玉广等，2020；詹国平等，2013）。例如，实验表明，用 γ 射线照射杨树木段，60Gy 的剂量能有效阻止光肩星天牛 *Anoplophora glabripennis* 老熟幼虫化蛹（王跃进等，2006）；用 γ 射线照射华北落叶松木段，发现 80 Gy、120 Gy 分别是落叶松八齿小蠹 *Ips subelongatus* 幼虫和蛹的最适照射剂量，经辐射处理后，落叶松八齿小蠹不产生后代（詹国平等，2011）。

12.4.4 果实检疫处理技术

新鲜的果实处理技术包括低温处理、加工处理、热蒸汽处理、辐射处理和气调处理等。

低温处理（cold treatment）：有研究表明，2~3 ℃持续低温处理柑橘果实 14~20 d，可杀死柑橘中实蝇的卵和幼虫（De Lima et al., 2007；Santaballa et al., 2009）。ISPM 28 将低温处理作为植物检疫措施之一。

加工处理（processing）指经过物理、化学和生物过程杀灭新鲜果实中的有害生物，并将新鲜果实制成果实制品（果干、果汁、果酒和果酱等）的过程。

热蒸汽处理（vapor heat treatment）：ISPM28 规定，果实热蒸汽处理的最小相对湿度为 60%~95%，气温不低于 45~48 ℃，持续处理 1.5~5.0 h 以上，可杀死新鲜果实中的实蝇卵和幼虫。

辐射处理：根据 ISPM 18《辐射用作植物检疫措施的准则》，电离辐射处理包括放射性同位素和 X 射线等方法，辐射处理的效果取决于辐射剂量、处理时间、大气压等条件，辐射处理必须经过核管理部门批准。目前，辐射处理仅在水果和蔬菜上得到了商业性应用。ISPM 18 列出了不同有害生物的检疫处理最低辐射剂量，例如，线虫的辐射剂量高于昆虫，最低剂量标准为 4000 Gy；储藏产品有害生物的检疫处理辐射剂量高于生鲜果品；螨类的检疫处理辐射剂量高于昆虫的辐射剂量；生鲜果品中，梨小食心虫检疫处理的辐射剂量高于苹果蠹蛾，苹果蠹蛾的辐射剂量高于实蝇类，实蝇类的检疫处理辐射剂量高于李象。

气调处理（controlled atmosphere treatment）：一般采用低于 5% 的 O_2 和高于 15% 的 CO_2 或 N_2 处理环境中的 O_2，迫使有害生物尤其是昆虫体内能量代谢受到抑制，影响膜透性，从而使有毒物质积累造成死亡（任荔荔等，2019）。气调处理一般与温度处理、加压处理和熏蒸处理等技术结合应用，例如，在 1% O_2 密闭空间内，10 ℃条件下，使用 32 g/m^3 的溴甲烷剂量，处理 2 h 可全部杀死橘小实蝇，提高了熏蒸效率（荣晓东等，2016）。

12.4.5 采伐剩余物检疫处理技术

采伐剩余物是指采伐后除原条以外的树木材料，包括枝丫（含叶片）、梢头、伐桩、遗弃材等。一般采用加热发酵处理，使其变成植物肥料。参考《绿化植物废弃物处置和应用技术规程》国家标准，建立采伐剩余物堆肥发酵场。堆肥发酵场地原则上设置在疫区或入侵物种发生区内，宜采用硬质地面。堆肥条件和工艺流程严格按照国家标准执行，确保升温期堆肥中心温度达到 55~60 ℃ 至少 14 d 以上，高温期堆肥中心温度 60~65 ℃ 保持 3~5 d，可有效杀灭有害生物。堆肥产品需经过有害生物检验后才能运出堆肥发酵场，检验抽样比例参照《绿化植物废弃物处置和应用技术规程》（GB/T 31755—2015）执行，所有样品中未检测出目标有害生物的方为合格。

12.4.6　植物繁殖材料脱毒技术

植原体、类细菌、病毒、类病毒不能在体外培养，存在于植物活体组织中，随植物及其繁殖材料远距离传播，近距离依靠小型昆虫、真菌、线虫、寄生性种子植物和藤本植物的缠绕接触、嫁接、其他农林业作业活动等方式传播。根据植原体和病毒等在植物体内分布不均匀的特点，应用植物繁殖材料脱毒技术筛选出不带病毒的单株，减少植原体、类细菌、病毒和类病毒病传播的风险。目前，比较成功的脱毒技术（pest free technique）主要有热处理与茎尖培养相结合技术和超低温处理与茎尖培养脱毒技术，主要利用了植株生长点附近的分生组织无病毒或病毒含量低及高温可使病毒全部或部分钝化的特点（李亚囡等，2021）。

热处理与茎尖培养相结合脱毒技术（pest free techniques using heat-therapy of shoot tips）：该技术的流程为：热处理拟脱毒植株材料→切取茎尖→茎尖组织继代培养→病毒检测→试管苗生根（或嫁接于无毒试管砧木上）→设施栽培→炼苗→苗木扩繁→大田或野外栽培。或者，切取茎尖→茎尖组织继代培养→茎尖热处理→再切取茎尖→茎尖组织培养→病毒检测→试管苗生根（或嫁接于无毒试管砧木上）→设施栽培→炼苗→苗木扩繁→大田或野外栽培。热处理温度一般 36~38 ℃，持续培养约 30 d（田国忠等，2006）；切取的茎尖分生组织越小，脱毒效率越高（王国平等，2002）。

超低温处理与茎尖培养脱毒技术（pest free techniques using cryotherapy of shoot tips）：其原理是，植物茎尖分生组织不含病毒或病毒含量少，细胞排列紧密，细胞质浓厚，体积小，自由水含量低，超低温状态下，细胞内形成的冰晶小，对细胞损伤小，耐超低温。而含有病毒的成熟细胞自由水含量高，经超低温处理后，大的冰晶破坏细胞膜，导致细胞死亡（Wang et al., 2009）。超低温处理与茎尖培养脱毒技术流程为：拟脱毒植物材料→切取茎尖→茎尖预培养→茎尖预处理→加载玻璃化溶剂（plant vitrification solution，PVS）→冷冻处理→卸载 PVS→恢复茎尖培养（黄秀等，2020）→病毒检测→试管苗生根（或嫁接于无毒试管砧木上）→设施栽培→炼苗→苗木扩繁→大田或野外栽培。玻璃化溶剂可使冷冻过程中植物细胞内外的溶液介于液态和固态之间的"玻璃态"，使细胞内不形成冰晶，减少对植物细胞的损伤（Rall et al., 1985）。

ISPM 33《国际贸易中的脱毒马铃薯属（茄属）微繁材料和微型薯》是唯一一项涉及脱毒处理技术的国际植物检疫措施标准。欧洲和北美实行脱毒苗认证制度，我国对柑橘、草莓和甘蔗等脱毒技术和程序均建立了行业标准。林业上尽管泡桐丛枝病、枣疯病等植原体病害很严重，但尚未建立起脱毒技术标准规范体系。

12.5　入侵生物综合管理技术

入侵生物综合管理技术是指以森林生态系统、草原生态系统和湿地生态系统为保护目标，根据入侵生物的入侵特点、入侵生物与本地生物及环境间的相互关系，利用工程学方法，以植物栽培和管理技术为切入点，协调、组合应用物理、化学和生物等各种防除和控制技术，将入侵生物的种群水平、扩散速率和危害程度控制在社会可允许的水平范围之内。

除引进天敌技术和检疫处理技术外，入侵物种综合管理中的单项技术与本土有害生物管理相同，包括栽培技术、营林技术、收获技术、物理防制技术、化学防除技术、生物防制技术等。但在考虑实施入侵生物综合管理技术前，应考虑以下几个方面的问题：

①不是所有的外来有害生物均需要实行国家管理。根据十数定律，所有外来生物成为入侵生物的概率为1/1000，而入侵生物中危害程度超过人类经济、社会和生态可允许范围的物种，仅占入侵生物的1/10，即外来生物中能造成严重经济、社会和生态损失的物种仅占1/10 000。根据效益综合评价，入侵生物综合管理技术只针对危害程度超过人类经济、社会和生态可允许范围的入侵物种。我国目前发现林业外来有害生物40多种，但列入国家林业检疫性有害生物名单的仅13种。

②入侵物种为适应入侵地的生物和非生物环境，其生物学和生态学特性发生相应的变化，因此，入侵物种在入侵地的生物学和生态学特性是实施入侵物种综合管理的基础。例如，红脂大小蠹原产北美，属于次期害虫，主要危害针叶树的衰弱木和濒死木，但入侵我国后，可危害健康活立木，导致树木死亡，造成了严重危害。松材线虫原产北美，自20世纪80年代入侵我国大陆以来，自然寄主谱越来越广，最初侵染日本黑松，到目前为止，可自然侵染我国大部分乡土松属植物，包括马尾松、华山松、黄山松 *P. hwangshanensis*、云南松 *P. yunnanensis*、油松、白皮松 *P. bungeana* 和红松等，原产北美的湿地松 *P. elliottii* 和火炬松也不同程度地受到侵染，对中国松林和落叶松林构成了严重威胁。

③入侵物种综合管理是一种动态管理过程。首先，国家管理的林业检疫性有害生物名单需要定期更新。我国林业外来有害生物40多种，但列入检疫性有害生物名单作为国家管理的入侵物种仅有13种。其原因一是有些入侵物种的扩散速度和危害程度未达到需要国家管理的水平，不需要列入国家检疫性有害生物名单；二是随着时间的推移，已研发出有效控制某些入侵物种扩散和危害的管理策略和技术，这些入侵物种不再列入国家管理的检疫性有害生物名单。其次，入侵物种综合管理的组装配套技术因地、因时制宜。例如，椰心叶甲于2000年左右入侵我国大陆，在种群扩散和暴发危害阶段，综合运用化学防除和生物防制技术控制了椰心叶甲的种群密度和扩散范围。其中，化学防除技术包括40多种有效化学农药的筛选和有效的林间施药方式；生物防制技术包括从越南和我国台湾地区引进和饲养椰心叶甲幼虫专性寄生性天敌——椰心叶甲截脉姬小蜂和蛹专性寄生性天敌——椰心叶甲啮小蜂技术，按比例释放两种寄生蜂的林间天敌释放技术，昆虫病原真菌绿僵菌菌株筛选和林间释放技术。目前，椰心叶

甲属于低发生率阶段，仅用生物防制技术中的释放引进天敌技术即可有效控制椰心叶甲的种群密度和对寄主植物的危害，因此，椰心叶甲从林业检疫性有害生物名单中移除。

本章小结

　　本章介绍了外来有害生物控制和管理的几种重要技术。生物防制技术、抗入侵育种技术、检疫管理技术、检疫处理技术和综合管理技术。生物防制技术是指利用有益生物及其产物防制有害生物的所有技术；抗入侵物种育种技术包括传统遗传育种技术、染色体易位和重组技术、抗性基因转移技术等；检疫管理技术包括无疫产地和无疫生产点建设技术、有害生物低度流行区维持技术、检疫苗圃的建设与管理技术、检疫实验室的建设与管理技术等；检疫处理技术包括种子、苗木、木材、果实和采伐剩余物检疫处理技术；综合管理技术是指以森林生态系统、草原生态系统和湿地生态系统为保护目标，根据入侵生物的入侵特点、入侵生物与本地生物及环境间的相互关系，利用工程学方法，以植物栽培和管理技术为切入点，协调、组合应用物理、化学和生物等各种防除和控制技术，将入侵生物的种群水平、扩散速率和危害程度控制在社会可允许的水平范围之内。

思 考 题

　　1. 外来有害生物控制和管理措施适用于生物入侵的哪些阶段？
　　2. 外来有害生物控制和管理的目标是什么？
　　3. 除本章介绍的技术外，简述可用于外来有害生物控制和管理的其他技术。

本章推荐阅读

　　万方浩，侯有明，蒋明星，2015. 入侵生物学 [M]. 北京：科学出版社.

　　张国良，付卫东，孙玉芳，等，2018. 外来入侵物种监测与控制 [M]. 北京：中国农业出版社.

　　Lee C E, 2002. Evolutionary genetics of invasive species [J]. Ttrends in Ecology & Evolution(17)：386-391.

第**13**章
受损生态系统的恢复与重建

入侵物种经过传入、定殖、适应、扩散、暴发5个阶段，完成了入侵过程，随后，入侵物种与当地物种、当地生态系统进行博弈，当入侵物种占优势时，当地物种遗传资源被污染、生物多样性丧失，最终导致当地生态系统受损、退化，甚至崩溃。应用恢复生态学原理，修复和重建受损、退化和崩溃的生态系统，使之恢复到接近或优于受干扰前的状态，是入侵物种管理的重要内容之一。

13.1 生态系统受损和退化程度评价

林业入侵物种危害森林生态系统、草原生态系统、湿地生态系统和荒漠生态系统，引起生态系统受损、退化和崩溃。其对生态系统产生的负面影响包括：①生物遗传和物种多样性降低，影响生态系统的稳定性和完整性；②群落中重要建群种和伴生种消失，生态系统结构和组成改变；③山地森林建群种大面积死亡，导致水土流失，进而干扰江河等水生态系统；④植物大面积死亡，动植物生境破碎化，生态系统退化，生态系统生产力和服务功能下降。

13.1.1 生态系统受损和退化评价方法

生态系统受损和退化程度(damage and degradation degree of ecosystem)可用多种方法进行评价，以下介绍3种常用的方法。

(1)干扰度评价法

干扰度(disturbance degree)是指生态系统受干扰的程度。可选择参照生态系统，通过被评价生态系统的植被、动物群落、微生物群落、土壤性质、生态系统生产力和生态系统服务功能等指标因子的变化情况，综合评价生态系统的退化程度。

(2)压力-状态-响应(PSR)模型法

将生态系统退化作为分析目标(目标层，第1个层次)，将目标归因于入侵物种对生态系统造成的压力、生态系统结构功能和受干扰的现实状况、生态系统的过程和生态服务功能响应3种组成因素(因素层，第2个层次)，将生态系统的压力、现实状况和响应因素进行拆分，拆分成各子因素(子因素层，第3个层次)，再将子因素拆分成若干个可以定量的指标(指标层，第4个层次)，通过层次分析法或熵权法确定各指标权重，用综合指数法或模糊评价法得出退化指数，退化指数介于 0~1，其值越小，表示生态系统退化越严重。

压力–状态–响应模型（pressure-state-response model，PSR）的关键是选择合适的压力、状态和响应的指标体系，使有限的指标能反映生态系统的整体特性，并能获得客观精准的评估结果（王娜等，2019）。

（3）以压力–状态–响应模型为基础的其他评价模型

以压力–状态–响应模型为基础，可应用驱动力–状态–响应模型（DSR）、驱动力–压力–状态–响应–控制模型（DPSRC）和驱动力–压力–状态–暴露–响应模型（DPSIR）等变化模型评价生态系统的退化程度。

13.1.2 生态系统受损和退化程度分级

根据生态系统受损程度和拟采取的恢复措施，可将生态系统退化程度分为以下5个级别：

Ⅰ级——未受损和未退化。入侵物种的负面影响仅发生于个体或种群水平，生态系统具有稳定的结构和功能，生态系统的恢复力、生产力、稳定性、多样性和抗逆性强，可以实现自然演替过程。

Ⅱ级——轻度退化。入侵物种的负面影响发生于个体或种群水平，生态系统结构完整，恢复力、生产力和稳定性强，多样性丰富，解除干扰后或控制入侵危害后，生态系统可自然修复。

Ⅲ级——中度退化。入侵物种的负面影响发生于种群或群落水平，生态系统结构受到一定程度的损害，但尚能维持最基本的功能；生态系统恢复力和生产力尚可，但稳定性和抗逆性差、需要人工促进恢复，即生态系统以自然恢复为主，辅助一定的人工措施才能完全恢复。

Ⅳ级——严重受损和退化。入侵物种的负面影响发生于群落水平或系统水平，生物多样性降低，生态系统结构和功能改变，生态系统的恢复力、生产力、稳定性和抗逆性差，需要人工干预才能恢复。

Ⅴ级——生态系统崩溃。入侵物种的负面影响发生于群落水平或系统水平，生态系统结构崩溃，功能丧失，需要建立新的生态系统来替代旧的生态系统。

13.2 生态系统恢复原理和理论

生态系统恢复（ecology restoration）基于恢复生态学理论（restoration ecology theory），从个体、种群、群落、生态系统和景观格局不同视角均可探讨生态系统恢复，其生态学原理不胜枚举，如最小量定律、耐性定律、种群空间分布格局理论、种群密度制约理论、植被连续变化规则、群落演替规律、边缘效应原理、景观结构与功能理论、干扰控制理论和正反馈理论（谢运球，2003）等，本节主要介绍与入侵生物学和保护生物学紧密相关的恢复生态学原理和理论。

13.2.1 生态系统演替规律

生态系统演替（ecosystem succession）是指在自然力的作用下，随着时间推移，一种自然生态系统类型被另一种自然生态系统类型替代的定向有序的发展过程。生态系统演替是渐进有序的，从先锋到顶极，不同级次生态系统结构和功能从简单向复杂演替，演替过程最终导致产生稳定的生态系统。生态系统演替理论是指导生态系统恢复的重要基础理论，它告诉我们，要尊重自然客观规律，根据生态系统所处演替阶段，合理选择恢复生物物种、合理配置生态系统的物种结构和空间格局；恢复过程循序渐进，不能超越生态系统演替的阶段，但可利用演替进程和演替规律，人工促进生态系统的快速恢复。在生态系统恢复规划时：一要考虑生态系统自身的自然演替规律；二要考虑自然生态环境的演替变化，通过环境演替，模拟生态系统演替的变化规律；三要考虑入侵物种的入侵历史，是否归化？有无归化可能？与当地生物和非生物因素的相互作用等。

13.2.2　生态系统分步退化模型

生态系统是一个动态的、非线性变化的、具有多种稳定状态的系统。生态系统退化过程会遇到各种阻力，如图 13-1 所示，当生态系统从状态 1 退化到状态 2 时，退化是连续的、可逆的，生态系统在此尺度范围内不发生显著变化，当从状态 2 退化到状态 3 时，需要经过突变的、不连续的、不可逆的生物过程；从状态 4 退化到状态 5 时，需要经过突变的、不连续的、不可逆的非生物过程。生态系统从状态 2 至状态 1、状态 4 至状态 3、状态 6 至状态 5 是可恢复的，但从状态 3 至状态 2，从状态 5 至状态 4 是不可恢复的。生态系统退化是分阶段的，恢复也是分阶段的，有些状态是很难恢复的（Hobbs et al.，1996）。

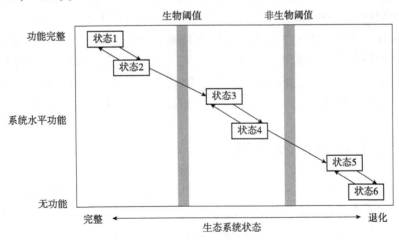

图 13-1　生态系统分布退化示意图

（改绘自 Hobbs et al.，1996）

13.2.3　自我设计和设计理论

自我设计理论是指只要有足够的时间，退化生态系统有能力根据环境条件合理地改变组分，进行自我组织，得到自我恢复。设计理论是指通过工程学方法和植被重建技术可直接恢复退化的生态系统，但恢复的类型可能是多样的。恢复生态学将自我设计理论和设计理论相结合，可人工促进退化生态系统的快速恢复。生物入侵干扰下的生态系统恢复,应根据实际情况,将自我设计理论和设计理论(self-design versus design theory)有机地结合起来。

13.2.4　生物多样性原理

生态系统中的生物种类繁多,在能量和物质运动中分别扮演着生产者、消费者和分解者等不同的角色,不同生物之间形成了网状的食物链结构。丰富的生物多样性(biodiversity)使网状食物链结构复杂,使平衡的群落容量增加,导致了生态系统的稳定性。植物是生产者,为消费者和分解者提供食物、生境和多样性的异质空间,是生物多样性的基础。生物入侵首先破坏的是植物群落,破坏了生物多样性的基础。

13.2.5　生态系统结构理论

生态系统结构(ecosystem structure theory)包括物质结构、时空结构和营养结构。物质结构是指系统中的生物种群组成及其数量比例关系。生物种群在时间和空间上的分布构成了系统的时空结构。生产者、消费者和分解者通过食物营养关系组成系统的营养结构。生态系统物质结构、时空结构和营养结构合理和均衡是保持生态系统稳定的基础。生物入侵往往直接破坏生态系统的物质结构,通过物质结构影响营养结构,进而影响了生态系统稳定的基础。

13.2.6　生态适宜性理论

生态适宜性理论(ecological suitability theory)考虑生物与生物之间、生物与环境之间的长期协同进化,使生物对周围的生物和非生物环境产生了生态上的依赖。种群恢复的目的是让生物种群生长在最适宜的生物和非生物环境中。入侵历史较短的入侵生物,与当地的物种和生态环境还处于相互竞争、博弈的阶段,未达成相互的生态适应,随着时间推移,入侵生物最终达成与周围生物和非生物环境和解的状态,因此,受入侵生物破坏的生态系统恢复应考虑如何缩短与入侵生物达成和解状态的时间。

13.3　生态系统恢复规划

生态系统恢复规划(ecosystem restoration planning)是指在全面考虑生态系统和景观格局各个组成要素的基础上,综合运用生态学、生物学、系统学和工程学的科学理论和技术,计划和设计最佳的土地利用模式和景观格局、最优的生态系统结构和功能、最合理的生物群落配置、最适宜的种群、群落、生境恢复技术体系,以达到生态系统恢复和重建的目的。生态系统恢复规划包括恢复目标、恢复原则、恢复内容、恢复评价和恢复监测 5 个部分。

13.3.1　生态系统恢复目标

生态系统恢复目标(target of ecosystem restoration)可概括为以下 3 种情景:

①恢复到接近生态系统原来的状态。这是恢复生态学的经典理论,但生态系统是很难完全恢复的,因为生态系统是一个不断变化、非线性的动态系统,是一种无法复

制的历史过程，因此，只能在一定范围内恢复原有生态系统的结构和功能。

②对原有的生态系统进行改造，获得一个既包括原有生态系统特性，又包括对人类有益的新特性的生态系统状态。

③根据群落演替规律，选择合适的植物物种，构建具有丰富生物多样性、抗逆性强、稳定的、与原有生态系统状态完全不同的新的生态系统。

13.3.2　生态系统恢复原则

(1)尊重自然规律原则

林业入侵物种危害森林生态系统、草原生态系统、湿地生态系统和荒漠生态系统。对天然林、天然草原、自然湿地和荒漠生态系统的恢复，应坚持尊重自然规律原则，充分发挥生态系统自我设计、自我调节和自组织能力，减少人为干扰，这样不但可以节省大量的经济成本，而且可以使生态系统恢复原有的结构和功能，恢复后的生态系统适应当地的自然环境，保持生态系统的完整性，按照生态系统演替规律，朝着生态系统正向演替的方向发展。对人工林、人工草原和人工湿地生态系统的恢复，应遵循自然生态系统演替规律，根据生态系统演替阶段选择合适的再植植物，适地适时适生物，合理配置生态系统的物质结构、时空结构和营养结构，保护生物多样性，增加生境异质性，按照近自然的恢复和经营模式恢复和重建人工生态系统。

(2)从种群到景观不同尺度综合规划原则

在生态系统恢复设计中，综合规划种群恢复、群落恢复、生态系统恢复和景观格局重建。生物入侵的后果可表现在物种种群、生物群落、生态系统和景观格局各个方面，根据生态学原理，对于物种种群恢复，可采用抑制或杀灭入侵生物、人工移植目标生物等措施；对于生物群落恢复，可补充和增加生态系统中适合的本地物种，改变和调整群落中具有竞争关系的优势物种组成、优势种群时间和空间结构，维持退化前群落中物种种间关系，对生物多样性进行保育，减少除恢复措施以外的人工干扰，维护生物群落的动态过程。对于生态系统恢复，应保护生物群落及生境的完整性、生态系统结构和功能的完整性，恢复生态系统服务功能。对于景观格局重建，应恢复不同生态系统间的连通性，把区域和流域作为保护和修复的有机整体。

(3)生态与经济和社会相结合原则

生态恢复与重建在遵循自然规律的基础上，应考虑当地的经济发展水平和当地社区群众对生态环境的需求。在注重生态环境好转的同时，要注重区域的经济发展，制定短期和中长期相结合、经济效益和生态效益相结合的恢复与重建目标，并在实践中加以灵活应用，生态恢复与经济发展并重。自然和半自然生态系统的恢复和重建注重生态效益，兼顾经济、社会和文化效益；人工生态系统的恢复和重建注重经济、社会和文化效益，兼顾生态效益。建立生态补偿机制，发挥当地社区在生态系统恢复和重建中的作用，使生态系统得到可持续恢复。

(4)恢复措施与退化程度相宜原则

对于未受生物入侵影响的生态系统，以预防和保护措施为主，保护生态系统免受入侵生物的侵入；对于生物入侵导致的轻度退化生态系统，研究和制定控制入侵生物影响的生态经济阈值，科学控制和管理入侵生物，减少生态系统的过度人为干扰；对于生物入侵导致的中度退化生态系统，以自然恢复过程为主，人工促进生态系统健康措施为辅，可在退化的生态系统中人工补植或迁移生态系统修复所需的关键生物物种，抑制入侵生物种群密度，优化群落结构；对于生物入侵导致的严重受损和退化生态系统，以人工恢复措施为主，宜采取工程恢复措施，合理配置动植物和乔灌草的物种组成、种群和群落结构，修复生物群落的生境，恢复生态系统间的联通性；对于生物入侵导致的已崩溃生态系统，按照生态系统本身的自然属性，通过工程学方法，建立新的生态系统，把生态系统、区域和流域作为保护和修复的有机整体。

　　(5)植物恢复优先原则

　　森林生态系统、草原生态系统、湿地生态系统和荒漠生态系统中，植物群落是初级生产者，为其他生物群落提供物质和能量，位于生态系统中营养级金字塔的底部，是生物群落中物质和能量传递的基础。植物还为其他生物提供栖息和繁殖场所。因此，生态系统恢复首先需要恢复植物群落，恢复生态系统生产者结构和数量，提高生态系统净初级生产力。随着植物群落的逐步恢复：一方面使生态系统中物质和能量流动加速，动物群落和微生物群落的组成和结构随之改变，生态系统中食物网结构从简单趋向于复杂，进而影响非生物环境；另一方面，恢复的植物群落对土壤和小气候质量改善有直接的影响。改善后的非生物环境，有利于生物群落的生长、发育和正向演替。正向演替的生物群落和非生物环境相互影响，最终导致生态系统正向快速恢复。

13.3.3　生态系统恢复内容

　　生态系统恢复是指利用生态系统自身的修复能力，并辅助必要的人工措施，使退化的生态系统恢复到原来或接近原有状态的过程。对于生物入侵引起的退化生态系统恢复，主要采取移除或控制入侵物种、引进目标物种、减少环境压力等措施，使退化的生态系统得以恢复或重建。根据不同时间和空间尺度，可将生态系统恢复分为 5 种类型：种群恢复、群落恢复、生境恢复、生态系统恢复和景观恢复。

　　(1)种群恢复

　　种群恢复(population restoration)是指控制入侵生物对目标生物种群的干扰，恢复群落中起关键作用的优势物种，克服入侵物种形成的单优群落。恢复方法和过程如下：

　　①物种筛选。根据生态系统演替规律和演替阶段、当地已存在或潜在存在的物种状况、与入侵物种具有竞争或相克作用的物种谱、物种分布模型，收集和筛选适合当地气候、土壤等自然条件的乔木、灌木、草本植物、中小型动物、微生物等物种库。

　　②人工繁育、助繁、助迁筛选的物种种质资源进入拟恢复的生态系统。受入侵生物影响的种群恢复应注重非入侵生物物种、与入侵生物相克的物种、蜜源植物、传粉动物等功能性生物物种的筛选和引入。

　　③合理配置种群密度。遵循密度效应原理，根据不同的生态系统、不同的环境条件、不同的经营目标、不同的生态系统恢复阶段，选择不同的种群配置密度，达到物种个体间协调共生。

　　(2)群落恢复

　　群落恢复(community restoration)是指控制入侵生物扩散，混合配置植物、动物和微生物群落，维持生态系统中的生物多样性，将生物入侵引起的单优生物群落恢复为具有物种多样性的稳定的生物群落。植物群落恢复应注重植物功能群的作用，如固氮植物、菌根植物、蜜源植物的作用，还应配置多物种多层次的植物群落结构，增加植物多样性。动物群落恢复应注重恢复与植物和微生物互利共生的鸟类、昆虫及小型哺乳动物种类，有利于植物种子传播和传粉的动物种类，保护动物栖息地。例如，在生态系统中，可引进传播种子的鸟类、昆虫和小型哺乳动物，保护或搭建动物和鸟类的栖木。微生物群落恢复除恢复微生物多样性，增强微生物群落在生态系统中的分解能力外，还应注重促进植物生长的微生物类群恢复，如固氮菌和菌根菌等。

（3）生境恢复

生境恢复（habitat restoration）是指修复和改善生态系统中生物群落生存和发展的环境条件。生境恢复有两条路径，一种是修复生境，使生境适应生物群落；另一种是利用限制因子理论，改变生物群落，使之适应退化后的生存环境。退化森林、草原、湿地和荒漠生态系统的生境恢复技术一般包括封山育林、围封转移、控制水体污染和富营养化、提升水体和土壤质量、恢复土壤、固定地表、储藏表土、控制水土流失、保持水土、模拟性修复水文系统、生态护坡或护岸、恢复裸露沙地和岩石植被、大气污染控制技术等。改变生物群落的具体技术体系与生物群落恢复技术体系内容一致。

（4）生态系统恢复

生态系统恢复包括系统恢复和重建两部分内容。生态系统恢复是指丰富系统要素，促进系统要素与生态过程耦合，重构生态系统结构和功能，驱动生态系统恢复生产能力、自组织能力、抵抗能力和适应能力，恢复生态系统的结构完整性和复杂性、功能稳定性和过程的可持续性。生态系统重建（ecosystem rehabilitation）是指对于生物群落已不复存在的生态系统，人工重建生物群落，使之与现存的生态环境相适应。例如，松材线虫可以毁灭森林中所有的松属植物，导致松树纯林生态系统崩溃，松树混交林中仅剩余阔叶树种，改变了森林类型。因此，松材线虫入侵后，原有的松林生态系统已不复存在，需要通过林分改造，重建抗松材线虫入侵的松林生态系统。松属植物物种和阔叶树物种组成的选择、抗松材线虫松属植物物种种源选择、针叶树和阔叶树混交比例、针叶树和经济树种的混交比例、混交密度、栽植方式等均需要重新规划。

（5）景观恢复

景观（landscape）是指一个由不同土地单元镶嵌而成，具有明显视觉特征的地理实体，具有经济、生态和美学价值。景观恢复（landscape restoration）是指修复受损的景观格局、恢复景观中斑块（生态系统）之间生态过程和生态功能的连接，对植物种子迁移、动物物种迁徙、基因流动与交换具有决定性的作用，有利于维持动物栖息地的完整性，维持生物多样性，维持景观的完整性、稳定性和可持续性，充分发挥景观的自然和美学功能。景观恢复遵从系统性、整体性和区域性原则，通过权衡不同生态系统之间的关系，采用科学的方法连通相关的生态系统，实现区域生态系统的整体优化，恢复景观的生态完整性。破碎化生态系统间的连接主要采取生态廊道法，即在孤立和分散的生态景观单元之间建立植被带或河流廊道，使分散和孤立的生态景观单元相互连通。

13.3.4 生态系统恢复评价

国际生态恢复委员会（Society for Ecological Restoration International，SER）列出了

生态系统成功恢复的 9 项标准（SER，2019）：①与参照生态系统具有相似的物种和生物群落结构；②拥有尽可能多的本地物种，恢复的人工生态系统中允许归化的外来杂草与生态系统协同进化；③拥有维持生态系统可持续发展和稳定性的所有功能群。如某些功能群暂时丧失，有自然恢复的可能性；④物理环境能保证生物种群可持续繁衍，维持系统正向发展和稳定性；⑤生态系统功能正常，无功能失常的迹象；⑥能融入一个更大范围的生态系统组群或景观中，并通过非生物和生物流与其进行物质和能量的交换；⑦周围景观中影响生态系统健康和完整性的威胁已经消除，或被尽可能地减少；⑧有足够强的恢复力，能承受周围环境中正常的、周期性的压力事件，以保证生态系统的完整性；⑨具有与参照生态系统相同的自我维持能力，在现有环境条件下能持续维持。

但每种生态系统不尽相同，因此，很多学者研究了生态系统恢复效果的定性和定量评价方法，归纳如下：

（1）单指标评价法

根据生态系统特点，选取上述 9 项标准中的一个或若干个组合标准，评价生态系统恢复效果。例如，复杂性指数法、生态系统恢复力评价法，3S+N 评价法，生物及群落评价法、水土保持功能评价法、景观格局评价法等。生态系统恢复力（ecosystem resilience）是指生态系统受到扰动后，在保持稳定的重要功能、结构和整体性的条件下所能吸收的最大干扰量（陈伟等，2018）。生态系统恢复力包括生态系统自组织能力、抵抗能力和适应能力（Walker et al.，2004）。自组织能力（self-organizing ability）是指生态系统本身先天的组织和结构特征，抵抗能力（resistant ability）是指生态系统对干扰的承受或吸收能力，适应能力（adaptive ability）是指生态系统受到干扰后的适应变化能力。3S+N 评价法是指评价生态系统的安全性、稳定性和可持续性及无污染。

（2）综合效益评价法

对多个标准进行定性或定量评估。例如，物理-养分-生产力模型（PNP），结构-功能-生境模型（SFH），基础-功能模型（FF），结构-过程-功能（SPF）模型，压力-状态-响应（PSR）模型，驱动力-状态-响应模型（DSR）、驱动力-压力-状态-响应-控制模型（DPSRC）和驱动力-压力-状态-暴露-响应模型（DPSIR），生态系统健康评价法等（徐欢等，2018）。将恢复前后的生态系统退化指数或健康指数进行对比，退化指数或健康指数差别越大，表示恢复效果越好。可将退化指数差值量纲界定为有好转、无明显变化和继续退化 3 个级别，或界定为有明显好转、有好转、无变化、无明显变化、继续退化 5 个级别。

（3）生态系统服务功能价值评估法

生态系统服务功能（ecosystem service function）是指生态系统提供给人类的利益，包括支持服务、供给服务、调节服务和文化服务（Costanza et al. 1997；赵同谦等，2004；张琨等，2016）。森林生态系统的支持服务功能包括维持生物多样性、光合固碳、涵养水源、保持土壤、养分循环、释放氧气等功能，供给服务功能包括提供木质和非木质林产品，调节服务功能包括气候调节、净化环境、防风固沙等功能，文化功能包括文化多样性、休闲旅游等功能。湿地生态系统的支持服务功能包括释放氧气、涵养水源、保持土壤、固碳、提供生物栖息地功能，供给服务功能指产品输出功能，调节服务功能包括调蓄洪水、调节气候和净化水质等功能，文化功能包括旅游休闲和科研教育功能等（张翼然等，2015）。草地生态系统支持服务功能包括释放氧气、维持生物多样性、固碳、涵养水源、营养物质循环等功能，供给服务功能包括提供林草产品和生产有机物质等功能，调节功能包括减少土壤侵蚀、废弃物降解、滞尘、吸收有害气体、调节气候、改良土壤、减少环境污染等服务功能，文化功能包括游憩与生态文化等服务功能（赵同谦等，2004）。荒漠生态系统支持服务功能包括固碳、保护生物多样性、涵养水源、营养物质循环、固土等功能，供给服务功能包括生产有机物质等，调节服务功能包括水文调节、保持土壤养分、防风固沙、净化空气等功能，文化功能包括文化旅游等（黄湘等，2006；任晓旭等，2012）。

生态系统服务功能价值评估（value assessment for ecosystem service function）是指对生态系统服务功能进行价值核算，评估生态系统恢复前后服务功能的变化，进而评估生态系统恢复程度。生态系统功能价值评估需要经过3个阶段：首先，需要定义生态系统服务功能的内涵，并对生态服务功能进行分类；其次，需要选择评估指标，对生态服务功能进行物质量核算；最后，将生态系统各项服务功能物质量转化为价值量进行核算，最终得出生态系统服务功能总价值量。生态系统服务功能价值评估法可分为直接评估法和间接评估法。直接评估法也称直接市场法，是指将生态系统各项服务功能价值货币化，并进行线性求和，得出生态系统服务功能的总体价值。直接市场法包括市场价值法、影子价格法、替代工程法和机会成本法等经济学方法。间接评估法是指运用非市场价值评估方法，包括条件价值评估法（CVM）、旅行成本法（TCM）和特征价值法（HPM）等（薛达元等，1999）。

13.3.5 生态系统恢复监测

生态系统恢复监测是生态系统恢复评估的基础，生态系统恢复评估基于生态系统恢复监测的数据。生态系统恢复监测成败取决于监测方案、监测指标和监测技术。

监测方案的制定以生态系统恢复目标和恢复类型为依据，确定监测尺度、监测指标、监测点的分布、监测时间和监测调查时间间隔。监测空间尺度可分为个体水平、种群水平、群落水平、生态系统水平、景观水平和区域水平，监测时间尺度可分为短期监测和长期监测，短期监测可设立临时或固定监测样地，长期监测需要设立长期固定监测样地。监测指标根据监测空间和时间尺度而定，监测点的分布根据允许的监测成本和监测精度而定，监测时间和监测时间间隔根据监测对象而定。

监测指标体系应能充分反映生态系统恢复的程度。国际生态恢复联盟推荐的全球尺度生态恢复监测指标包括土地利用、土地覆盖、初级生产力和土壤有机碳（张绍良等，2018）。区域尺度监测指标应覆盖社会、经济、环境、土地利用、植被、水文、地质、土壤、生物多样性、初级生产力、不同生态系统的连通性等诸多指标。景观尺度监测指标应包括土地利用、某种生态系统破碎化程度、不同生态系统的连通性、植被密度、群落结构、初级生产力、物种多样性等。生态系统尺度监测指标应包括生态系统结构和功能、生态系统自组织能力和恢复能力、初级生产力、有机碳、物种多样性、群落结构、植被密度等。群落尺度监测指标应覆盖物种组成和结构、物种种群的丰富度和密度、群落结构和功能等。种群尺度监测指标应包括种群数量、种群分布、种群间相互关系、种群结构和功能等。

监测技术主要包括遥感监测技术、自动远程监测技术和地面长期固定样地人工调查监测技术。遥感监测技术包括航天、航空和地面遥感监测技术，航天遥感技术利用诸如 MODIS、Landsat、SPOT、WorldView 等高空间分辨率遥感影像，监测区域尺度、景观尺度和生态系统尺度的生态恢复状况。航空遥感技术是指利用气球、飞机、无人机等航空器搭载遥感传感器，实现低空和高低空遥感监测，弥补卫星遥感时间不连续，异物同谱和异谱同物的缺陷，例如，机载激光雷达系统可精确大范围提取生态系统的植被结构、生物量等不同参数，实现多时空生态系统的三维图形扫描、生态系统变化精准监测和模拟。地面遥感利用高光谱探测分析装置，可以测算植被的地上生物量，避免了传统的生物量调查对植被的破坏，也可监测生物群落的健康状况变化、植被冠层物种种群组成变化等。

自动远程监测技术将物联网技术、远程数据传送技术、数据自动存储技术和云技术相结合，实现对目标的远程自动监测。自动远程监测技术利用云台固定和支撑监测器或摄像头，对野外监测区域自动进行大范围连续性扫描，扫描图像通过无线网络实时传送至监控终端，实现对监测区域的实时监测。自动远程监测技术、无线跟踪技术和红外监测技术相互配合，可准确监测动物物种多样性、动物群落结构、动物迁移特征和动物栖息地的变化。

固定样地是一种多次测定的样本单元，长期固定样地人工调查监测技术根据固定样地多次抽样调查结果，分析判定生态系统是否恢复、恢复的程度如何。固定样地调查监测的技术难点主要体现在以下几个方面：

①确定抽样总体。根据调查监测目的和调查监测成本的可接受度，确定抽样总体。抽样总体可以以区域、景观、系统、群落、种群、个体、器官为单元。

②布设样地。样地原则上随机布设，但样地数量和空间分布应具有代表性，能准确估计抽样总体的状况。

③调查监测指标和标准。调查监测指标的选取应满足长期监测的需要，指标具有代表性、可测量、可计算，量纲可转换；调查监测方法可操作、可重复。

④数据分析和挖掘。常用的数据分析和挖掘方法有贝叶斯分析、回归分析、聚类分析、神经网络分析等，各种分析方法可组合应用，并结合遥感、地理信息系统数据，获得精确的生态系统恢复数据。

本章小结

应用恢复生态学原理，修复和重建受损、退化和崩溃的生态系统，使之恢复到接近于或优于受干扰前的状态称为生态系统恢复和重建。生态系统恢复和重建是入侵物种管理的重要内容之一。本章介绍了生态系统受损和退化程度评价方法及分级标准；生态系统演替规律、生态系统分步退化模型、生态系统自我设计理论、生物多样性原理、生态结构理论、生态适宜性理论等生态系统恢复原理和理论；包括生态系统恢复目标、恢复原则、恢复内容、恢复评价和恢复监测在内的生态系统恢复规划。

思 考 题

1. 由生物入侵引起的生态系统受损主要特征是什么？

2. 当生物入侵引起的生态系统受损程度达到什么状态时才需要人为干预？

3. 除本章介绍的生态系统恢复原理和理论外，试述属于生态系统恢复理论范畴的其他理论。

本章推荐阅读

董世魁，刘世荣，邵新庆，等，2018. 恢复生态学[M]. 北京：高等教育出版社.

赵哈林，2009. 恢复生态学通论[M]. 北京：科学出版社.

参考文献

阿地力·沙塔尔，何善勇，等，2008. 枣实蝇在吐鲁番地区的发生及蛹的分布规律[J]. 植物检疫，22(5)：295-297.

包建中，古德祥，陶志新，等，1998. 中国生物防治[M]. 太原：山西科学技术出版社.

曹素芳，邹雅新，马娟，等，2009. 热水处理对薯蓣红斑病病原——咖啡短体线虫的影响[J]. 植物保护，35(2)：128-128.

曹潇，赵力超，陈洵，等，2019. 免疫磁分离技术在食源性致病菌快速检测中的研究进展[J]. 食品科学，40(15)：338-345.

曹燕，李欢，王天宝，2020. 基于深度学习的目标检测算法研究综述[J]. 计算机与现代化，297(5)：63-69.

曾向阳，2016. 智能水中目标识别[M]. 北京：国防工业出版社.

常宝山，刘随存，赵小梅，等，2001. 红脂大小蠹发生规律研究[J]. 山西林业科技(4)：1-4.

陈芳，2006. 加拿大一枝黄花研究进展[J]. 草原与草坪(4)：10-12.

陈宏，1997. 美国的日本金龟子[J]. 植物检疫，11(4)：220-228.

陈克，姚文国，章正，等，2002. 小麦矮腥黑穗病在中国定殖风险分析及区划研究[J]. 植物病理学报，32(4)：312-318.

陈寿铃，屈娟，李德福，等，1998. 热水处理苗木花卉上蚧壳虫、螨和蚜虫的初步研究[J]. 植物检疫，12(5)：273-274.

陈伟，杨飞，王卷乐，等，2018. 冰雪灾害干扰下的亚热带森林生态系统恢复力综合定量评价——以湖南省道县为例[J]. 林业科学，54(6)：1-8.

陈岩，张立，刘力，等，2014. 我国检疫性有害生物 DNA 条形码信息系统建设[J]. 植物检疫，28(1)：1-5.

程登发，封洪强，吴孔明，2005. 扫描昆虫雷达与昆虫迁飞监测[M]. 北京：科学出版社.

邓贞贞，赵相健，赵彩云，等，2016. 繁殖体压力对豚草(Ambrosia artemisiifolia)定殖和种群维持的影响[J]. 生态学杂志，35(6)：1511-1515.

邓自发，安树青，智颖飙，等，2006. 外来种互花米草入侵模式与爆发机制[J]. 生态学报，26(8)：2678-2686.

第二届生物物理学名词审定委员会，2018. 生物物理学名词[M]. 2版. 北京：科学出版社.

董强，2020. 基于 GIS 的灾害文献史料数据库构建与可视化实现研究[J]. 防灾科技学院学报，22(1)：80-85.

范绍强，谢咸升，郑王义，等，2008. 小麦抗黄矮病遗传育种研究进展[J]. 中国生态农业学报，16(1)：241-244.

封洪强，2009. 雷达昆虫学 40 年研究的回顾与展望[J]. 河南农业科学(9)：121-126.

付昌斌，1998. 检疫处理中的熏蒸法和辐射处理法[J]. 植物检疫，12(6)：365-369.

付小勇，泽桑梓，周晓，等，2015a. 基于 MaxEnt 的云南省薇甘菊分布预测及评价[J]. 广东农业科学，42(12)：159-162.

付小勇，泽桑梓，周晓，等，2015b. 基于 GIS 的云南省薇甘菊潜在适生区研究[J]. 西部林业科学，44(1)：98-102.

高步衢，1996. 我国植物检疫发展简史[J]. 森林病虫通讯(1)：37-40.

高建欣，藏雨轩，杜欣军，等，2019. 重组酶聚合酶恒温扩增结合乳胶微球试纸条快速检测金黄色葡萄球菌[J]. 食品研究与开发，40(1)：168-172.

国家林业和草原局森林和草原病虫害防治总站，2019. 中国林业有害生物(2014—2017年全国林业有害生物普查成果)[M]. 北京：中国林业出版社.

国家林业局，2018. 2017中国林业统计年鉴[M]. 北京：中国林业出版社.

国家林业局植树造林司，国家林业局森林病虫害防治总站，2014. 中国林业检疫性有害生物检疫技术手册[M]. 北京：中国林业出版社.

韩利红，冯玉龙，2007. 发育时期对紫茎泽兰化感作用的影响[J]. 生态学报，27(3)：1185-1191.

韩玉光，2017. 晋城市红脂大小蠹生物学特性与危害规律研究[J]. 山西农业科学，45(11)：1837-1840.

何善勇，温俊宝，阿地力·沙塔尔，等，2010. 检疫性有害生物枣实蝇研究进展[J]. 林业科学，46(7)：147-154.

黄可辉，黄振，2011. 红火蚁形态学，生物学与防控对策[J]. 江西农业大学学报，23(9)：83-85.

黄思敏，许杨，2008. 核酸适配子SELEX技术筛选研究进展[J]. 中国公共卫生，24(1)：112-113.

黄文江，师越，董莹莹，等，2019. 作物病虫害遥感监测研究进展与展望[J]. 智慧农业，1(4)：1-11.

黄湘，李卫红，2006. 荒漠生态系统服务功能及其价值研究[J]. 环境科学与管理，31(7)：64-70.

黄秀，柯甫志，徐建国，等，2020. 柑橘玻璃化法-超低温脱毒技术研究进展[J]. 浙江柑橘，38(4)：4-11.

黄振，郭琼霞，2017. 检疫性杂草紫茎泽兰的形态特征、分布与危害[J]. 武夷科学，33(1)：113-117.

金红玉，张影，王雅玲，等，2018. 加拿大一枝黄花防除化学药剂的筛选及其应用效能[J]. 植物保护，44(4)：194-201.

金涛，金启安，温海波，等，2012. 利用寄生蜂防治椰心叶甲的概况及研究展望[J]. 热带农业科学，32(7)：67-74.

金勇进，2014. 统计学[M]. 2版. 北京：中国人民大学出版社.

康德琳，孙宏禹，秦誉嘉，等，2019. 基于@Risk辣椒果实蝇对我国辣椒产业的潜在经济损失评估[J]. 应用昆虫学报，56(3)：500-507.

孔国辉，吴七根，胡启明，2000a. 外来杂草薇甘菊(*Mikania micrantha* H. B. K.)在我国的出现[J]. 热带亚热带植物学报，8(1)：27.

孔国辉，吴七根，胡启明，等，2000b. 薇甘菊(*Mikania micrantha* H. B. K.)的形态、分类与生态资料补记[J]. 热带亚热带植物学报，8(2)：128-130.

李爱芳，高贤明，党伟光，等，2006. 泽兰实蝇寄生状况及其对紫茎泽兰生长与生殖的影响[J]. 植物生态学报，30(3)：496-503.

李白尼，侯柏华，郑大睿，等，2008. 基于PERT与仿真技术的橘小实蝇传入定量风险评估[J]. 植物保护，34(5)：32-39.

李百炼，靳祯，孙桂全，等，2013. 生物入侵数学模型[M]. 北京：高等教育出版社.

李广武，俞伯能，邵桂英，等，1983. 中国发现松材线虫及初步调查[J]. 林业科技通讯(7)：25-28.

李怀仓，李琪，2007. 林木抗病育种研究进展[J]. 陕西林业科技(2)：35-38.

李菁博，2014. 温汤浸种技术在中国推广和改进的历史分析[J]. 古今农业(4)：57-66.

李孟楼，2010. 森林昆虫学通论[M]. 2 版. 北京：中国林业出版社.

李孟楼，张立钦，2016. 森林动植物检疫学[M]. 2 版. 北京：中国农业出版社.

李鸣光，鲁尔贝，郭强，等，2012. 入侵种薇甘菊防治措施及策略评估[J]. 生态学报，32(10)：3240-3251.

李同利，2005. 红脂大小蠹的特征及综合防治[J]. 河北林业科技(6)：46-47.

李霞霞，张钦弟，朱珣之，2017. 近十年入侵植物紫茎泽兰研究进展[J]. 草业科学，34(2)：283-292.

李相兴，2015. 入侵植物紫茎泽兰对西南山地民族传统农业文化生态的危害调查研究[J]. 生态科学，34(2)：161-167.

李霄峰，2018. 利用高杆作物对刺萼龙葵进行生物防控的方法[J]. 西华师范大学学报(自然科学版)，39(2)：143-146，152.

李亚茵，李学华，范婧芳，等，2021. 果树脱毒技术研究进展[J]. 河北果树(1)：1-2.

李彦丽，马亚怀，2007. 甜菜镰刀菌(Fusarium)和丝核菌(Rhizoctonia)根腐病的抗病育种研究进展[J]. 中国糖料(8)：51-54.

李奕萍，2014. 太原地区红脂大小蠹防治技术[J]. 山西林业(4)：41-42.

李玉广，康芬芬，秦萌，等，2020. 木材检疫处理技术研究进展[J]. 植物检疫，34(1)：7-13.

李渊博，徐晗，石雷，等，2007. 紫茎泽兰对五种苦苣苔科植物化感作用的初步研究[J]. 生物多样性，15(5)：486-491.

李元良，邱名榜，王尊农，1992. 烟台葡萄根瘤蚜溯源及其检疫的调查研究[J]. 植物检疫，6(1)：42-44.

李振宇，解焱，2002. 中国外来入侵种[M]. 北京：中国林业出版社.

李志红，秦誉嘉，2018. 有害生物风险分析定量评估模型及其比较[J]. 植物保护，44(5)：139-150.

李智勇，何友均，2010. 国外林业生物安全法规、政策与管理研究[M]. 北京：中国林业出版社.

梁忆冰，2019. 有害生物风险分析工作回顾[J]. 植物检疫，33(6)：1-5.

辽宁省农业局，1980. 关于发现美国白蛾的简报[J]. 辽宁农业科学(1)：7.

林莉，2009. 进出口花卉、蔬菜类繁殖材料根螨熏蒸处理的现状与对策[J]. 广东农业科学(5)：103-105.

刘成，韩冉，汪晓璐，等，2020. 小麦远缘杂交现状、抗病基因转移及利用研究进展[J]. 中国农业科学，53(7)：1287-1308.

刘勇，廖芳，杨秀丽，等，2011. 重要检疫性杂草刺萼龙葵分子生物学检测的研究[J]. 植物检疫，25(2)：51-54.

卢新雄，张云兰，2003. 国家种质库种子干燥处理技术的建立与应用[J]. 植物遗传资源学报，4(4)：365-368.

吕宝乾，金启安，温海波，等，2016. 椰子织蛾不育技术的生物学基础[J]. 生物安全学报，25(1)：44-48.

吕蓓，程海荣，严庆丰，等，2010. 用重组酶介导扩增技术快速扩增核酸[J]. 中国科学，40(10)：983-988.

吕鹤云，黄新民，公培华，等，2007. 法学概论[M]. 2 版. 北京：高等教育出版社.

马常耕，1995. 国际林木抗病育种的基本经验[J]. 世界林业研究(4)：13-21.

马金双，李惠茹，2018. 中国外来入侵植物名录[M]. 北京：高等教育出版社.

潘杰，王涛，温俊宝，等，2011. 红脂大小蠹传入中国危害特性的变化[J]. 生态学报，31(7)：1970-1975.

秦红杰，张志勇，刘海琴，等，2016. 凤眼莲天敌——地老虎[J]. 江苏农业科学，44(6)：217-219.

任荔荔，彭彩云，刘波，等，2019. 气调处理技术在植物检疫中应用的研究进展[J]. 植物检疫，33(5)：1-5.

任晓旭，王兵，2012. 荒漠生态系统服务功能的评估方法[J]. 甘肃农业大学学报，47(2)：91-96.

荣晓东，李海林，李春苑，等，2016. 荔枝携带橘小实蝇低温气调熏蒸技术研究[J]. 植物检疫，30(4)：14-16.

邵力平，1979. 红松疱锈病的研究[J]. 林业科学，15(2)：119-124.

沈万宽，陈仲华，杨湛端，等，2008. 热水处理防治甘蔗宿根矮化病的效果及对再生植株影响研究[J]. 云南农业大学学报，23(4)：474-478.

宋顺华，郑晓鹰，2008. 干热灭菌处理技术——一种防治种传病害的有效方法[J]. 蔬菜(10)：41.

孙宏禹，秦誉嘉，方焱，等，2018. 基于@Risk 的瓜实蝇对我国苦瓜产业的潜在经济损失评估[J]. 植物检疫，32(6)：64-69.

孙晓方，2020. 浅析入侵植物加拿大一枝黄花的入侵机理[J]. 园艺与种苗，40(1)：20-22.

孙雅杰，1997. 国外昆虫雷达及其应用研究[J]. 世界农业(2)：50-52.

孙永春，1982. 南京中山陵发现松材线虫[J]. 江苏林业科技(4)：47.

孙中宇，荆文龙，乔曦，等，2019. 基于无人机遥感的盛花期薇甘菊爆发点识别与监测[J]. 热带地理(4)：482-491.

汤宛地，2008. 松材线虫病入侵黄山风景区的风险性评估[D]. 北京：北京林业大学.

汤宛地，石娟，骆有庆，2008. 运用@Risk 软件评价红脂大小蠹风险初探[J]. 中国森林病虫，27(4)：7-9.

汤欣，2018. 高可用云计算的中国智慧林业大数据系统架构及发展趋势[J]. 信息通信(8)：164-165.

陶家驹，1993. 台湾省昆虫学研究之过去和现在[J]. 江苏省昆虫学会通讯(4)：10-12.

田国忠，李志清，张存义，等，2006. 泡桐脱毒组培苗的生产和育苗技术[J]. 林业科技开发，20(1)：52-55.

田旭飞，曲波，2017. DNA 条形码技术在入侵植物刺萼龙葵检验检疫中的应用[J]. 杂草学报，35(1)：30-35.

万方浩，谢丙炎，杨国庆，等，2011. 入侵生物学[M]. 北京：科学出版社.

万秀琴，王惠林，宋扬帆，等，2017. 不同药剂处理甜瓜果斑病带菌种子对幼苗的防病效果[J]. 中国瓜菜，30(4)：17-22.

汪国鲜，熊劲，莫丽奎，等，2010. 热水处理对东方百合鳞茎活性的影响及除螨效果[J]. 江苏农业科学(2)：193-195.

王登举，2019. 全球林产品贸易现状与特点[J]. 研究与开发(3)：49-53.

王国平，洪霓，王焕玉，等，2002. 果树无病毒苗木繁育与栽培[M]. 北京：金盾出版社.

王浩，万方浩，于翠，等，2020. 检疫性有害生物李痘病毒生物学特性及预防控制技术[J]. 生物安全学报，29(1)：8-15.

王娜，曹志英，康婧，等，2019. 基于"PSR+RS"模式的菩提往岛整治修复前后生态系统健康评价[J]. 海洋通报，38(4)：455-461.

王溪桥，左佳妮，尤佳，等，2016. 不同药剂处理种子对番茄细菌性溃疡病菌的除害效果[J]. 河南农业科学，45(3)：92-97.

王晓中, 2009. 中国国境卫生检疫的历史研究[J]. 口岸卫生控制(2): 50-53.

王笑冬, 林建辉, 2020. 基于二维 Gabor 变换和胶囊网络的铁路扣件检测研究[J]. 机械制造与自动化(6): 134-137.

王玉林, 韦美玉, 赵洪, 2008. 外来植物落葵薯生物特征及其控制[J]. 安徽农业科学, 36(13): 5524-5526.

王跃进, 王新, 詹国平, 等, 2006. 辐照对光肩星天牛幼虫发育的影响[J]. 核农学报, 20(6): 527-530.

魏淑秋, 刘桂莲, 1994. 中国与世界生物气候相似研究[M]. 北京: 海洋出版社.

项存悌, 1979. 落叶松枯梢病的研究[J]. 东北林学院学报(1): 32-43.

萧刚柔, 1992. 中国森林昆虫[M]. 北京: 中国林业出版社.

谢运球, 2003. 恢复生态学[J]. 中国岩溶, 22(1): 28-34.

徐福元, 李广武, 1991. 热水加温处理病死木防治松材线虫、媒介昆虫效果的研究[J]. 林业科学, 27(2): 179-185.

徐欢, 李美丽, 梁海斌, 等, 2018. 退化森林生态系统评价指标体系研究进展[J]. 生态学报, 38(24): 9034-9042.

薛达元, 包浩生, 李文华, 1999. 长白山自然保护区生物多样性旅游价值评估研究[J]. 自然资源学报, 14(20): 140-145.

杨翠云, 张露茜, 叶军, 等, 2016. 苹果壳色单隔孢溃疡病菌在原木上的侵染及热处理技术研究[J]. 植物病理学报, 46(3): 420-424.

杨国庆, 万方浩, 刘万学, 2008. 紫茎泽兰淋溶主效化感物质对旱稻幼苗根尖解剖结构的影响[J]. 植物保护, 34(6): 20-24.

杨晓平, 陈启亮, 张靖国, 等, 2017. 梨黑斑病及抗病育种研究进展[J]. 果树学报, 34(10): 1340-1348.

杨忠岐, 1989. 中国寄生于美国白蛾的啮小蜂一新属一新种[J]. 昆虫分类学报, 11(1): 117-130.

杨忠岐, 1990. 美国白蛾的有效天敌——白蛾周氏啮小蜂[J]. 森林病虫通讯(2): 17.

杨忠岐, 王小艺, 王传珍, 等, 2005. 白蛾周氏啮小蜂可持续控制美国白蛾的研究[J]. 林业科学, 41(5): 72-80.

姚静, 刘鹏, 崔常勇, 等, 2019. 应用适配子-金纳米粒子技术建立肉制品中常见致病菌的肉眼可视快速检测方法[J]. 齐鲁工业大学学报, 33(4): 45-51.

殷惠芬, 2000. 强大小蠹的简要形态学特征和生物学特性[J]. 动物分类学报, 25(1): 120-120.

昝启杰, 王伯荪, 王勇军, 等, 2002. 田野菟丝子控制薇甘菊的生态评价[J]. 中山大学学报(自然科学版), 41(6): 60-63.

曾玲, 陆永跃, 何晓芳, 等, 2005. 入侵中国大陆的红火蚁的鉴定及发生为害调查[J]. 昆虫知识, 42(2): 144-148.

詹国平, 高美须, 2013. 辐照技术在检疫处理中的应用与发展[J]. 植物检疫, 27(6): 1-12.

詹国平, 周景清, 王新, 等, 2011. 辐照对落叶松八齿小蠹发育和繁殖的影响[J]. 核农学报(6): 1200-1205.

张国良, 付卫东, 孙玉芳, 等, 2018. 外来入侵物种监测与控制[M]. 北京: 中国农业出版社.

张建军, 1998. 进境植物检疫截获有害生物种类分析[J]. 动植物检疫(27): 103-105.

张竞文, 段玉玺, 戴秋慧, 等, 2017. 微波介电加热杀灭进口大型黄松原木携带松材线虫检疫处理试验[J]. 植物保护学报, 44(5): 877-878.

张琨, 吕一河, 傅伯杰, 2016. 生态恢复中生态系统服务的演变: 趋势、过程与评估[J]. 生态学报，36(20)：6337- 6344.

张历燕，陈庆昌，张小波，2002. 红脂大小蠹形态学特征及生物学特性研究[J]. 林业科学，38(4)：95- 99.

张丽娟，娄安如，2018. 入侵植物刺萼龙葵的繁殖保障及其与种群大小的关系[J]. 北京师范大学学报(自然科学版)，54(4)：491- 497.

张润志，任立，孙江华，等，2003. 椰子大害虫——锈色棕榈象及其近缘种的鉴别[J]. 中国森林病虫，22(2)：3- 6.

张绍良，刘润，侯湖平，等，2018. 生态恢复监测研究进展——基于最近三届世界生态恢复大会报告的统计分析[J]. 生态学杂志，37(6)：1605- 1611.

张伟，范晓虹，邵秀玲，等，2013. DNA 条形码在检疫性杂草银毛龙葵鉴定中的应用研究[J]. 植物检疫，27(3)：60- 65.

张翼然，周德民，刘苗，2015. 中国内陆湿地生态系统服务价值评估——以 71 个湿地案例点为数据源[J]. 生态学报，35(13)：4279- 4286.

赵建兴，2006. 红脂大小蠹生物防治研究[D]. 北京：中国林业科学研究院.

赵同海，赵文霞，高瑞桐，等，2007. 外来树种对本地林业虫害的诱发作用[J]. 昆虫学报，50(8)：826- 833.

赵同谦，欧阳志云，2004. 草地生态系统服务功能分析及其评价指标体系[J]. 生态学杂志，23(6)：155- 160.

赵同谦，欧阳志云，郑华，等，2004. 中国森林生态系统服务功能及其价值评价[J]. 自然资源学报，19(4)：480- 491.

赵文霞，2006. 外来林业有害生物管理与生物安全立法[J]. 上海政法学院学报(2)：100- 103.

赵文霞，2008. 森林生物灾害直接经济损失评估[D]. 北京：中国林业科学研究院.

赵文霞，姚艳霞，淮稳霞，等，2012. 林业生物安全总论[M]. 北京：中国林业出版社.

赵武，王卫东，2014. 种子的处理方法概述[J]. 生物学教学，39(7)：2- 5.

中国农业年鉴编辑委员会，1985. 中国农业年鉴[M]. 北京：农业出版社.

中国科学院中国植物志编辑委员会，1990. 中国植物志：禾本科[M]. 北京：科学出版社.

中国科学院中国植物志编辑委员会，1996. 中国植物志：落葵科[M]. 北京：科学出版社.

中国科学院中国植物志编辑委员会，1997. 中国植物志：雨久花科[M]. 北京：科学出版社.

钟艮平，沈文君，万方浩，等，2009. 用 GARP 生态位模型预测刺萼龙葵在中国的潜在分布区[J]. 生态学杂志，25(1)：162- 166.

钟国华，陈永，杨红霞，等，2012. 昆虫辐照不育技术研究与应用进展[J]. 植物保护，38(2)：12- 17.

周方，张致杰，刘木，等，2017. 养分影响入侵种喜旱莲子草对专食性天敌的防御[J]. 生物多样性(12)：1276- 1284.

周国梁，胡白石，印丽萍，等，2006. 利用 Monte-Carlo 模拟再评估梨火疫病病菌随水果果实的入侵风险[J]. 植物保护学报，33(1)：47- 50.

周国梁，印丽萍，李尉民，等，2006. 利用概率模型定量评估橘小实蝇传入我国的可能性[J]. 植物检疫(S1)：10- 13.

周海波，程登发，陈巨莲，2014. 小麦蚜虫田间调查及监测技术[J]. 应用昆虫学报(3)：853- 858.

朱水芳，等，2019. 植物检疫学[M]. 北京：科学出版社.

庄全，2011. 有害生物风险分析(PRA)的发展与现状[J]. 科技创新导报(13)：215，217.

左平，刘长安，赵书河，等，2009. 米草属植物在中国海岸带的分布现状[J]. 海洋学报，31

（5）：101- 111.

Abad G, Burgess T, Bienapfl J C, et al., 2019. IDphy：Molecular and morphological identification of *Phytophthora* based on the types ［EB/OL］. （2019 - 09） ［2021 - 07 - 12］. https：//idtools. org/id/phytophthora/.

Albetis J, Jacquin A, Goulard M, et al., 2019. On the potentiality of UAV multispectral imagery to detect flavescence dorée and grapevine trunk diseases ［J］. Remote Sensing, 11(1)：23.

Allee W C, Alfred E E, Orlando P, et al., 1949. Principles of animal ecology［M］. Philadelphia：W. B. Saunders Company.

Alpert P, 2006. The advantages and disadvantages of being introduced ［J］. Biological Invasions(8)：1523- 1534.

Altaf H S, Moni T, Rita B, et al., 2016. Malaise trap and insect sampling：mini review ［J］. Biological Bulletin, 2(2)：35- 40.

Atanasoff D, 1932. Plum pox. A new virus disease［J］. Annals of the University of Sofia, Faculty of Agriculture and Silviculture, 11：49- 69.

Bais P H, Vepachedu R, Gilroy S, et al., 2003. Allelopathy and exotic plant invasion：from molecules and genes to species interactions ［J］. Science, 301(5638) ：1377- 1380.

Baker H G, Stebbins G L, 1965. The genetics of colonizing species ［M］. New York：Academic Press.

Baker H G, 1974. The evolution of weeds ［J］. Annual Review of Ecology and Systematics(5)：1- 24.

Barbedo J G A, 2013. Digital image processing techniques for detecting, quantifying and classifying plant diseases［J］. Springer Plus(2)：660.

Blossey B, Nötzold R, 1995. Evolution of increased competitive ability in invasive nonindigenous plants：a hypothesis ［J］. Journal of Ecology, 83(5)：887- 889.

Blumenthal D M, 2006. Interactions between resource availability and enemy release in plant invasion ［J］. Ecology Letters, 9(7)：887- 895.

Bossdorf O, Prati D, Auge H, 2004. Reduced competitive ability in an invasive plant ［J］. Ecology Letters, 7(4)：346- 353.

Brasier C M, 2000. Intercontinental spread and continuing evolution of the Dutch elm disease pathogens ［M］//Dunn C P, ed. The elms：breeding, conservation, and disease management. Boston：Kluwer Academic Publishers.

Bryant J P, Tuomi J, Niemela P, 1988. Environmental constraint of constitutive and long - term inducible defences in woody plants ［M］//Spencer, ed. Chemical Mediation of Coevolution. San Diego：Academic Press.

Burrill T J, 1880. Anthrax of fruit trees, or the so- called fire blight of pear, and twig blight of apple trees［J］. Proceedings of the American Association for the Advancement of Science, 29：583- 584.

CABI, 2021. Invasive species compendium［EB/OL］. ［2021- 07- 12］. Wallingford：CAB Internatonal.

Callaway R M, Aschehoug E T, 2000. Invasive plants versus their new and old neighbors：a mechanism for exotic invasion ［J］. Science, 290(5491)：521- 523.

Callaway R M, Ragan M, Ridenour W M, 2004. Novel weapons：invasive success and the evolution of increased competitive ability ［J］. Frontiers in Ecology and The Environment, 2(8)：436- 443.

Cambra M, Capote N, Myrta A, et al., 2006. *Plum pox virus* and the estimated costs associated with sharka disease［J］. EPPO Bulletin, 36(2)：202- 204.

Catford J A, Jansson R, Nilsson C, 2009. Reducing redundancy in invasion ecology by integrating hypotheses into a single theoretical framework[J]. Diversity and Distributions, 15(1): 22-40.

Chen R L, Bao X Z, Drake V A, et al., 1989. Radar observations of the spring migration into northeastern China of the oriental armyworm moth, *Mythimna separata*, and other insects[J]. Ecological Entomology, 14(2): 149-162.

Colautti R I, MacIsaac H J, 2004. A neutral terminology to define 'invasive' species[J]. Diversity and Distributions, 10(2): 135-141.

Colautti R I, Ricciardi A, Grigorovich I A, et al., 2004. Is invasion success explained by the enemy release hypothesis? [J]. Ecology Letters, 7(8): 721-733.

Coleman T W, Graves A D, Heath Z, et al., 2018. Accuracy of aerial detection surveys for mapping insect and disease disturbances in the United States [J]. Forest Ecology & Management, 430: 321-336.

Coley P D, Bryand K P, Chapin F S, 1985. Resource availability and plant antiherbivore defense [J]. Science, 230(4728): 895-899.

Costanza R, d'Arge R, de Groot R, et al., 1997. The value of the world's ecosystem services and natural capital [J]. Nature, 387(15): 253-260.

Crawford A B, 1949. Radar reflections in the lower atmosphere[J]. Proceedings of Institute of Radio Engineers, 37: 404-405.

Crawley M J, Brown S L, Heard M S, et al., 1999. Invasion-resistance in experimental grassland communities: species richness or species identity? [J]. Ecology Letters, 2(3): 140-148.

Curnutt J L, 2000. Host-area specific climatic-matching: similarity breeds exotics [J]. Biological Conservation, 94(3): 341-351.

Daehler C C, 2009. Short Lag Times for Invasive Tropical Plants: Evidence from Experimental Plantings in Hawai'i [J]. PloS ONE, 4(2): 1-5.

Darwin C, 1859. On the origin of species by means of natural selection, or the preservation of favoured races in the struggle for life[M]. London: John Murray.

Davis M A, Grime P J, Thompson K, 2000. Fluctuating resources in plant communities: a general theory of invisibility [J]. Journal of Ecology, 88(3): 528-534.

Davis M A, Thompson K, 2001. Invasion terminology: should ecologists define their terms differently than others? No, not if we want to be of any help [J]. Bulletin of the Ecological Society of America, 82: 206.

De Lima C P F, Jessup A J, Cruickshank L, et al., 2007. Cold disinfestation of citrus (*Citrus* spp.) for Mediterranean fruit fly (*Ceratitis capitata*) and Queensland fruit fly (*Bactrocera tryoni*) (Diptera: Tephritidae)[J]. New Zealand Journal of Crop and Horticultural Science, 35(1): 39-50.

Denning W, 1794. On the decay of apple trees[M]//. Transactions of the society for the promotion of agriculture, arts and manufactures, instituted in the state of New York. New York: Childs and Swaine. 219-222.

Downie D, 2008. Encyclopedia of Entomology: Grape Phylloxera *Daktulosphaira vitifoliae* (Fitch) (Hemiptera: Aphidoidea: Phylloxeridae) [M]. Amstdam: Springer.

Duncan R P, Williams P A, 2002. Ecology: Darwin's naturalization hypothesis challenged [J]. Nature, 417(6889): 608-609.

El Helaly A F, Abo El Dahab M K, El Goorani M A, 1964. The occurence of the fire blight disease of pear in Egypt[J]. Phytopathologia Mediterranea(3): 156-163.

Ellstrand N C, Schierenbeck K A, 2000. Hybridization as a stimulus for the evolution of invasiveness in plants? [J]. Proceedings of the National Academy of Sciences of the United States of America, 97(13):

7043- 7050.

Elton C S, 1958. The Ecology of Invasions by Animals and Plants [M]. London: Methuen.

EPPO. Data Sheets on Quarantine Pests: *Ceratocystis fagacearum* and its vectors [EB/OL]. (2011- 11) [2021- 07- 12]. https: // gd. eppo. int/download/doc/895_ ds_ PSDPSP_ en. pdf

FAO, 2011. Guidlines to implementation of phytosanitary standard in forestry [R]. Forestry Papers, 164: 1- 69.

FAO. Glossary of Phytosanitary Terms: ISPM No. 5 [DB/OL]. [2021- 07- 12]. https: // www. ippc. int/zh/publications/glossary-phytosanitary-terms/

Feng H Q, Wu K M, Cheng D F, et al., 2003. Radar observations of the autumn migration of the beet armyworm *Spodoptera exigua* (Lepidoptera: Noctuidae) and other moths in northern China [J]. Bulletin of Entomological Research, 93(2) : 115- 124.

Feng H Q, Wu K M, Ni Y X, et al., 2005. High-altitude windborne transport of *Helicoverpa armigera* (Lepidoptera: Noctuidae) in mid-summer in northern China [J]. Journal of Insect Behavior, 18(3) : 335 - 349.

Gause G F, 1934. The struggle for existence [M]. Baltimore: Williams & Wilkins.

Geetharamani G, Arun P J, 2019. Identification of plant leaf diseases using a nine-layer deep convolutional neural network [J]. Computers & Electrical Engineering, 76: 323- 338.

Geils B W, Hummer K E, Hunt R S, 2010. White pines, Ribes, and blister rust: a review and synthesis [J]. Forest Pathology, 40(3- 4) : 147- 185.

Gensini G F, Yacoub M H, Conti A A, 2004. The concept of quarantine in history: from plague to SARS [J]. Journal of Infection, 49(4) : 257- 261.

Hepting G H, Roth E R, 1946. Pitch canker, a new disease of some southern pines [J]. Journal of Forestry, 44: 742- 744.

Hill B L, Purcell A H, 1995. Acquisition and retention of *Xylella fastidiosa* by an efficient vector, *Graphocephala atropunctata* [J]. Phytopathology, 85: 209- 212.

Hobbs R J, Norton D A, 1996. Towards a conceptual framework for restoration ecology [J]. Restoration Ecology, 4(2) : 93- 110.

Hokkanen H, Pimentel D, 1989. New associations in biological control: theory and practice [J]. The Canadian Entomologist, 121(10) : 829- 840.

Holdgate M W, 1986. Summary and conclusions: characteristics and consequence of biological invasions [J]. Philosophical Transactions of the Royal Society of London B, 314: 733- 742.

Holmes F W, 1990. The Dutch elm disease in Europe arose earlier than was thought [J]. Journal of arboriculture, 16(11) : 281- 288.

Hood W G, Naiman R J, 2000. Vulnerability of riparian zones to invasion by exotic vascular plants [J]. Plant Ecology, 148: 105- 114.

Hubbell S P, 2006. Neutral theory and the evolution of ecological equivalence [J]. Ecology, 87(6) : 1387- 1398.

Hubbell S P, 2001. The unified neutral theory of biodiversity and biogeography [M]. Princeton: Princeton University Press.

Huston M A, 1979. A general hypothesis of species diversity [J]. The American Naturalist, 113(1) : 81- 101.

Jaynes E T, 1957. Information theory and statistical mechanics [C] // American Physical Society. Physical Review Journals Archive, 106: 620- 630.

Johnston T H, 1924. The relation of climate to the spread of prickly pear[J]. Transactions of the Royal Society of South Australia, 48: 269- 290.

Johnstone I M, 1986. Plant invasion windows: a time-based classification of invasion potential [J]. Biological Reviews, 61(4): 369- 394.

Jung T, Horta J M, Webber J F, et al., 2021. The destructive tree pathogen *Phytophthora ramorum* originates from the laurosilva forests of East Asia[J]. Journal of Fungi, 7(3): 226.

Jung T, Scanu B, Brasier C M, et al., 2020. A survey in natural forest ecosystems of Vietnam reveals high diversity of both new and described *Phytophthora* taxa including *P. ramorum*[J]. Forests, 11 (1): 93.

Juzwik J, Harrington T C, MacDonald W L, et al., 2008. The origin of *Ceratocystis fagacearum*, the oak wilt fungus[J]. Annual Review of Phytopathology, 46: 13- 26.

Keane R M, Crawley M J, 2002. Exotic plant invasions and the enemy release hypothesis [J]. Trends in Ecology and Evolution, 17(4): 164- 170.

Kimura M, 1985, The neutral theory of molecular evolution [M]. London: Cambridge University Press.

Lacey C, 1989. Knapweed management a decade of change [C]// Fay P K, Lacey R J, eds. Knapweed symposium proceedings EB45; plant and soil Department and extension service. Bozeman: Montana State University.

Lankau R A, Rogers W E, Siemann E, 2004. Constraints on the utilization of the invasive Chinese tallow tree *Sapium sebiferum* by generalist native herbivores in coastal prairies [J]. Ecological Entomology, 29(1): 66- 75.

Lecun Y, Bengio Y, Hinton G, 2015. Deep learning [J]. Nature, 521(7553): 436- 444.

Li B, Ma J, Hu X, et al., 2010. Risk of introducing exotic fruit flies, *Ceratitis capitata*, *Ceratitis cosyra*, and *Ceratitis rosa* (Diptera: Tephritidae), into Southern China [J]. Journal of Economic Entomology, 103(4): 1100- 1111.

Liao F, Hu Y C, Wu L, et al., 2015. Induction and mechanism of HeLa cell apoptosis by 9- oxo- 10, 11- dehydroageraphorone from *Eupatorium adenophorum* [J]. Oncology Reports, 33(4): 1823- 1827.

Liebhold A, Bascompte J, 2003. The Allee effect, stochastic dynamics and the eradication of alien species[J]. Ecology Letters, 6(2): 133.

Lonsdale W M, 1999. Globlal patterns of plant invasions and the concept of invisibility[J]. Ecology, 80: 1522- 1536.

Ma X, Li Z, Wu J, et al., 2012. Using decision tools suite to estimate the probability of the introduction of *Bactrocera correcta*(Bezzi) into China via imported host fruit[J]. NJAS- Wageningen Journal of Life Sciences, 10(1- 2): 586- 591.

MacArthur R H, Wilson E O, 1967. The theory of island biogeography[M]. Princeton: Princeton University Press.

MacArthur R, Levins R, 1967. The limiting similarity, convergence, and divergence of coexisting species [J]. The American Naturalist, 101(921): 377- 385.

MacDonald I A W, Graber D M, DeBenedetti S, et al.,1988. Introduced species in nature reserves in Mediterranean-type climatic regions of the world [J]. Biological Conservation, 44(1- 2): 37- 66.

Mack R N, 1996. Predicting the identity and fate of plant invaders: Emergent and emerging approaches [J]. Biological Conservation, 78(1- 2): 107- 121.

McGeoch M A, Butchart S H M, Spear D, et al., 2010. Global indicators of biological invasion: species numbers, biodiversity impact and policy responses [J]. Diversity and Distribution, 16 (1):

95- 108.

Melbourne B A, Cornell H V, Davies K F, et al., 2007. Invasion in a heterogeneous world: resistance, coexistence or hostile takeover? [J]. Ecology Letters, 10(1): 77- 94.

Menudier P A, 1879. The Phylloxera in France [J]. Scientific American, 41 (5) : 72- 73.

Meulemans M, Parmentier C, Burdekin D A, 1983. Studies on *Ceratocystis ulmi* in Belgium [J]. Forestry Commission Bulletin (60): 86- 95.

Middleton A D, 1930. Ecology of the American gray squirrel in the British Isles [J]. Journal of Zoology, 100(3): 809- 843.

Montgomery W I, Lundy M G, Reid N, 2012. 'Invasional meltdown': evidence for unexpected consequences and cumulative impacts of multispecies invasions [J]. Biological Invasion, 14: 1111- 1125.

Navratil M, Safarova D, Karesova R, et al., 2005. First Incidence of *Plum Pox Virus* on Apricot Trees in China[J]. Plant Disease, 89(3): 338- 338.

Nirenberg H I, O'Donnell K, 1998. New *Fusarium* species and combinations within the *Gibberella fujikuroi* species complex[J]. Mycologia, 90(3): 434- 458.

Niu Y F, Feng Y L, Xie J L, et al., 2010. Noxious invasive *Eupatorium adenophorum* may be a moving target: Implications of the finding of native natural enemy, *Dorylus orientalis*[J]. Chinese Science Bulletin, 55(33): 3743- 3745.

Nuttonson M Y, 1947. Ecological crop geography of China and its Agroclimatic Analogues in North America[A]. Washington: American Institute of Crop Ecology.

Patil A R B, Sharma L, Aochar N, et al., 2020. A literature review on detection of plant diseases[J]. European Journal of Molecular & Clinical Medicine, 7(7): 1605- 1604.

Patrick M K, Benjamin A W, Ayidzoe A M, 2020. Gabor capsule network for plant disease detection [J]. International Journal of Advanced Computer Science and Applications, 11(10): 388- 395.

Payette M, Work T T, Drouin P, et al., 2015. Efficacy of microwave irradiation for phytosanitation of wood packing materials [J]. Industrial Crops and Products, 69: 187- 196.

Pearson D E, McKelvey K S, Ruggiero L F, 2000. Non-target effects of an introduced biological control agent on deer mouse ecology [J]. Oecologia, 122(1): 121- 128.

Pearson D E, Ortega Y K, 2001. Evidence of an indirect dispersal pathway for spotted knapweed, *Centaurea maculosaseeds*, via deer mice, *Peromyscus maniculatus*, and great hornedowls, *Bubo virginianus* [J]. Canadian Field Naturalist, 115(2): 354.

Perkins L B, Leger E A, Nowak R S, 2011. Invasion triangle: an organizational framework for species invasion [J]. Ecology and Evolution, 1(4): 610- 625.

Rall W F, Fahy G M, 1985. Ice-free cryopreservation of mouse embryos at - 196 ℃ vitrification [J]. Nature, 313(6003): 573- 575.

Rauf H T, Saleem B A, Lali M I U, et al., 2019. A citrus fruits and leaves dataset for detection and classification of citrus diseases through machine learning [J]. Date in Brief, 26: 1- 7.

Riley J R, Reynolds D R, 1979. Radar-based studies of the migratory flight of grasshoppers in the middle Niger area of Mali[J]. Proceedings of the Royal Society of London, Series B: Biological Science, 204 (1154): 67- 82.

Riley J R, Reynolds D R, 1983. A long-range migration of grasshoppers observed in the Sahelian zone of Mali by two radars[J]. Journal of Animal Ecology, 52(1) : 167- 183.

Robinson G R, Quinn J F, 1988. Extinction, turnover and species diversity in an experimentally fragmented California annual grassland [J]. Oecologia, 76: 71- 82.

Rose D, Page W W, Dewhurst C F, et al., 1985. Downwind migration of the African army worm moth, *Spodoptera exempta*, studied by mark-and-capture and by radar [J]. Ecological Entomo logy, 10 (3): 299-313.

Santaballa E, Laborda R, Cerdá M, 2009. Quarantine cold treatment against *Ceratitis capitata* (Wiedemann) (Diptera: Tephritidae) to export clementine mandarins to Japan [J]. Boletín de Sanidad Vegetal Plagas, 35: 501-512.

Santini A, Fagnani A, Ferrini F, et al., 2002. San Zanobi and Plinio elm trees [J]. Hort Science, 37 (37): 1139-1141.

Santini A, Fagnani A, Ferrini F, et al., 2007. 'Fiorente' and 'Arno' elm trees [J]. American Society for Horticultural Science, 42(3): 712-714.

Santini A, La Porta N, Ghelardini L, et al., 2008. Breeding against Dutch elm disease adapted to the Mediterranean climate [J]. Euphytica, 163(1): 45-56.

Santini A, Pecori F, Pepori A, et al., 2012. 'Morfeo' elm: a new variety resistant to Dutch elm diseas[J]. Forest Pathology, 42(2): 171-176.

Sax D F, Stachowicz J J, Brown J H, et al., 2007. Ecological and evolutionary insights from species invasions [J]. Trends in Ecology and Evolution, 22(9): 465-471.

Scharfer G, 1976. Radar observations of insect flight [M]// Rainey R C, eds. Insect flight. Oxford: Blackwell.

Scheffer R J, Voeten J G W F, Guries R P, 2008. Biological control of Dutch elm disease [J]. Plant Disease, 92(2): 192-199.

Schmidt E, Juzewilk J, Schneider B, 1997. Sulfuryl fluoride fumigation of red oak logs eradicates the oak wilt fungus[J]. Holz als Roh- und Werkstoff(55): 315-318.

Sher A A, Hyatt L A, 1999. The disturbed resource-flux invasion matrix: a new framework for patterns of plant invasion [J]. Biological Invasions(1): 107-114.

Simberloff D, Gibbons L, 2004. Now you see them, now you don't! Population crashes of established introduced species [J]. Biological Invasions(6): 161-172.

Simberloff D, Schmitz D, Brown T, 1997. Strangers in paradise: impact and management of nonindigenous species in Florida [M]. The Quarterly Review of Biology, 73(3): 375.

Simberloff D, Von Holle B, 1999. Positive interactions of nonindigenous species: invasional meltdown? [J]. Biological Invasions(1): 21-32.

Smalley E B, Guries R P, et al., 1993. Breeding elms for resistance to Dutch elm disease[J]. Annual Review of Phytopathology, 31: 325-352.

Spaulding P, 1929. White-pine blister rust: a Comparison of European With North American Conditions [R]. Technical Bulletins, 87: 1-59.

Stockwell D, Peters D, 1999. The GARP modelling system: problems and solutions to automated spatial prediction[J]. International Journal of Geographical Information Science, 13(2): 143-158.

Suckling D M, Tobin P C, McCullough D G, et al., 2012. Combining tactics to exploit Allee effects for eradication of alen insect populations[J]. Journal of Economic Entomology, 105(1): 1-13.

Sun X T, Tao J, Luo Y Q, et al., 2016. Identification of *Sirex noctilio* (Hymenoptera: Siricidae) using a species-specific cytochrome C oxidase subunit I PCR assay [J]. Journal of Economic Entomology, 109 (3): 1424-1430.

Teem J L, Alphey L, Descamps S, et al., 2020. Genetic biocontrol for invasive species [J]. Front Bioeng Biotechnol, 8: 452.

Theoharides K A, Dukes J S, 2007. Plant invasion across space and time: factors affecting nonindigenous species success during four stages of invasion [J]. New Phytologist, 176: 256-273.

Thomas D D, Donnelly C A, Wood R J, et al., 2000. Insect population control using a dominant, repressible, lethal genetic system [J]. Science, 287(5462): 2474-2476.

Tompkins D M, White A R, Boots M, 2003. Ecological replacement of native red squirrels by invasive greys driven by disease [J]. Ecology Letters, 6(3): 189-196.

USDA, 1998. Risk assessment for the importation of U. S. milling wheat containing teliospores of *Tilletia controversa*(TCK) into the People's Republic of China[R]. Washington: USDA.

Van der Zwet T, 2006. Present worldwide distribution of fire blight and closely related diseases[J]. Acta Horticulturae, 704: 35-36.

Van der Zwet T, 2002. Present worldwide distribution of fire blight [J]. Acta Horticulturae, 590: 33-34.

Vivanco J M, Bais H P, Stermitz F R, et al., 2004. Biogeographical variation in community response to root allelochemistry: novelweapons and exotic invasion [J]. Ecology Letters, 7(4): 285-292.

Walker B, Holling C S, Carpenter S R, et al., 2004. Resilience, adaptability and transformability in social-ecological systems [J]. Ecology and Society, 9(2): 3438-3447.

Wang Q C, Valkonen J P T, 2009. Cryotherapy of shoot tips: novel pathogen eradication method[J]. Trends in Plant Science, 14(3): 119-122.

Wells J M, Raju B C, Nyland G, et al., 1981. Medium for isolation and growth of bacteria associated with Plum leaf scald and Phony peach diseases[J]. Applied Environmental Microbiology, 42: 357-363.

Wells J M, Raju B C, Nyland G, 1983. Isolation, culture and pathogenicity of the bacterium causing phony disease of peach[J]. Phytopathology, 73(6): 859-862.

Werres S, Marwitz R, Man in't Veld W A, et al., 2001. *Phytophthora ramorum* sp. nov., a new pathogen on *Rhododendron* and *Viburnum*[J]. Mycological Research, 105 (10): 1155-1165.

Williamson M, 1996. Biological Invasions [M]. London: Chapman and Hall.

Williamson M, Fitter A, 1996. The varying success of invaders [J]. Ecology, 77(6): 1661-1666.

Wiser S K, Allen R B, Clinton P W, 1998. Community structure and forest invasion by an exotic herb over 23 years [J]. Ecology, 79(6): 2071-2081.

Yang G Q, Liu W X, Lan F H, et al., 2006. Physiological effects of allelochemicals from leachates of *Ageratina adenophora*(Spreng.) on rice seedlings [J]. Allelopathy Journal, 18(2): 237-246.

Yang G Q, Liu W X, Lan F H, et al., 2008. Influence of two allelochemicals from *Ageratina adenophora* Sprengel on ABA, IAA and ZR contents in roots of upland rice seedlings [J]. Allelopathy Journal, 21(2): 253-262.

Yuan L, Pu R, Zhang J, et al., 2016. Using high spatial resolution satellite imagery for mapping powdery mildew at a regional scale [J]. Precision Agriculture, 17(3): 332-348.

Zhang X, Han L, Dong Y, et al., 2019. A deep learning-based approach for automated yellow rust disease detection from high-resolution hyperspectral UAV images [J]. Remote Sensing, 11(13): 1554.

Zhang Z B, Xie Y, Wu Y M, 2006. Human disturbance, climate and biodiversity determine biological invasion at a regional scale [J]. Integrative Zoology (1): 130-138.

物种索引

学名索引

中文名索引

a.受害树冠呈火烧状

b.受害树木木质部蓝变现象

彩图1　松材线虫危害症状
（引自国家林业局植树造林司等，2014）

彩图2　落叶松枯梢病菌的危害症状
（引自国家林业局植树造林司等，2014）

彩图3　松疱锈病的危害症状
（引自国家林业局植树造林司等，2014）

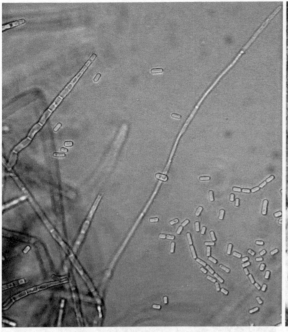

a. 分生孢子   b. 菌垫

彩图 4　栎枯萎病菌的分生孢子和菌垫
（引自 CABI，2021）

b. 叶片边缘变为褐色

a. 整株枯死   c. 木质部出现黑褐色条纹

彩图 5　栎枯萎病菌的危害症状
（引自 CABI，2021）

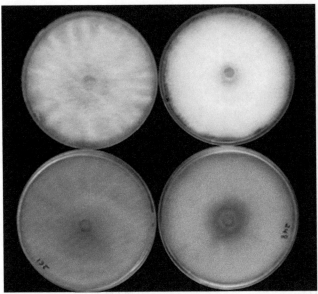 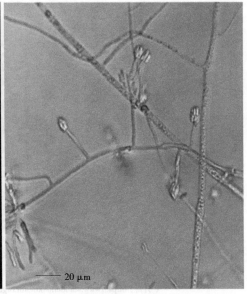

a. 病原菌在PDA培养基上的菌落特征　　　　　　　b. 病原菌的分生孢子梗和分生孢子

彩图 6　松脂溃疡病菌的形态特征

（引自：https://onlinelibrary.wiley.com/doi/full/10.1111/j.1365−2338.2009.02317.x）

 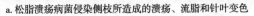 

a. 松脂溃疡病菌侵染侧枝所造成的溃疡、流脂和针叶变色　　　　　　　b. 主干溃疡和流脂症状

彩图 7　松指溃疡病菌的危害症状

（引自：https://onlinelibrary.wiley.com/doi/full/10.1111/j.1365−2338.2009.02317.x）

a. 枝梢枯萎或整株死亡

（引自：https://www.sucldenoakdeath.orgl）

b. 树干溃疡

（赵文霞 摄）

彩图 8　栎树猝死病菌的危害症状

a. 快速衰退

b. 缓慢衰退

彩图 9　梨衰退植原体引起的两种衰退病症状类型

（引自：https://gd.eppo.int/taxon/phyppy/photos）

a. 侵染葡萄

b. 侵染柑橘

c. 侵染油橄榄

彩图 10　木质部难养菌侵染葡萄、柑橘和油橄榄所表现的症状

（引自：https://gd.eppo.int/taxon/xylefa/photos）

彩图 11　李痘病毒侵染寄主植物后在叶片、花瓣、果实和果核所表现的症状

（引自：https://gd.eppo.int/taxon/ppv000/photos）

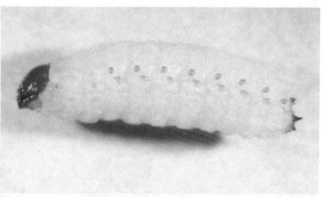

a.红脂大小蠹成虫（左为雌性，右为雄性）　　　　　　　　b.红脂大小蠹幼虫

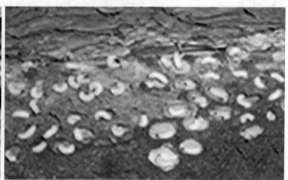

c.卵　　　　　　　　　　　　　　　　　d.蛹室

彩图 12　红脂大小蠹
（杨忠岐 摄）

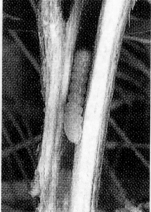

雄虫　　　雌虫

a.成虫　　　　　　　　　b.幼虫　　　　　　　　　c.蛹

彩图 13　青杨脊虎天牛
（引自国家林业局植树造林司等，2014）

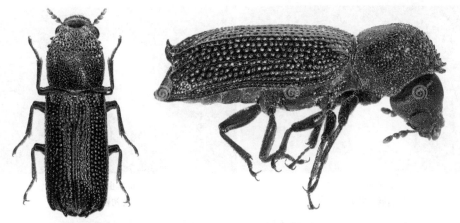

a. 雄成虫背面观　　　　　　　　　　b. 雄成虫侧面观

彩图 14　双钩异翅长蠹

（引自 https://www.dreamstime.com）

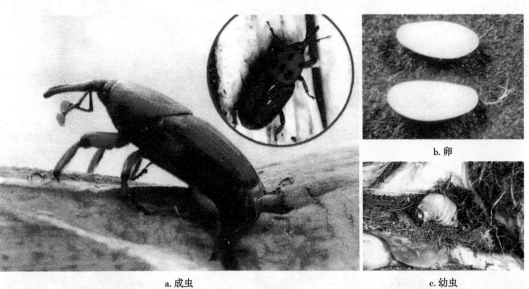

a. 成虫　　　　　　　　　　b. 卵

　　　　　　　　　　　　　c. 幼虫

d. 蛹　　　　　　　　　　　e. 茧

彩图 15　锈色棕榈象

（引自国家林业局植树造林司等，2014）

a. 雌虫
（初桂红 摄）

b. 雄虫（越冬代）
（初桂红 摄）

c. 卵
（杨忠歧 摄）

d. 幼虫
（杨忠歧 摄）

e. 蛹
（杨忠歧 摄）

彩图 16　美国白蛾

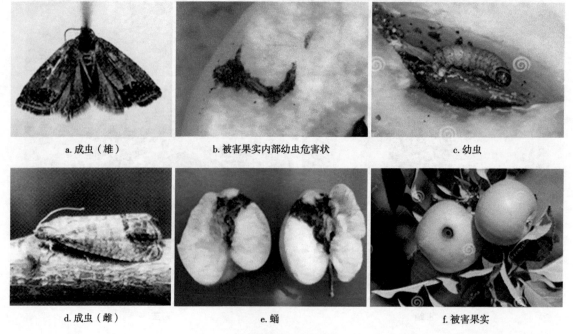

a. 成虫（雄）

b. 被害果实内部幼虫危害状

c. 幼虫

d. 成虫（雌）

e. 蛹

f. 被害果实

彩图 17　苹果蠹蛾

（a、b、d、e 引自国家林业局植树造林司等，2014；c、f 引自 https://thumbs.dreamstime.com）

a. 雄成虫侧面观　　　　b. 雄成虫背面观　　　　　　c. 幼虫　　　　　　　　　d. 茧

彩图 18　枣实蝇

（引自 http://delta-intkey.com）

a. 受害叶片

雌虫　　　　　　　　雄虫

b. 成虫

彩图 19　红火蚁（工蚁）

（引自 https://thumbs.dreamstime.com）

彩图 20　扶桑绵粉蚧

（引自 https://thumbs.dreamstime.com）

a. 微甘菊的花序

（刘冰　摄）

b. 微甘菊覆盖状

（徐晔春　摄）

彩图 21　微甘菊

a. 开花的紫茎泽兰植株
（牛洋 摄）

b. 林下的紫茎泽兰单优群落
（林若竹 摄）

彩图 22　紫茎泽兰

a. 黄花刺茄的花
（孙李光 摄）

b. 黄花刺茄在野外的生长状
（刘磊 摄）

彩图 23　黄花刺茄

b. 凤眼莲覆盖水域

彩图 24　凤眼莲

（周红玲 摄）

b. 加拿大一枝黄花在野外的生长状

（岳亮亮 摄）

彩图 25　加拿大一枝黄花

a. 大米草植株

b. 大米草在河流入海口的生长状

彩图 26　大米草

（吕志学　摄）

a. 落葵薯的珠芽

b. 落葵薯覆盖状

彩图 27　落葵薯

（朱鑫鑫　摄）